机器人科学与技术丛书 12

机械工程前沿著作系列 HEP MEF
HEP Series in Mechanical Engineering Frontiers

JIQIREN XITONG
ZHONG DE ZAIXIAN
GUIJI GUIHUA

机器人系统中的在线轨迹规划
——对不可预见（传感器）事件瞬时反应的基本概念

On-Line Trajectory Generation in Robotic Systems
——Basic Concepts for Instantaneous Reactions to Unforeseen (Sensor) Events

Torsten Kröger 著

段晋军 武经 陈欣星 杨晓文 马淦 闵康 译

中国教育出版传媒集团
高等教育出版社·北京

内容简介

本书是机器人乃至一般自动化设备领域内运动规划和轨迹规划的经典著作。作为机器人运动控制的核心技术之一，轨迹规划的算法大部分是离线的，无法使机器人在运动过程中对不可预见（传感器）事件做出即时反应；在线规划一条合理的修正轨迹是当前机器人轨迹规划算法亟需解决的难题。针对上述难题，本书将对在外部传感器事件下的在线轨迹规划算法进行详细介绍。全书共 10 章，内容包括机器人运动控制当前存在的问题、轨迹规划的研究进展、在线轨迹生成器的相关符号术语以及分类、单维空间和多维空间的在线轨迹规划类型 Ⅳ 的通用变体 A 和变体 B 算法的分析与推导、机器人的混合切换控制与开环速度的在线轨迹算法及其实验、应用验证等。

本书适合从事机器人和自动化设备或生产线等应用开发工作的研发人员、机器人方向的硕士生或博士生阅读，也可作为机器人专业大学教师的教学参考书。

主要译者简介

 **段晋军** 南京航空航天大学机电学院讲师,江苏省"双创博士"。2019 年博士毕业于东南大学。主要研究方向为机器人柔顺控制、拟人双臂运动规划、多机器人协作轨迹规划和位置力协调控制等。主持国家青年科学基金项目、航空基金项目、之江实验室开放课题等多项;作为核心技术骨干参与国家重点研发计划子课题、国家自然科学基金重点项目、江苏省自然科学基金项目、江苏省科技成果转化专项资金项目等多项。发表论文 20 余篇;出版译著《自动化设备和机器人的轨迹规划》;获发明专利授权 3 项,公开发明专利 10 余项。

 **武经** 南方科技大学研究助理教授。2015 年博士毕业于韩国汉阳大学。主要研究方向为移动机械臂的研发、机械臂运动学与动力学建模及其末端轨迹规划、移动机器人导航、地图创建与路径规划等。多次参加国内外机器人大赛,参与新加坡机器人相关国家级项目 5 项、我国国家级项目 4 项,并多次担任项目负责人,在建筑机器人、医疗机器人、仓储机器人等领域有丰富的开发经验。发表论文 30 余篇。

 **陈欣星** 南方科技大学机械与能源工程系研究助理教授(副研究员)。华中科技大学与瑞士洛桑联邦理工大学联合培养博士,2020 年获控制科学与工程博士学位。主要研究方向为机器人的感知与运动规划算法等。主持国家自然科学基金青年项目 1 项、博士后基金面上项目 1 项。发表论文 20 余篇,获 2021 IEEE 先进机器人与机电一体化国际会议最佳论文奖提名、第十四届中国智能机器人大会优秀论文奖等;获发明专利授权 5 项。

杨晓文 南京埃斯顿自动化股份有限公司控制器方向主任工程师, TRIO 中国研发负责人。硕士毕业于北京工业大学精密运动控制实验室。长期致力于通用运动控制、工业机器人及 CNC 等领域一线研发工作, 为运动控制市场提供完整解决方案。发表论文、专利数十篇 (项), 合译出版《自动化设备和机器人的轨迹规划》。

马淦 深圳技术大学中德智能制造学院副教授, 深圳市 "孔雀计划" 海外高层次人才。2015 年博士毕业于北京理工大学。主要研究方向为机器人智能操作、仿生智能机器人等。主持深圳市 "孔雀计划" 科研启动项目、深圳技术大学自制仪器项目等多项; 作为核心技术骨干参与国家高新计划重点项目、国家自然科学基金重大国际合作项目等多项。发表论文 30 余篇, 获国际学术论文奖 1 项; 获发明专利授权 8 项。

译者序

智能化是现代人类文明发展的必然趋势，第四次工业革命正给人类的工作与生活方式带来巨大变革。为应对新时代的发展机遇，德国与美国分别提出"工业 4.0""工业互联网"等发展策略；我国也以"中国制造 2025"的态势拥抱智能化的时代浪潮。在智能时代，机器人是自主执行任务、深度参与人类生产生活的机器实体，是产业发展的重点领域。随着人机交互与人机共融的不断深化，机器人也需要在面向任务的深度感知、自主决策以及实时运动等方面做出突破。机器人的在线轨迹规划技术是一种结合相关任务要求实时规划机器人在空间中的理想运动路径的技术，其自问世以来持续蓬勃发展，使机器人对外界的感知与运动决策能力得到了长足提升。

在机器人领域，在线轨迹规划技术仍然是一种较为新颖的控制技术；当国内的机器人从业者们面临一些急需在线轨迹规划技术的工程应用场景时，尚缺乏足够的书籍进行参考。本书源于 Torsten Kröger 教授于 2001 年撰写的博士论文，其针对机器人在感知外界突发情况下做出即时反应的运动规划问题，不仅从数学描述上介绍了多种情景下的机器人在线轨迹规划算法，而且还详细地为读者们提供了计算实例。此外，本书提供的算法基础而明晰，可以在多种机器人领域中得到广泛应用。本书兼具内容的丰富性与逻辑的严谨性，是一部理论学习与实际指导相结合的优秀著作。

全书由段晋军、武经、陈欣星、杨晓文、马淦、闵康等共同翻译，其中段晋军负责全文统稿、汇总整理工作。具体分工如下：前言、目录、第 1 章和第 2 章由陈欣星翻译；第 3 章和第 4 章由闵康翻译；第 5 章和第 6 章由武经翻译；第 7 章和第 8 章由杨晓文翻译；第 9 章、第 10 章和附录由段晋军翻译；马淦负责部分章节的校对。同时，哈尔滨工业大学的安浩，南京航空航天大学机电学院的宾一鸣、崔坤坤、李炳锐、俞宙航、伍春宇等也参与了部分章节的翻译和整理工作。

在此，感谢高等教育出版社对本书的出版所做的工作和努力，感谢南京航空航天大学机电学院、南方科技大学机械与能源工程系、南京埃斯顿自动化股份有限公司、哈尔滨工业大学、深圳技术大学以及译者家人们对译者的支持和指导。

本书可作为机器人工程、机械电子工程、电气工程、电子工程、自动控制等专业的高年级本科生、硕士生或博士生以及理工科大学教师的教学参考书，也可供从事机器人和自动化设备或生产线等应用开发工作的研发人员或相关工程技术人员学习和参考。

由于译者水平有限, 书中难免有不妥之处、缺陷甚至错误, 敬请广大读者、专家和学者批评指正, 意见和建议反馈邮箱: duan_jinjun@yeah.net。

对于人类面对的每个问题，总有一个简单的解决方案——简洁，合理，但错误。

亨利·路易斯·门肯 (1880—1956)

序

千禧年破晓之际，随着机器人领域的日趋成熟及相关技术的推进，机器人无论是在广度还是在维度上均已发生了重大变化，机器人也从工业的绝对焦点迅速扩展为人类世界的新机遇。新一代机器人有望在家庭、工作场所和社区中与人类安全可靠地共同生活，同时在服务、娱乐、教育、医疗保健、制造和协助方面提供支持。

除了对物理机器人的影响外，机器人技术的知识体系已展现了更广泛的应用，涉及不同的研究领域和科学学科，如生物力学、触觉学、神经科学、虚拟仿真、动画、手术和传感器网络等。反之，新兴领域所带来的挑战也被证明可为机器人领域提供丰富的灵感和见解。事实上，正是这种多学科的交叉带来了最引人注目的科学进展。

施普林格先进机器人技术系列丛书 (Springer Tracts in Advanced Robotics, STAR) 的目标是，在保证内容质量与重大意义的基础上，及时地带来机器人技术的最新进展与发展趋势。我们希望通过更广泛地传播研究动态，激发研究界更多的交流与合作，促进这一快速发展的领域取得更深远的进步。

Torsten Kröger 撰写的这部专著是他在博士期间六年工作的成果。该书侧重于机器人操纵控制系统中的传感器集成，特别是面对不可预见的传感器事件 (例如故障或更简单的参考系或控制空间的改变) 时如何即时规划运动轨迹以做出反应。混合切换系统控制作为其理论支撑的工具能够从传感器引导的运动 (例如在力/力矩或视觉伺服控制下) 切换到传感器保护的运动，反之亦然。由此产生的在线轨迹规划算法可作为低层级运动控制和基于传感器的高层级运动规划之间的一个中间层。实践中的大量实例已印证了这一概念。

该书是对我们 STAR 系列的一个非常好的补充！

STAR 主编: Bruno Siciliano
意大利那不勒斯市
2009 年 9 月

前　言

工程领域的研究工作无法由个人单独完成。人们总是需要共同工作来相互沟通、讨论、交流知识和经验。本书是我在布伦瑞克工业大学机器人与过程控制学院六年来对机器人运动控制的研究成果。

本书针对性地阐述了机器人技术中的一种在线轨迹规划算法。这一算法源于我 2001 年的毕业论文。起初，我准备以论文的一小部分来开发这种算法，但经过两个星期的概念研究后，我决定将问题简化，所开发的算法功能也被大大裁剪。我在读博期间，指导了一些硕士研究生，同他们一起进一步研究了这一算法，但当时所开发的算法在如今看来并不完善，也不完整。随后又耗时数年，才探究出这个看似简单的琐碎问题的本质，其实它的基本思想极其简单，甚至不足以发表。多年后的今天，最初的想法已经实现，而从想法到实现的过程将在本书中得到总结性的、言简意赅的、全面的呈现。在这个项目中，我与许多人进行了交流。他们都对最终成书产生了影响，我对所有这些贡献表示衷心的感谢。

首先，我想感谢我的导师 Friedrich Wahl 教授。他为一群年轻的、积极上进的研究人员提供了极好的技术设备、理想的环境，以及梦寐以求的最佳科研氛围。在这项工作中，每一阶段的所有讨论和鼓励以及巨大的自由度使我能够高效工作，特别是我能在机器人研究领域中选择自己的研究方向。我对此表示真诚的感谢。

鲁汶大学机械工程系的 Herman Bruyninckx 教授不仅作为第二审查员审查了这项研究工作，而且多年来他也是我的一个重要的讨论伙伴。2003 年我们第一次会面，之后，我们偶有见面并总会开展高效的讨论，这些讨论总能让我收获颇丰。

我要特别感谢机器人与过程控制学院的全体工作人员。这里友好协作的环境十分优越。尤其要感谢 Daniel Kubus。他对本书手稿进行了校对，而且他一直是一个优秀的、有能力的讨论伙伴，在多方面给予我支持。

此外，我还想对我曾经的本科导师、后来的同事 Bernd Finkemeyer 表示感谢。他是我此生中遇到的最可靠和最值得尊敬的人。本书第 7 章的核心内容就是基于他的想法、方法和实验。虽然他离开了大学，但我们仍然定期讨论和会面，我经常从中获得有价值的新想法。

在开发在线轨迹规划算法的过程中，遇到了许多数学问题，非常感谢 Sándor Fekete 教授、Harald Löwe 教授和 Rainer Löwen 教授，他们都以非常有效的方式给予了我及时的支持。

Michael Marschollek 向我简要介绍了神经生理学并提供了该领域相关的非常优秀的参考文献,这样我就可以针对人类神经生理系统撰写一个小节,用于比较人类和机器人的反射。

所有我指导的本科生和硕士生都做出了极大的贡献。特别是 Michaela Hanisch、Christian Hurnaus 和 Adam Tomiczek,他们的努力、讨论和想法给了我很大的支持。他们三人都为在线轨迹规划概念的最初想法和实现付出了辛勤的劳动。

非常感谢我在布伦瑞克和其他地方的所有朋友,在过去 11 年的学习中,我们真的过得很开心。我永远不会忘记这段愉悦的生活。最后,我想感谢我的家人,感谢他们在我多年的学习生涯中给予的重要帮助。

Torsten Kröger

德国布伦瑞克市

2009 年 1 月

缩略词和符号

缩略词

BF	base frame	基坐标系
CCD	charge coupled device	电荷耦合器件
CNC	computer numerical control	计算机数字控制
DOF	degree of freedom	自由度
EF	external frame	外部坐标系
HF	hand frame	手坐标系
HMI	human machine interface	人机接口
MP	manipulation primitive	操纵原语
NURBS	non-uniform rational B-spline	非均匀有理 B 样条
OTG	on-line trajectory generation	在线轨迹规划
PRM	probabilistic road map	概率路线图
RRT	rapidly exploring random trees	快速搜索随机树
RAMP	real-time adaptive motion planning	实时自适应运动规划
TF	task frame	任务坐标系

符号

概述 (第 1—2 章)

$\boldsymbol{f}(t)$	关节空间中的力或力矩
$\boldsymbol{p}(t)$	任务空间中的位置
$\dot{\boldsymbol{p}}(t)$	任务空间中的速度
$\ddot{\boldsymbol{p}}(t)$	任务空间中的加速度
$\boldsymbol{p}_{\mathrm{d}}(t)$	任务空间中的位置设定点
$\dot{\boldsymbol{p}}_{\mathrm{d}}(t)$	任务空间中的速度设定点
$\ddot{\boldsymbol{p}}_{\mathrm{d}}(t)$	任务空间中的加速度设定点
$\boldsymbol{q}(t)$	关节空间中的位置

$\dot{q}(t)$	关节空间中的速度
$\ddot{q}(t)$	关节空间中的加速度
$q_{\mathrm{d}}(t)$	关节空间中的位置设定点
$\dot{q}_{\mathrm{d}}(t)$	关节空间中的速度设定点
$\ddot{q}_{\mathrm{d}}(t)$	关节空间中的加速度设定点
$s(t)$	任务空间中的通用传感器信号
$s_{\mathrm{d}}(t)$	任务空间中的指令变量

在线轨迹规划 (第 3—6 章、第 8—10 章)

$a_0,\cdots,a_4$	多项式系数
${}^{l}\boldsymbol{a}_i(t)$	在 T_i 时刻及分段 l 处的加速度多项式向量
$\boldsymbol{A}_i$	T_i 时刻的加速度向量
${}_k A_i$	T_i 时刻自由度 k 的加速度大小
$\boldsymbol{A}_i^{\max}$	T_i 时刻的最大加速度向量
α	用于 OTG 分类的类型相关整数值
$\boldsymbol{B}_i$	T_i 时刻运动特性的边界条件[①]
β	用于 OTG 分类的类型相关整数值
$\mathbb{B}$	二进制数的集合
γ	用于检查共线的具有 $\alpha-\beta-2$ 个元素的向量
${}_k D_i$	T_i 时刻自由度 k 加加速度的导数大小
$\boldsymbol{D}_i$	T_i 时刻加加速度的导数向量
$\boldsymbol{D}_i^{\max}$	T_i 时刻最大加加速度的导数向量
δ	用于检查共线的具有 β 个元素的向量
${}^{r}\mathcal{D}_{\mathrm{Step1}}$	运动轨迹 ${}^{r}\psi^{\mathrm{Step1}}$ 方程组的域
h	中间运动状态的索引
H	中间运动状态数
$\mathcal{H}$	$\alpha+1$ 维空间中的孔洞的集合
i	T_i 时刻的索引
${}_k\mathcal{I}_i$	T_i 时刻自由度 k 的瞬时集
${}^{l}\boldsymbol{j}_i(t)$	在 T_i 时刻及分段 l 处的加加速度多项式向量
$\boldsymbol{J}_i$	T_i 时刻的加加速度向量
$\boldsymbol{J}_i^{\max}$	T_i 时刻的最大加加速度向量
${}_k J_i$	T_i 时刻自由度 k 的加加速度大小
k	某个自由度且 $k\in\{1,\cdots,K\}$
K	自由度个数
κ	某个自由度且 $\kappa\in\{1,\cdots,K\}$
l	某个轨迹段且 $l\in\{1,\cdots,L\}$
L	最大轨迹段数
λ	参数自适应控制周期数
Λ	中间轨迹段数
${}^{l}_{k}\boldsymbol{m}_i(t)$	在 T_i 时刻及分段 l 处自由度 k 的加速度向量
${}^{l}\boldsymbol{m}_i(t)$	在 T_i 时刻及分段 l 处的运动多项式矩阵
$\boldsymbol{M}_i$	T_i 时刻运动状态[②]

[①] 单自由度系统，$\boldsymbol{B}_i$ 为向量；多自由度系统，$\boldsymbol{B}_i$ 为矩阵。——译者注
[②] 单自由度系统，$\boldsymbol{M}_i$ 为向量；多自由度系统，$\boldsymbol{M}_i$ 为矩阵。——译者注

$\boldsymbol{M}_i^{\text{trgt}}$	T_i 时刻目标运动状态矩阵
$\mathcal{M}_i(t)$	T_i 时刻参数化的轨迹
$\mathbb{N}$	自然数集
ν	在两个 (视觉伺服控制) 设定点之间的循环次数
$^l\boldsymbol{p}_i(t)$	在 T_i 时刻及分段 l 处的位置多项式向量
$_kP_i$	T_i 时刻自由度 k 的位置大小
$\boldsymbol{P}_i$	T_i 时刻的位置向量
$^r\Psi^{\text{Step1}}$	步骤 1 中的运动曲线 $r(\mathcal{P}_{\text{Step1}}$ 中的元素)
$\mathcal{P}_{\text{Step1}}$	步骤 1 的运动轨迹
r	步骤 1 的运动轨迹的索引
R	$\mathcal{P}_{\text{Step1}}$ 中的元素总数
$\boldsymbol{\rho}_i$	T_i 时刻同位比值向量
$\mathbb{R}$	实数集
s	步骤 2 的运动轨迹的索引
S	$\mathcal{P}_{\text{Step2}}$ 中的元素总数
$\boldsymbol{S}_i$	T_i 时刻的选择向量
$\mathcal{S}$	步骤 2 中所有输入域的交集
Δt	多项式时移的值
$_kt_i^{\text{min}}$	T_i 时刻自由度 k 的最小执行时间
t_i^{sync}	以 T_i 时刻算得的同步时间
T^{cycle}	控制周期
$\mathcal{T}$	时刻集
T_0, T_i, T_N	$\mathcal{T}$ 的时刻离散值
$_k\tilde{v}_i$	T_i 时刻自由度 k 通过峰值加速度曲线实现的速度
$^l\boldsymbol{\nu}_i(t)$	在 T_i 时刻及分段 l 处的速度多项式向量
$_kV_i$	T_i 时刻自由度 k 的速度大小
$\boldsymbol{V}_i$	T_i 时刻的速度向量
$\boldsymbol{V}_i^{\text{max}}$	T_i 时刻的最大速度向量
$^l_k\vartheta_i$	在 T_i 时刻及分段 l 处自由度 k 的时间间隔
$^l\mathcal{V}_i$	在 T_i 时刻及分段 l 处的时间间隔集
$\boldsymbol{W}_i$	T_i 时刻在线轨迹规划的所有输入值[①]
$^z_k\zeta_i$	T_i 时刻自由度 k 的第 z 个无效时间间隔
$_k\mathcal{Z}_i$	T_i 时刻自由度 k 的无效时间间隔集合
$\mathbb{Z}$	整数集

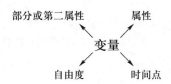

图 S.1　除了集合和轨迹之外的变量关于上下标的定义

---

① 单自由度系统, $\boldsymbol{W}_i$ 为向量; 多自由度系统, $\boldsymbol{W}_i$ 为矩阵。——译者注

图 S.2　集合上下标的定义

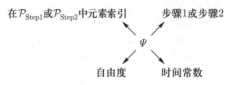

图 S.3　轨迹上下标的定义

混合切换控制系统 (第 7 章)

ANC_i	T_i 时刻任务坐标系的锚坐标系
BF	机器人基坐标系 (随着系统控制周期时刻更新)
$\mathbb{B}$	二进制数的集合
c	控制子模块的索引且 $c \in \mathcal{C}$
$\mathcal{C}$	混合切换系统中所有 m 控制子模块的集合
$_k^l D_i^c$	控制器 c、第 l 层级、自由度 k 在 T_i 时刻的某个设定点
$\mathcal{D}_i$	混合移动命令 $\mathcal{HM}_i$ 在 T_i 时刻的设定点集合
EF	外部坐标系 (随着系统控制周期时刻更新)
$\boldsymbol{E}_i$	T_i 时刻的标志分配矩阵
$\boldsymbol{f}_i^c$	T_i 时刻控制器 c 的有效性标志向量
FFC_i	T_i 时刻任务坐标系前馈控制的坐标系
$\boldsymbol{F}_i^c$	T_i 时刻控制器 c 的有效性矩阵
$\boldsymbol{G}_i^r$	T_i 时刻 $r \in \{\mathrm{pos, vel, acc}\}$ 的控制变量分配矩阵
$\boldsymbol{H}_i$	T_i 时刻 $\mathcal{MP}_i$ 的自适应选择矩阵
HF	机器人手坐标系 (随着系统控制周期时刻更新)
$\mathcal{HM}_i$	T_i 时刻 $\mathcal{MP}_i$ 混合移动命令的参数集合
i	T_i 时刻的索引
$\boldsymbol{I}$	单位矩阵
k	自由度的索引且 $k \in \mathcal{K}$
$\mathcal{K}$	所有自由度的集合 $\{x, y, z, \circledx, \circledy, \circledz\}$
l	控制层级的索引且 $l \in \mathcal{L}$
λ_i	T_i 时刻操作原语 $\mathcal{MP}_i$ 的停止条件
$\mathcal{L}$	所有控制层级的集合
m	混合切换系统控制中控制子模块的数量
$^A\boldsymbol{M}_i^B$	B 坐标系相对于 A 坐标系在 T_i 时刻的运动状态
$\mathcal{MP}_i$	T_i 时刻操作原语的集合
n	传感器系统的数量
$^r\boldsymbol{o}_i^c$	关于 $r \in \{\mathrm{pos, vel, acc}\}$ 变量控制向量
$^r\boldsymbol{O}_i^c$	关于 $r \in \{\mathrm{pos, vel, acc}\}$ 控制器输出矩阵
RF_i	任务坐标系在 T_i 时刻的参考坐标系

$\mathbb{R}$	实数集
$\boldsymbol{S}_i^c$	控制器 c 的经典选择矩阵
$\mathcal{S}$	传感器信号集合
τ_i	T_i 时刻操作原语 $\mathcal{MP}_i$ 下的工件指令
$\boldsymbol{\theta}_i$	6 个元素的笛卡儿位姿向量 $(_x\theta_i, {}_y\theta_i, {}_z\theta_i, {}_\text{⊗}\theta_i, {}_\text{⊘}\theta_i, {}_\text{⊚}\theta_i)$
$\mathcal{TF}_i$	T_i 时刻混合移动命令 $\mathcal{HM}_i$ 任务坐标系的参数
WF	世界坐标系 (随着系统控制周期时刻更新)
$\boldsymbol{Z}_i^c$	T_i 时刻控制器 c 的分配矩阵

图 S.4   混合切换控制系统中变量上下标的定义

目 录

第 1 章　绪　　论

毫无疑问, 传感器集成是机器人系统未来发展的关键技术之一。本章将介绍在线轨迹规划 (on-line trajectory generation, OTG) 的目标及其在机器人技术领域与 (多) 传感器集成和基于传感器的控制的关系。此外, 本章还包含本书的简要大纲。

1.1　机器人运动控制

OTG 领域并不专门针对一种或一组特定的机器人系统。如后文所述, OTG 具有非常基本的特性, 适用于各种机器人系统, 在这些机器人系统中, 传感器集成和基于传感器的控制起着至关重要的作用。因此, 机器人被认为是具有多个自由度 (degrees of freedom, DOF) 的一种非常抽象的机械定位系统。

本书以国际标准化组织在 ISO 8373[117] 中对 "机器人" 一词的定义为基础: "一种具有三个或多个可编程轴的可实现自动控制、可再编程、多用途的机械手, 在工业自动化应用中, 其既可固定在适当的位置, 也可以移动。" 国际机器人联合会 (IFR)[116] 和欧洲机器人研究网络 (EURON)[75] 都接受了该定义。尽管本书工作起源于工业操作控制领域, 但提出的概念并不限于工业自动化应用。OTG 还与机器人技术的其他许多领域相关, 如服务机器人、操作控制系统、移动机器人及其操作、并联运动机器、类人机器人以及手术机器人。此外, 本书工作还涉及计算机数字控制 (computer numerical control, CNC) 机床运动生成算法的开发。

机器人系统的运动控制属于机器人技术中最经典的研究领域。在 1.1.1 节和 1.1.2 节中, 简要区分了轨迹跟踪控制和传感器引导的机器人控制。基于此区别, 引入了传感器保护的运动控制的定义。

1.1.1　路径规划和轨迹跟踪操作

轨迹跟踪控制是机器人运动控制最简单的方法之一, 在工业操作控制系统中很常见。如图 1.1 所示, 包含关节位置 $q_d(t)$、速度 $\dot{q}_d(t)$ 和加速度 $\ddot{q}_d(t)$ 的指令变量被发送到关节控制器, 该控制器负责最小化所期望的机器人位置 $q_d(t)$ 与实际位置

$q(t)$ 之间的误差, 以实现良好的轨迹跟踪效果。根据关节类型 (转动或平动), 关节控制器输出机械系统关节的力和/或力矩 $f(t)$。指令变量 $q_d(t)$、$\dot{q}_d(t)$ 和 $\ddot{q}_d(t)$ 是时间的函数, 描述了机器人的轨迹。与此相反, 路径仅是期望的机器人运动的几何表示, 而无须考虑时间。因此, 我们通常必须区分轨迹生成和路径规划。在路径规划领域, 我们理所当然地对机器人及其静态或动态环境进行了几何描述, 目的是找到从初始位姿到目标位姿的无碰撞路径, 此搜索通常在配置空间中完成。图 1.2 展示了一个简单的示例, 其中从初始位置 p_{start} 到目标位置 p_{trgt} 的路径由 3 个节点表示, 这 3 个节点通过样条曲线连接。而轨迹生成的目的则是计算指令变量, 以便在考虑某些标准 (例如最小时间或最小能量) 的情况下沿着指定路径到达目标位置和姿态。

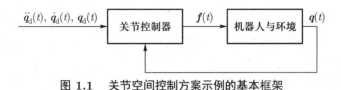

图 1.1　关节空间控制方案示例的基本框架

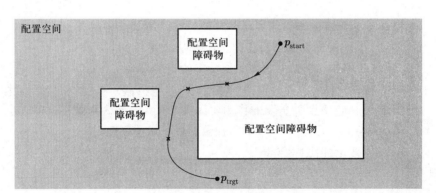

图 1.2　路径规划: 无碰撞路径的二维配置空间示例

1.1.2　传感器引导的机器人运动控制

轨迹跟踪操作通常不允许对传感器信号做出受控反应; 与之相反, 传感器引导的机器人运动仅基于传感器信号工作, 也就是说, 传感器是控制回路的一部分。图 1.3 展示了一种控制方案示例。以图 1.1 的简单概念为基础, 并假设机器人配备了一些传感器系统 (例如力/力矩传感器或计算机视觉系统) 来传递信号 $s(t)$。此处将传感器视为根据整个系统状态 (即机器人系统及其整个环境) 传递信号的通用设备。机器人单个控制周期内的运动取决于当前控制周期的传感器信号。该信号所对应的控制器作用于任务空间, 并使用其指令变量 $s_d(t)$ 以及位置反馈 $p(t)$ 来生成新的设定点 $p_d(t)$、$\dot{p}_d(t)$ 和 $\ddot{p}_d(t)$。这些值被转换到关节空间, 并用作关节控制器的指令变量。显然, 只要传感器系统检测到任意情况、状态和事件, 此系统即可对其做出反应。反应行为仅取决于传感器信号 $s(t)$ 的控制器传递函数。

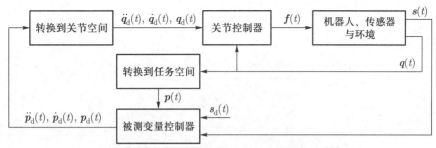

图 1.3   传感器引导的机器人运动控制方案的示例

1.1.3   本书问题的提出与动机

到目前为止, 我们已经定义了机器人运动控制的两种基本类型: 轨迹跟踪控制 (无传感器) 和传感器引导的运动控制。为了实现实际相关的系统, 必然需要两种控制, 甚至有必要将两者结合起来同时使用, 然后根据一些传感器信号引导部分系统自由度, 并根据指定的轨迹来控制其他自由度。例如一个具有 3 个独立平移自由度的系统, 其运动指令可以分别为 z 方向的力控制、y 方向的距离控制和 x 方向的轨迹跟踪控制。文献中有大量基于传感器的控制的方法、描述和研究。自 20 世纪 80 年代初以来, 有一部分学者致力于力/力矩控制的研究, 而至 20 世纪 90 年代初就兴起了对视觉伺服控制的研究。当然, 对于机器人系统的轨迹规划领域也是如此, 其根基可追溯至 20 世纪 60 年代。我们不得不思考, 为什么在商用机器人系统中几乎找不到这些经过验证的概念和技术。

当所有这些领域合并在一起时, 主要问题就出现了: 我们必须能够在不可预见的瞬间从一种机器人控制突然切换到另一种。如果任意地将一个或多个自由度从轨迹跟踪控制切换到传感器引导的控制, 这个问题通常是可以解决的。通过使用所需控制器的传递函数, 可以在任意时刻生成底层控制的指令变量。但是, 如何将机器人系统的一个、一些或所有自由度从传感器引导的控制切换到轨迹跟踪控制呢? 一个处于任意运动状态的机器人, 如果希望其对不可预见的 (传感器) 事件做出即时反应, 该如何计算出轨迹?

这正是本书工作的核心问题。它的答案使我们能够在任意时刻和任意运动状态下改变一个或多个自由度的轨迹参数。这样, 不仅可以将图 1.4 所示的缺口环路闭合, 还可以进一步影响和改变任意时刻一个或多个自由度正在执行的轨迹。

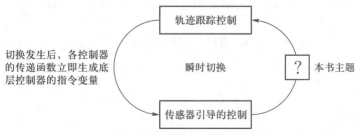

图 1.4   用非常简单的框架来说明本书的主题

为了与类似的领域做一个明显的区分: 本书工作不包含任何路径规划方法。如图 1.5 所示, OTG 可作为顶层运动规划与底层关节控制之间的接口。

图 1.5　基于文献 [36] 的机器人运动控制三层模型

1.1.4　定义: 传感器保护的机器人运动控制

我们考虑一种配备有一个或多个传感器的机器人, 传感器可提供数字和/或模拟传感器信号。当模拟传感器变量超过或低于某个特定值, 数字传感器输出开关量, 或一组有效传感器信号条件所构成的布尔表达式成立时, 将被视为一个传感器事件。例如, 从自由空间到接触的转换就是一个简单的传感器事件 (反之亦然), 一旦测得的接触力超过某个高于噪声水平的阈值, 就可以检测到接触。另一个例子是计算机视觉系统对物体 (例如人) 的不可预见的检测。所有这些都是机器人必须立即做出反应的事件。因此, 本书将分类扩展到

(1) 轨迹跟踪控制 (1.1.1 节);

(2) 传感器引导的运动控制 (1.1.2 节);

(3) 传感器保护的运动控制。

传感器保护的运动的定义如下:

定义 1.1 (传感器保护的运动)　*传感器保护的运动为一类轨迹跟踪运动和/或传感器引导的运动, 其一个、某些或所有自由度的运动参数可能会根据传感器事件而突然改变。这些参数变化可能包括用于闭环控制器的设定点切换 (例如新的力/力矩控制设定点) 以及用于轨迹跟踪控制的新的期望目标位置和/或新的约束。*

例如, 在进行接触检测时, 控制系统可以立即将所有接触的自由度的相应控制器从轨迹跟踪控制转换为力/力矩控制。另一个关于视觉伺服控制领域的显著实例是机器人系统对任何可预见或不可预见事件的瞬时反应: 文献 [142] 展示了以机械臂玩名为 "叠叠乐 (Jenga)" 的室内游戏 [107], 该机械臂必须在积木塔晃动时立即中断所有运动。

传感器保护的运动的基本目标是使机器人系统能够对不可预见的 (传感器) 事件立即做出反应——类似于生物的条件反射。由于这种全新的进展, 带来了关于机器人控制架构的新的哲学思考。由于在机器人控制系统技术的研究文献中很少考虑到这种发展, 因此 1.2 节简要研究了人类的神经生理系统如何执行反射运动。

1.2 扩展: 人类的神经生理系统

传感器保护的运动与许多日常生活场景类似: 如果一个小孩不小心用手触摸了火炉, 他会本能地将手从灼热的表面上抽开。另一个更高级的人类场景是两个剑客之间的战斗: 根据对手的动作, 剑客会通过调整自己的身体动作来立即做出反应。

本节由机器人技术延伸至人类神经生理系统, 并对人类反射的执行过程进行了介绍。图 1.6 中除了左上部三框外, 其余是根据文献 [262] 绘制而成的, 作者深知从严格的神经生理学或解剖学角度来说, 该图是存在错误的, 这里仅为了将人类运动技能 (特别是反射) 的原理转移到工程领域。

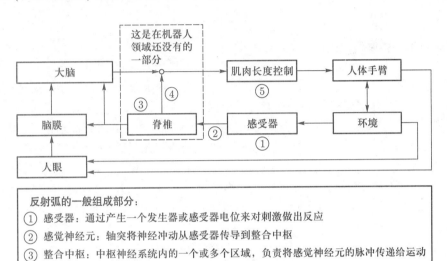

反射弧的一般组成部分:
① 感受器: 通过产生一个发生器或感受器电位来对刺激做出反应
② 感觉神经元: 轴突将神经冲动从感受器传导到整合中枢
③ 整合中枢: 中枢神经系统内的一个或多个区域, 负责将感觉神经元的脉冲传递给运动神经元
④ 运动神经元: 轴突从整合中枢传导脉冲到效应器
⑤ 效应器: 对运动神经冲动做出反应的肌肉或腺体

图 1.6　根据文献 [262] 绘制的人体神经生理控制回路和反射弧一般组成部分的极简框架

如果我们在不知不觉中触碰到了一个非常尖锐的物体并且突然感觉到疼痛, 会立即以一种反应的方式把手抽开 (不加思考, 也就是说没有全局运动规划)。触碰到尖锐的物体会刺激皮肤上的感受器①, 其通过产生分级的启动电位进行响应。该电位通过感觉神经元②传输到脊髓。在最简单的反射类型——单突触反射中, 脊椎中的整合中枢③是感觉神经元与运动神经元之间的单个突触。用工程师的语言来说, 突触就是一种开关, 类似于晶体管。通常情况下, 整合中枢由多个突触组成, 因此称为多突触反射。多突触反射可以使不止一块肌肉参与进来, 以执行更复杂的动作, 例如将包括手在内的整条手臂从某个物体上拉开。由整合中枢触发的脉冲从中枢神经系统沿着运动神经元④传到即将做出反应的身体部位。该部位 (肌肉或腺体) 称为效应器⑤。它对运动神经冲动做出反应并执行相应的动作 (即反射)。

这种突触反射弧可以被视为传感器保护的运动的底层控制回路。在这个循环之上, 可以找到人类运动技能的进一步组织系统, 特别是大脑和小脑。大脑的这些部分在反射运动开始后感知刺激, 并负责更高级别的运动规划。为了建立一座从神经生理学通向机器人技术领域的桥梁, 图 1.6 中考虑了人眼与视觉伺服控制的相似性。

这种延伸的精髓在于, 在机器人运动控制领域, 没有一个部分可以与人类反射弧相媲美。显然, 这样的系统会使机器人技术取得进步。基于传感器的机器人运动控制的整个领域甚至可以重组, 为新的、更先进的机器人应用打开大门。这种技术进步的主要要求是, 在考虑动力学和运动学约束的情况下, 可以从任意运动状态生成运动控制设定值。开发、描述和评估这样一个负责提供一种机器人反射功能的模块, 是本书的目标。

1.3　本书纲要

如图 1.7 所示, 本节简要概述了本书的结构。为了强调第 1 章绪论所述, 第 2 章对目前技术和研究的最新进展作了广泛概述。鉴于 OTG 算法的实际计算量很大 (将在后面介绍), 为了保持全书内容的紧凑性, 我们需对其进行严格的数学描述。为此, 在第 3 章引入了一些专用符号和一些约定。在此基础上, 给出了本书规范化问题表述, 并对 OTG 算法进行了分类。为了逐步推导出核心算法, 第 4 章给出了一维情况下的解, 第 5 章将该解转移到多自由度系统中。其中, 一种非常重要的特殊情况就是在线生成直线轨迹。接下来的第 6 章扩展了现有的算法, 使之能够生成同构轨迹。

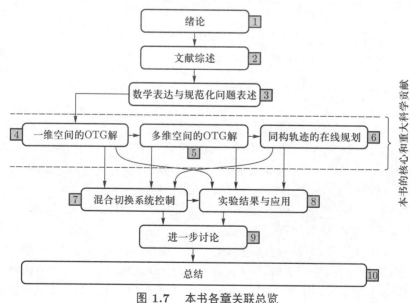

图 1.7　本书各章关联总览

这项工作创新性的核心是一个开环控制模块, 它能够在运行时的每一低层级控制周期内在线地为任何具有多个自由度的机械系统生成时间最优和时间同步的运动轨迹。这推动了机器人系统中多传感器集成的发展, 也使得混合切换控制系统可以广泛地适用于各项机器人应用。第 7 章对混合切换系统控制是如何实现基于传感器的控制进行了介绍。

随后, 在第 8 章中讨论了仿真实验和真实实验的结果。除了对几个切换事件的示例性描述外, 还介绍了与高层级运动规划系统相关的 OTG 接口。此外, 还讨论了如何使用动态系统模型来优化生成的轨迹。第 9 章进一步讨论了一些边缘主题, 并对它们作了更详细的论述。最后, 第 10 章进行了总结。

The Chicago Manual of Style [258] 是本书的写作格式指南。

第 2 章　文献综述：机器人系统中的 轨迹规划和控制

本书涵盖并结合了广泛的研究主题。为了在机器人研究领域内对这项工作进行分类，本章对所有相关领域进行了综述。本章首先简述了相关的术语，然后对机器人技术与研究的最新进展开展了调研。

2.1　术语

在进行文献综述之前，首先对本书中的一些术语进行简要的定义，以防止在文献中经常发生的误解和误用。

2.1.1　位姿/位置/姿态

位姿 (pose) 是指欧几里得空间中的位置 (position) 和姿态 (orientation)。对于本书中提到的所有其他空间，如关节空间或者任何其他多维空间，我们仅仅考虑所有自由度的位置。例如，关节空间中的位置控制考虑了所有自由度，而笛卡儿空间中的位置控制仅包括 3 个平移自由度。

2.1.2　路径规划

路径 (path) 是从起点位姿到目标位姿移动规划的几何表示。路径规划 (path planning) 的任务是在静态和动态的障碍物之间找到一条无碰撞的路径。路径规划还可以考虑动力学约束，如工作空间边界、最大速度、最大加速度和最大加加速度 (maximum jerk)。下面区分离线路径规划与在线路径规划。离线规划的路径是静态的，并且在执行之前已计算好。在线路径规划可以在机器人运动时进行路径 (重新) 计算和/或调整，以便对动态环境做出反应并与之交互。这意味着机器人的移动路径不必完整计算好，且该路径在移动过程中可能会发生变化。术语 "实时路径规划" 是在线路径规划的同义词。出于在线的目的而使用非实时的规划算法是无意义的。

2.1.3 轨迹规划

轨迹 (trajectory) 不仅仅是路径, 它还包括沿路径的速度、加速度和加加速度。一个常见的轨迹规划 (trajectory planning) 任务是在预定路径上寻找满足特定条件 (如最小执行时间) 的轨迹。下面区分离线轨迹规划与在线轨迹规划。离线规划所计算的轨迹不会在执行过程中受到影响, 而在线轨迹规划方法则可以在移动过程中 (重新) 计算和/或调整机器人的运动行为。这种 (重新) 计算和/或调整的原因可能有所不同: 提高准确性; 更好地利用当前可获取的动力学参数; 对动态环境做出反应并与之交互; 或对 (传感器) 事件做出反应。与 "实时路径规划" 类似, 术语 "实时轨迹规划" 的用法与在线轨迹规划的相同。

2.1.4 运动规划

运动规划 (motion planning) 包括路径规划任务和轨迹规划任务。在线/离线运动规划的定义类似于在线/离线路径规划和在线/离线轨迹规划。

2.1.5 轨迹生成

轨迹生成 (trajectory generation) 是轨迹规划的同义词。

2.1.6 运动控制

机器人系统只能通过移动其运动链来与环境进行交互。这里, 运动控制 (motion control) 就是指机器人运动链控制, 包括轨迹跟踪控制和传感器引导的运动控制 (如力/力矩控制)。

上述术语中, 尤其是 "路径" 和 "轨迹" 这两个词在文献中的使用方法并不一致。"离线" 一词的含义很明确, 但是 "在线" 和 "实时" 通常被用于不同的语境中, 如以下两节内容中所示。

2.2 概述

如图 1.5 所示, 在线轨迹规划恰好位于 (低层级的) 机器人关节控制和 (高层级的) 机器人运动规划之间的领域。这些领域是机器人技术研究中最经典的一部分, 因此我们寻找到 20 世纪 70 年代至 21 世纪初的大量相关科学与技术方面的文献, 在此进行综述。

图 2.1 概述了讨论的主题以及本书工作与各主题间的联系。在 2.3 节与 2.4 节的综述之后, 2.5 节中将进一步阐明本书工作与图 2.1 所提及领域间的关系。

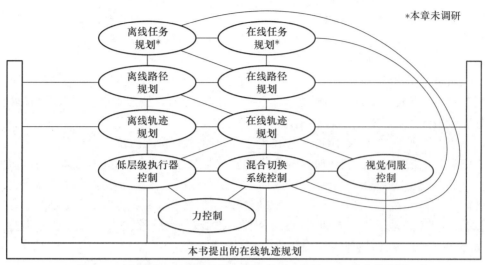

图 2.1 本章涉及领域的概述与逻辑关联 (基于 2.1 节中的术语)

2.3 机器人技术的最新发展

机器人制造公司通常不会公布有关其控制概念、技术、方法或理念的详细信息。因此, 本节非常简短, 后文将主要聚焦于科学文献 (2.4 节)。为了概述机器人技术的现状, 以下列举了一些世界领先的工业机器人制造商的产品规格。本书旨在保持中立, 不带偏见, 制造商按照英文名字母排序。

ABB 公司 [3] 在他们的机器人控制器中应用了 QuickMove[TM] 和 True-Move[TM][1-2] 的动态模型, 可实现快速、准确的定位。传感器集成可以通过数字和/或模拟输入和输出端口或通过现场总线系统实现, 但是这些信号不能用于在线自适应调整轨迹, 而只能用于搜索运行。即使在应用基于力控制的 RobotWare Machining FC[TM] 或 RobotWare Assembly FC[TM] [2] 时, 力传感器也不是控制回路的一部分, 且仅中间路径段依据传感器信号进行调整。至于抓取与放置任务, ABB 提供了 PickMaster[TM] [4], 它通过计算机视觉系统来处理不确定的零件位姿。

柯马机器人 [60] 为 C4G[TM] 机器人控制单元提供了两种完全不同的接口: ① 标准 C4G[TM] [57] 接口以及为现场应用设计的机器人编程语言 PDL2[TM]; ② 为研发机构设计的开放接口 C4G OPEN[TM] [58-59]。标准接口的编程语言 PDL2[TM] 是一种类似于 Pascal 语言的含有典型运动规划指令的高级语言, 但它不允许在反馈控制回路中对传感器进行寻址。传感器跟踪选项也仅仅提供修改预定轨迹的可能性, 但是仍保持对机械臂位置的控制。相比之下, C4G OPEN[TM] 接口使用户可以访问低层伺服控制回路 [58-59]。外部计算机以 1 ms 的周期与 C4G OPEN[TM] 控制器通信, 甚至能让用户设置力矩设定点, 从而使用户可以完全自由地开发自己的控制方案。该系统非常适合研发用途, 用户可以将传感器置于反馈控制回路中, 设置传感器引导的运动控制方案。

发那科公司[79] 为 R-30iA Mate^{TM} 控制器[78] 提供了计算机视觉[77] 和力/力矩传感器[76] 集成的选项, 然而这些传感器并非反馈控制回路的一部分, 传感信号被用于在行动前规划轨迹。

川崎重工[123] 提供了名为 D-Controller^{TM} [124] 的机器人控制单元, 这种封闭的控制单元只能单独通过 AS 语言^{TM} [125] 进行访问, 传感器难以被嵌入反馈控制环中。

库卡机器人公司 (KUKA)[153] 在机器人运动控制器 KR C2^{TM} [152] 上应用了动态模型, 以实现更短的循环时间和更小的轨迹跟踪控制误差。KUKA 提供了通过数字和/或模拟输入和输出端口以及现场总线系统嵌入传感器系统的可能性[151]。Occubot^{TM} 系统[150] 是一种用于汽车座椅测试的机器人系统。在一个测试周期内, 该系统在 6 个轴上测量力和力矩, 并依据测量值对下个测试周期的轨迹进行调整, 从而在一定的测试周期后能够施加期望的力。

三菱重工[186] 的机器人部门提供不对传感器集成开放的机器人涂装系统[185]。此外, 三菱还提供一种开放式体系结构, 使用户能够以 7 ms 的时间步长连接机器人控制单元。Battenberg 机器人[18] 等代理商将此接口用于单独的附加控制器。

安川电机[189] 为其工业机器人提供了 MOTOMAN NX100^{TM} [190] 控制器。前文所提到的制造商的产品和安川电机的 MOTOMAN NX100^{TM} 都没有提供将传感器嵌入反馈控制回路中的功能[191]。

Neuronics 公司[194] 的 Kantana^{TM} 机械臂[192] 使用质量非常轻的机械部件与低功率驱动器, 机械臂的所有薄边周围均装有泡沫材料, 因此该系统可直接在人类环境中使用, 而无需任何进一步的保护机制。此外, 其编程接口[193] 开放程度较高, 用户能够开发自定义控制方案, 但其标准系统不提供反馈控制回路的集成。

Stäubli 公司[250] 为机器人控制单元 (例如 CS8C^{TM} 控制器[248]) 提供了数字和/或模拟输入和输出, 可用于检索传感器信号。但是, 和所有其他商用机器人制造商的产品相同, 传感器无法置入控制器的反馈回路中[249]。Stäubli 提供了类似柯马机器人 C4G OPEN^{TM} 解决方案的底层接口 LLI^{TM} [247], Pertin 等[207] 详细描述了如何将 LLI^{TM} 用作各个控制方案的接口。LLI^{TM} 可通过设置位置速度设定点以及速度和力矩值来进行前馈控制。

2.4　机器人研究的最新进展

图 2.2 给出了本书工作中关于相关领域的第一个简要分类, 2.4.1 节至 2.4.3 节将对此进行具体分析。

所有领域的总体概述可参考相关机器人著作。例如; Siciliano 和 Khatib 编辑的 *Springer Handbook of Robotics* [240] 一书, 书中包含由 Kavraki 和 LaValle [122] 撰写的有关离线运动规划的章节, 以及由 Brock、Kuffner 和 Xiao [36] 撰写的有关在线运动规划的章节。Biagiotti 和 Melchiorri [24] 编写了一部关于在线 (但大多是离线) 轨迹生成思想的优秀著作, 书中部分章节[25] 中的基本方法也被应用于本书工作。Chung、Fu 和 Hsu 提出了机器人运动控制的基本概念[55]。Craig[62]，Fu、Gonzalez 和 Lee[94] 以及 Spong、Hutchinson 和 Vidyasager[246] 所编写的著作中给出了简要的总结。总体而言，对该领域的所有科学文献进行分类是一项艰巨的任务，因为我们找到的数百篇文献中，几乎所有工作都考虑了不同的假设和基本条件。但是为了能够在文献海洋中正确地定位本书工作，我们必须对文献进行分类。

图 2.2　基于 2.1 节中术语的简要文献调研分类

2.4.1　路径规划

2.4.1.1　离线路径规划方法

离线路径规划方法与本书工作没有直接关系，但是由于在线路径规划概念通常基于离线概念，因此我们参考了以下作者的综述和著作：Lozano-Pérez[169]，Lindemann 和 LaValle[166]，González-Baños、Hsu 和 Latombe[101]，LaValle[156]。

2.4.1.2　在线路径规划方法

在线路径规划通常仅在考虑路径和轨迹的情况下才是合理的。因此，我们讨论的是在线运动规划，或者用一个合适的新术语来代表这个研究领域——实时自适应运动规划 (real-time adaptive motion planning, RAMP[266])。这个研究领域还很不成熟，文献也很少。很多工作是建立在动态但严格已知的环境假设之上的，这与本书不同。假设机器人只能在动态和/或未知的环境中行动，并且配备传感器系统，以对 (未知的) 静态或动态障碍物、事件或任务参数的 (突然) 改变做出反应和交互。因此，RAMP 在配置 × 时间 (configuration×time, CT) 空间中发生。

Brock 和 Xiao 的研究团队致力于研究 (多) 机器人运动规划的实时有效方法。使用样条曲线来表示所计算的轨迹是一种非常常见的方法。运动规划算法的任务是在运行期间计算样条曲线节点集合和轨迹参数集合。文献 [266] 提出了一种在线运动规划方法，路径和轨迹是在 CT 空间中在线计算的，使得系统可以在未知的动态环境中运行。Yang 和 Brock[280] 使用另一种表示方法，以路线图上的无碰撞节点 ("里程碑") 和边线来表示当前规划的轨迹。这些节点或 "里程碑" 是从机器人系统及其环境的整体视图生成的——从全局的角度来看，这是一种运动规划。Brock 1999 年的博士学位论文[33] 以及与 Kavraki 和 Khatib[34-35] 一起发表的后续工作引入了弹性条带 (elastic strip) 框架。这项工作的基本思想是使先前规划的轨迹局部变形，从而在无碰撞的 "弹性隧道" 内躲避移动的障碍物，最终使机器人能够在三维运行空间内任务一致地从初始位姿移动到目标位姿。

与之相反, Jaillet 和 Siméon [118] 使用快速搜索随机树 (rapidly exploring random dom tree, RRT) 作为局部规划器来更新全局路线图, 该路线图最初由概率路线图 (probabilistic road map, PRM) 表示。这样, 在运行期间也可以考虑到任意移动的障碍物。Ögren、Egerstedt 和 Hu [195] 提出了另一种基于势场法的躲避未知动态障碍物的方法。在 Mbede 等的工作中 [177], 使用神经模糊控制器局部修正可动机械手的基本运动, 以躲避移动障碍物。基于 Mbede 等的贡献, Merchán-Cruz 和 Morris[180] 在 2006 年发表了有关协作机械手运动规划的工作。Li 和 Latombe[161-162] 提出了一种在线规划器, 专门用于规划两条机械臂从传送带上拿取任意位置零件的运动。

2.4.2 轨迹规划

2.4.2.1 离线轨迹规划方法

尽管离线轨迹规划不是本书工作的主题, 但许多在线轨迹规划的概念源于离线概念的思想。Roth 和 Kahn[120] 作为时间最优轨迹规划领域的先驱, 于 1971 年发表了最优线性控制理论的方法, 并实现了接近时间最优的线性机械手解决方案。所生成的轨迹是受加加速度限制的, 因此轨迹跟随误差较小, 系统结构固有频率的激励较少。

1982 年, Brady[29] 的工作介绍了关节空间中轨迹规划的几种技术, Paul[203-204] 和 Taylor[256] 发表了关于与 Brady 类似的笛卡儿空间中轨迹规划的工作。Lin、Chang 和 Luh [165] 在 1983 年发表了另一种纯运动学方法, Castain 和 Paul [43] 在 1984 年以及 Chand 和 Doty[44] 在 1985 年也有相关文章发表。

1984 年, Hollerbach 早期发表的文献 [114] 中首次引入了非线性机器人逆动力学的相关考虑, 用以生成机械手轨迹。这样做的目的是尽可能地带出最大的驱动力和/或力矩, 以缩短执行时间。其基本思想是通过一组参数函数来表示路径和轨迹, 这些参数函数会被用在机械手的动态模型中。这样就可以针对任意数量的自由度描述优化问题。Hollerbach 团队的后续工作便是基于这种想法 [10-11,223]。

20 世纪 80 年代中期, 三个研究团队开发了用于任意指定路径的时间最优轨迹规划技术: Bowrow、Dubowsky 和 Gibson[27-28], Shin 和 McKay[238-239], 以及 Pfeiffer 和 Johanni[208]。基于 Hollerbach 的方法, 即描述依赖于参数路径表示的机器人动力学系统, 可以计算轨迹上每个点的最大加速度。这些最大加速度值对应于最大驱动力和/或力矩值。此外, 最大驱动器速度被纳入考虑, 从而可以计算出最大速度的特性曲线。此所谓的最大速度曲线描述了每个轨迹点的最大速度, 在轨迹规划阶段必须加以考量, 亦即, 时间最优轨迹必须避免与临界曲线相交, 以最大限度地缩短执行时间。通过确定事先计算出来的正向最大加速度值和负向最大加速度值之间的切换点, 可以得到时间最优轨迹。与 Bobrow、Pfeiffer 和 Shin 相关的三个研究团队的算法以不同的方式寻找这些切换点。

独立于这三个研究团队, Rajan [218] 提出了一种基于样条曲线的最短时间运动规划方法 (参见文献 [218] 中图 2.2): 在配置空间中给出了初始位置和目标位置; 路径和轨迹是通过三次样条曲线计算和表示的。Geering、Guzzella、Hepner 和 Onder [99] 讨论了相同的主题，并将其扩展到不同类型的机器人运动学研究上。

Shiller 和 Dubowski [235] 使用 B 样条曲线作为 Bobrow、Pfeiffer 和 Shin 的基本算法的扩展，之后 Takayama 和 Kano [254] 也使用了 B 样条曲线。B 样条曲线是贝塞尔曲线的扩展版本，它由线段组成，每条线段都可以看作单独的贝塞尔曲线，并带有一些附加项，详细介绍请见文献 [212]。

1988 年，Kyriakopoulos 和 Saridis [154] 通过引入最小加加速度准则扩展了 Bobrow、Pfeiffer 和 Shin 的基本轨迹规划方法，以实现更好的轨迹跟踪行为。Tan 和 Potts [255] 首先将 Bobrow、Pfeiffer 和 Shin 的思想移植到了基于离散动态模型的离散工作系统中。1989 年，Slotine 和 Yang [244] 为 Bobrow、Pfeiffer 和 Shin 的工作提出了另一种算法。为了避免最大速度曲线的复杂计算，他们提出了一种用于临界曲线的解析计算方法，并且确定了该曲线上的特征切换点的条件，以实现时间最优的轨迹。同年，Olomski [196] 发表了详细的实验结果，并使用离线生成的轨迹作为不同轨迹跟随控制方案的输入值。

同时，Chen 和 Desrochers [49-51] 证明，如果仅考虑动力学约束，只有在至少一个驱动器永久处于饱和状态时才能实现时间最优轨迹。McCarthy 和 Bobrow [178] 针对更一般的、具有任意数量自由度的机器人发表了类似的证明。

20 世纪 90 年代初，Shiller 和 Lu [236-237] 扩展了 Bobrow、Pfeiffer 和 Shin 的算法，并考虑到了动态奇点。在某些运动轨迹上至少一个驱动器对沿路径的加速度没有贡献，这样的轨迹上即存在动态奇点。

除上述工作之外，Simon 和 Isik [243] 于 1993 年提出了使用三角样条曲线的概念。其基本思想是将关节空间中已经由逆向运动学模型计算出的节点与参数化的三角函数联系起来。可以选择某些参数以最小化加加速度，从而在关节空间中产生非常平滑而和谐的运动。

1994 年，Dahl [63] 改进了 Shiller 和 Lu 的基本算法，使其变得更加简洁。此外，Dahl 发表了更先进的实验结果。两年后，Fiorini 和 Shiller [89] 针对已知的动态环境提出了另一种离线算法，它基于这样的假设：环境是完全已知的，也就是说，所有静态对象都是已知的，且所有运动对象和它们的轨迹都是已知的。

同样在 1994 年，von Stryk 和 Schlemmer [252] 发表了 Manutec r3 工业机器人的最短时间和最小能量轨迹的实验结果。von Stryk 的研究团队发表了有关轨迹优化方法的进一步研究，如文献 [109]。1996 年，Žlajpah [270] 通过嵌入任务约束，略微扩展了 Bobrow、Pfeiffer 和 Shin 的基本方法。这重新定义了原始算法，且在计算切换点时定义并考虑了最大速度曲线下方的不同区域。

基于李群和黎曼几何 (1995 年，Park、Bobrow 和 Ploen [201] 一起将其应用于机器人动力学研究)，Žefran、Kumar 和 Croke [269] 提出了一种离线方法，用于生成从初始位姿到目标位姿 (均具有零速度) 的任务空间轨迹；这是一种考虑了多个自由度的方法。这项工作的关键贡献是对多维轨迹的平滑度的度量，而该度量可通过所提出的算法进行优化。此外，其还考虑了动态系统约束，如临界速度和加速度曲线等。

Piazzi 和 Visioli [209-210] 在 1998 年、2000 年提出了一种生成最小加速度轨迹的方法,但没有将机器人动力学纳入考量。在 2002 年的后续工作中,Bianco 和 Piazzi 将机器人动力学嵌入到这种方法里 [26]。

Khalil 和 Dombre [126] 所著的书中大致介绍了基本离线轨迹规划的概念。2004 年, Lambrechts、Boerlage 和 Steinbuch 提出了一种生成非常平滑的、加加速度的导数也受限的轨迹的新方法 [155],但仅考虑了单自由度系统,且该方法需要初始速度和目标速度为零。

2.4.2.2　在线轨迹规划方法

采用在线修正轨迹规划的原因在于:　① 对预先规划的轨迹进行精度提升; ② 由于机器人工作在未知或动态环境中,所以无法通过传感器对未知事件进行预测。在线轨迹规划非常重要,不仅在机器人领域,也包括数控机床领域。下面进行简要概述。

1. 提高路径精度

所有先前描述的离线轨迹规划方法都假设了一个精确描述真实机器人行为的动态模型。实际上,情况往往并非如此:　一些机器人参数仅是估计值,一些动态效应也未被建模,且系统参数在操作过程中可能会发生改变。在这种情况下,最终的机器人运动将不再是时间最优的,并/或超过最大驱动力和/或力矩,这将导致在指定路径和执行路径之间产生不理想的差异。在下文中,我们对在线调整轨迹以提高路径精度的方法进行了概述。

1989 年, Dahl 和 Nielsen[64] 提出了一种在线轨迹调整方法。该方法基于 Bobrow、Pfeiffer 和 Shin 的基本算法,沿路径对加速度进行调整,并对轨迹跟踪控制器的参数进行在线调整,从而使底层的轨迹跟踪控制器根据当前的运动状态进行调整。

独立于 Dahl 的方法, van Aken 和 van Brussel[265] 提出了一个概念,该概念使用关节空间中沿路径的一维参数化加速度曲线代替自适应样条曲线。这些曲线是在考虑机械臂动态模型的情况下在线计算得出的。

独立于后两项工作, Bestaoui [23] 同时提出了另一种生成在线轨迹的算法。如果轨迹达到中间轨迹节点,或者如果实际轨迹与期望轨迹之间的差大于某个阈值,则该方法会根据状态相关的加速度和速度约束重新规划轨迹。

Cao、Dodds 和 Irwin 在 1994 年 [41]、1998 年 [42] 提出使用三次样条曲线在关节空间中生成具有时间最优轨迹的平滑路径。利用成本函数定义考虑了执行时间和路径平滑度的优化问题。通过应用 Davidon、Fletcher 和 Powell [65,92] 提出的高效数值拟牛顿法,可以在运动过程中将成本函数最小化。因此可以计算出新的中间节点。机器人动力学只考虑一组必须根据经验确定的参数。

Bazaz 和 Tondu [20-21]1997 年、1999 年的工作扩展了 Bestaoui [23] 的工作,并使用三次样条曲线来使轨迹段互连,而不是使用四阶多项式来描述轨迹。

1998 年, Schlemmer 和 Gruebel[224] 提出了一种嵌入静态环境模型的在线方法，从而使优化问题得到扩展。该方法不仅采用了最小时间准则，而且进一步考虑了机器人与环境之间的距离函数。因此，目标是找到一条由三次样条曲线表示的折中的轨迹，以最小化执行时间并最大化与环境的距离。

Constantinescu 和 Croft [61] 在 2000 年提出了对 Shiller 和 Lu [234,236-237] 方法的进一步改进。对驱动力/力矩的导数的附加限制使关节空间中加加速度受到限制，从而使轨迹更加平滑，具有更好的跟踪性能。

Pietsch[214] 2003 年的博士论文基于 Dahl 和 Nielsen 的方法，并通过将自适应控制和时间最优轨迹规划相结合对该方法进行了改进。

同年，Macfarlane 和 Croft 在文献 [174] 中提出了一个加加速度有界的、接近时间最优的一维轨迹规划器，该规划器使用了在线计算的五次样条曲线。与 Andersson [13-14] 的方法类似 (将在下文中进行介绍)，Macfarlane 和 Croft 在研究中也使用五次多项式。作为对 Andersson 方法的扩展，他们提出了一种附加算法，该算法可确保这些多项式沿路径具有一个有限的加加速度。实验结果验证了这种方法的可用性，但其并未考虑机器人动力学。

Croft、Owen 和 Benhabib 共同发表了关于在线轨迹规划的进一步工作 [199-200]，其考虑的是一个协作机器人任务。离线规划的轨迹转变为在线调整，以应对未建模的扰动并且维持期望的路径。

Kim 等 [130] 2007 年的一项工作考虑了机器人动力学，以改进 Macfarlane 和 Croft[174] 的算法，但其只给出了仿真结果。

2. 基于传感器的轨迹调整

前文概述了提高路径精度的在线轨迹规划方法，而本部分则侧重于对传感器信号的在线考虑。

Andersson[13-14] 在 1988 年和 1989 年的工作中提出了一种基于三维立体视觉系统生成轨迹的乒乓球运动机械手 PUMA 260，其轨迹的位置级数用五次多项式表示，并且使用 Andersson 算法参数化。该算法的一个特性在于其适用于任意初始条件和目标条件，特别是目标速度不等于零的情况。

1993 年，Lloyd 和 Hayward[168] 提出了一种在两个不同路径段之间进行过渡的技术。一方面，其基于 Bobrow、Pfeiffer 和 Shin[27-28,208,238-239] 的基本轨迹生成方法来考虑机械手动力学；另一方面，其应用了 Paul[205] 和 Taylor[256] 首先提出的过渡窗口技术。该技术中，不需要提前知道这两个将在过渡窗口中混合在一起的路径段。过渡窗口的轨迹描述混合函数可以直接进行在线计算，且考虑了加速度和速度边界。

受人类手臂运动的启发，基于 Lloyd 和 Hayward 的工作，Flash 的研究小组 [98,222] 于 1999 年和 2001 年发表了在同一领域的进一步研究成果。他们的叠加原理包含位置、速度和加速度的约束。在 Lloyd 和 Hayward 的方法中，关节空间中的目标位置可以任意改变，且在一定的叠加窗口内，当前轨迹实现 "淡出" 的同时，新轨迹可以实现 "淡入"。

2002 年，Liu[167] 提出了一种通过参数化经典七段加速度曲线 [43] 在线计算线性加速度级数的一维方法。这样, 系统可以在任何时候对任意目标位置的切换做出反应。Liu 的方法与本书工作的一部分密切相关, 但正如将在本书第 4 章描述的那样, 它不完整且存在错误。

两年后, 在 2004 年, Ahn、Chung 和 Youm[5] 提出了关于在线计算任意给定运动状态和任意目标运动状态的一维轨迹的工作, 即目标速度和目标加速度不等于零。该轨迹采用六阶多项式表示, 被称为任意状态类多项式轨迹 (arbitrary states polynominal-like trajectory, ASPOT)。该方法的主要缺点是在在线轨迹生成时既不考虑运动学约束, 也不考虑动力学约束, 因此无法应用于实际。

在 2005 年的一项工作中, Chwa、Kang 和 Choi[56] 提出了一种先进的视觉伺服控制系统, 其目的是用机器人拦截快速和随机移动的物体。其在线轨迹规划器考虑了在两个自由度下工作的双连杆平面机器人的系统动力学。这项工作的缺点是缺乏通用性, 且只展示了仿真结果。

Kang 的论文 [121] 的标题体现了对在线轨迹规划方法的描述, 但只给出了基本的、众所周知的机器人运动学和动力学原理。

Broquère、Sidobre 和 Herrera-Aguilar[38] 在 2008 年发表了一篇论文, 使用在线轨迹生成器来产生任意数量的独立自由度。该方法与 Liu[167] 2002 年的方法非常相似, 同样基于经典的七段加速度曲线 [43], 但不幸的是, 该方法也不完整 (参见第 4 章), 并且只能在当前加速度为零的情况下执行反应。Haschke、Weitnauer 和 Ritter[108] 提出了与本书意义相同的在线轨迹规划器。其提出的算法可从任意运动状态生成加速度导数有界的轨迹, 但存在数值稳定性问题, 并且仅允许目标速度为零。

3. 数控机床的在线轨迹生成

除机器人研究领域外, 我们还可以找到数控领域中轨迹生成的方法, 即机器读取 G 代码指令并驱动机床。G 代码是数控编程语言。限于篇幅, 此处既不概述数控系统, 也不介绍该领域。感兴趣的读者请参考相关基础理论著作, 如 Suh、Kang、Shung 和 Stroud 编写的 *Theory and Design of CNC Systems* [253]。另外, 文献 [133] 中也给出了关于机床领域的简要综述。下面仅对与数控相关的在线轨迹生成领域的工作进行简要概述。

非均匀有理 B 样条 (non-uniform rational B-spline, NURBS) 是计算机辅助设计/计算机辅助制造 (CAD/CAM) 领域中常用的自由形状表示方法。在加工过程中, 这些自由形状与机器人领域中任意指定的路径类似, 因此精确路径跟踪的基本任务是非常相似的。在数控领域中, 路径总是设定好的, 我们只需要在插值器上进行进一步研究。在线插值器也可以看作在线轨迹生成器, 是当前机床研究的热点。例如, 可以在 Piegel 的著作 [212] 或他的一篇简短综述 [211] 中找到关于 NURBS 的介绍。

关于在线 NURBS 插值的研究 [48,52,54,132,157] 通常考虑了完整的系统动力学来设置数控单元, 由于路径事先完全已知, 动力学也可以事先计算, 但这样一来, 不可预见的和未建模的影响就被排除了, 而正常运行的责任就转给了跟踪控制器。为了支持这些控制器, 有必要在线调整期望的轨迹, 以防止它们使执行器达到饱和状态, 从而增加跟踪误差。所有提到的实时 NURBS 插补技术都适用于由 NURBS 表示的预先指定的路径, 因此这些工作与提高路径精度的在线轨迹生成研究有关。

除上述在线方法外, 我们还可以在数控机床领域中找到从机器人技术领域转移而来的基本 (离线) 方法的相关研究。Dong、Ferreira 和 Stori[69] 于 2007 年提出了一种离线算法来计算数控机床的变化进给速率, 以实现时间最优轨迹。该方法使用 Bobrow、Pfeiffer 和 Shin 的算法 [27-28,208,238-239] 作为计算给定路径的进给速率级数的基础。

2.4.3　运动控制

在图 2.2 中, 机器人运动控制领域是除路径规划和轨迹规划之外与本书有关的第三个领域。虽然下面两个小节主要讨论机械手, 但我们涉及的是一般的机器人系统的广泛领域, 因此没有特别关注任何具体的运动控制方案或任何具体的运动学。下面仅对机器人运动控制的一般情况和混合切换系统控制进行简要概述。

2.4.3.1　机器人技术中的执行器/关节控制

前文已提到在 *Springer Handbook of Robotics* [55] 中有对低层级机器人运动控制方案的概述。描述这一主题的著作还有 De Wit、Siciliano 和 Bastin[278]、Kozlowski[135]、Sciavicco 和 Siciliano[229], 以及 Khalil 和 Dombre[127] 的著作。许多描述的方法都是基于 Whitney 和 Paul 的早期工作 [274]。另一个重要的问题是嵌入刚体动力学来建立机器人的动力学模型。Featherstone[81-83] 的著作被认为是这一领域的基础。

在接下来的部分, 我们将重点讨论混合切换系统控制, 它构成了执行器控制器之上的一个控制层。对于混合切换系统控制器而言, 底层执行器控制方案的稳定性至关重要, 也就是说, 如果我们无法证明内部控制回路的稳定性, 那么外部控制回路的稳定性将更难证明。

2.4.3.2　混合切换系统控制

混合切换系统是由一系列连续工作的子系统和一个在它们之间进行切换的监督离散系统组成的系统。图 2.3 给出了单自由度系统混合切换系统的控制方案, 即只有一个执行器 (例如一个简单的线性定位单元)。该系统可以根据不同的传感器信号 (距离、视觉和力/力矩) 进行控制, 根据当前任务和/或当前系统状态和/或时间, 可以选择其中一个控制器。图 2.3 中, 力/力矩控制器、视觉伺服控制器和距离控制器为闭环控制器; 速度控制器和位置控制器是本书提出的开环控制器 (即在线轨迹生成器)。后两个模块之间的区别是, 速度控制器不考虑目标位置, 仅在给定加速度和/或加加速度 (另外还有加加速度的导数) 约束条件下, 将单个自由度导向某一速度。因此, 它比开环位置控制器要简单得多。当然, 图 2.3 所示的系统也可以扩展到多自由度系统, 如本书第 7 章所述.

当考虑一个具有许多不同传感器的多自由度机器人操作系统和一个能够在任意自由度中执行传感器引导的运动控制命令的系统时, 不言而喻, 需要在几个连续工作 (开环和/或闭环) 的控制器之间随时切换. 因此, 混合切换系统控制分析是本书工作的一个基本部分.

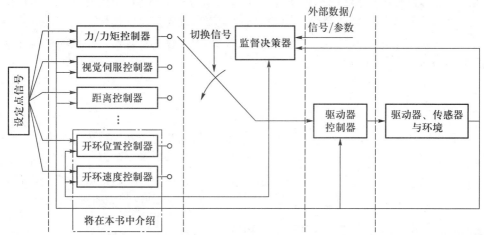

图 2.3 单自由度系统混合切换系统的控制方案 (图中虚线的含义将在 2.5 节中解释)

Branicky[30-31] 和 Liberzon[163-164] 的工作为开发与分析混合切换系统控制技术提供了基本概念. 特别是稳定性分析在这里至关重要, 因为切换系统的稳定性不能通过单个子控制器的稳定性来保证. 证明混合切换系统的稳定性是极其困难的, 许多研究人员正在分析此类稳定性问题. 如果在一组稳定的子系统之间进行不适当的切换, 就可能会导致该组子系统变得不稳定[32,164,277]. 在稳定性分析领域, 可以分为线性切换系统[66,164,181] 和非线性切换系统[67,179,279] 的技术.

如果没有各自连续工作的子系统, 离散切换系统本身自然不能工作. 因此, 我们也参考了两个最相关的因素的相关研究: 力/力矩控制和视觉伺服控制. 距离控制 (图 2.3) 通常只在一个自由度中工作, 并且相对简单.

1. 力/力矩控制

磨削、装配或去毛刺等机器人应用涉及机器人与环境之间的接触. 为了建立这种联系, 我们应用了力/力矩控制. 在本节前面提到的所有工作中, 只考虑了位姿和/或位置控制, 这是第一个场景. 该场景进一步可将传感器纳为反馈控制环的一部分①. 这些传感器可以是腕式力/力矩传感器 (例如文献 [15,119]) 或关节力矩传感器. 后一种方法在 DLR 轻型臂上成功实现[8,149], 该 DLR 轻型臂的关节上集成了力矩传感器. 基于腕式传感器信号的力/力矩控制可以应用于更广泛范围的机器人系统, 因为它只需要常见于工业机器人的执行器位置反馈. 下面对这一领域做简要概述.

---

① 力控制可以区分为主动控制和被动控制. 被动控制不考虑反馈控制回路中的力/力矩传感器[276], 此处排除.

Whitney[275] 和 Mason[176] 是柔顺运动控制领域的开拓者。基于他们的工作, 研究者在这个领域发表了许多方法。Khatib[129] 阐述了他关于操作空间方法的关键工作, 特别是 De Schutter 的团队 [226-228] 为这个领域贡献了有前景的概念并创造了任务坐标系形式 (task frame formalism) 这个术语 [40], 这使得在抽象编程水平上开发柔顺运动解决方案成为可能。

这些工作将力/力矩控制理解为柔顺运动概念的一个基本元素 [267]。文献中有三种不同的方法: ① 阻抗控制 [113], 它利用作用力/力矩与机械臂位姿之间的关系来调整末端执行器的机械阻抗; ② 并行控制 [53], 可以沿同一任务空间方向同时控制力/力矩和位姿; ③ 力/力矩和位姿混合控制, 在两个正交子空间中控制力/力矩和位姿 [217]。为了实现这一方法, 我们必须注意 Duffy[72] 提出的正交性问题, 他将该方法进行了扩展, 使其具有一致性, 独立于基本单位, 并且独立于任何原点坐标系。

关于力/力矩控制领域的概述可以在 *Springer Handbook of Robotics*[267], 以及如 Siciliano 和 Villani[241] 或者 Gorinevsky、Formalsky 和 Schneider[102] 的著作中找到。前面提到的 De Wit 等、Craig[62]、Khalil 等 [128]、Kozlowski [135]、Sciavicco 和 Spong 等 [246] 的著作中也对这一领域做了简要的调研。Vukobratović 和 Šurdilović 的工作也对该领域有很好的概述 [268]。

与作者同一个研究小组的 Reisinger 的博士论文也包含了一个用于力/力矩控制并联构型装备接触转换的控制框架 [220]。

2. 视觉伺服控制

如果计算机视觉数据被用于机器人运动控制, 则称为视觉伺服控制。再加上力/力矩控制, 可以实现强大的机器人系统, 因为与人类类似, 机器人可以使用两个非常互补的传感器, 一个用于识别全局任务环境, 另一个用于精细 (接触) 运动。摄像头可以直接安装在 (手眼) 机器人上, 或者固定在机器人工作单元的某个地方, 这样它就可以从一个固定的位置观察机器人的运动。视觉伺服控制包括三个领域: 底层图像处理、计算机视觉和控制理论。这里, 只给出了一个关于混合切换系统控制的简要概述。

Chaumette 和 Hutchinson 撰写的基本概述 [45-47] 被认为是对于不熟悉计算机视觉领域的控制工程师的一个很好的入门介绍。大多数关于视觉伺服控制的研究工作的起源可以在 Weiss、Sanderson 和 Neuman[273] 以及 Feddema 和 Mitchell[84] 的论文中找到。图像处理和计算机视觉算法的详细介绍可以在 Wahl[271], Forsyth[93], Ma、Soatto、Košecká 和 Sastry [171] 的著作中找到。

对于图 2.3, 在混合切换系统中, 视觉伺服控制应该作为一个连续工作的子模块来应用。Baeten 和 De Schutter[16] 提出了一种新的控制方式, 将计算机视觉和力/力矩控制统一在同一个任务坐标系中 [40]。Gans 和 Hutchinson[95-97] 提出的另一种方法中将两个视觉伺服控制器作为混合切换系统的子模块。假设有一个手眼摄像头装置, 第一控制子模块使用摄像头位置来计算控制律反馈回路中的误差信号, 第二控制子模块使用图像特征。系统的稳定性通过基于状态的切换方案得到了证明。

2.4.4 仿人运动分析

当将人体运动模式引入到机器人系统中时, 正如在人类神经生理学中所描述的 (参见 1.2 节), 我们还必须比较两个世界, 应该努力在两个领域之间建立一座桥梁。Flash 和 Hogan[91] 提出了一个基于人类手臂运动的数学模型。通过一组任务 (包括柔顺运动任务) 来观察人类手臂的轨迹。观察到的运动轨迹, 特别是整个运动过程中所产生的加加速度, 被用来评估执行运动轨迹的性能。在 Flash 后期发表的论文 [90] 中, 进一步分析了如果测试者将手臂移动到视觉识别的目标位置, 以及如果目标位置突然改变, 人类手臂的轨迹会是什么样子。即使不清楚这个运动任务是如何进行的, 也可以说明, 当新的视觉刺激出现后, 旧的 "计划" 就会中止, 而一个新的 "计划" 就会在运动中出现。Henis 和 Flash 的进一步研究工作 [110] 强调了本书的内容, 研究了视觉刺激和对应轨迹修正之间的时间间隔。根据当前的轨迹, 即关于新旧目标的当前运动状态, 这样的间隔时间在 $10 \sim 300$ ms。直到今天, 我们对人类的神经生理系统的理解还不够透彻。人类的运动模式显然是在不同的层次上产生的。如 1.2 节所述, 单突触反射只是最低层级。在人类大脑的运动皮层中, 运动模式进一步表现为多个层次 (参见图 1.6), 其中包含与人类运动技能的规划、控制和执行有关的区域 [232,263,272]。

我们还可以在机器人领域, 特别是仿人机器人、双足机器人或四足机器人领域找到借鉴了人类反射的工作。在这些领域, 普通的运动模式生成器用来为负责直立的低层级控制器生成设定点。在一个 (传感器) 事件发生后, 可以通过添加先前习得模式来调整此模式, 以确保系统直立。Zaier 等 [282-283] 针对仿人机器人提出了一种控制方案: 被添加到当前生成模式的习得模式平滑地淡入淡出, 以避免不平滑的运动。在文献 [230] 中, 同样的想法被应用于假肢。

在文献 [106] 中, Haddadin、Albu-Schäffr、De Luca 和 Hirzinger 在检测不可预见的碰撞和相应的反应方面完成了出色的工作。他们基于先前的工作 [103-105,170], 研究了 5 种不同的碰撞 (= 传感器事件) 反应策略[①]。① 机器人完全没有反应, 并且继续沿着参考轨迹前进。② 一旦检测到碰撞, 机器人就立即停止。这是通过利用实际的关节位置得到的。该位置是在碰撞检测瞬间测量的, 并被用作位置控制器的设定点。③ 从位置控制切换到零重力力矩控制 [6-7], 使机器人表现得十分柔顺。④ 切换到带有重力补偿的力矩控制, 但与策略③不同的是, 使用关节力矩反馈和预估的外部力矩信号 (作为碰撞信号) 来减小电动机惯性和连杆惯性, 从而获得一个更 "轻" 的机器人。⑤ 使用预估的外部力矩来实现导纳控制。通过确定与预估的外部力矩方向相反的速度, 机器人可以 "摆脱" 这种干扰。策略③—⑤包含了从轨迹跟踪控制到传感器引导的机器人运动控制的切换; 本书考虑的是相反的切换方式: 从传感器引导的控制到轨迹跟踪控制 (参见图 1.4)。

---

① 本段的其余部分是根据文献 [106] 撰写的。

2.4.5　笔者的研究工作

本节将对笔者以前在机器人研究领域的一些工作进行简要分类。首先是机器人操作系统的力/力矩控制, 特别是自适应控制和模型跟踪控制方案 [87,136,198,260], 笔者对任务坐标系形式的具体实现进行了研究 [137-139]。为了提高实际应用中力/力矩控制质量 [147-148], 笔者解决了力/力矩和加速度信号的融合问题, 以分离接触力/力矩和由惯性效应引起的力/力矩 [143-145]。文献 [88] 介绍了以操作原语 (manipulation primitive, MP) 作为机器人运动控制领域中混合切换系统的接口。另外, 软件工程和实时性方面通常对上述技术的实用而优雅的实现起着根本性的作用; 这些年来, 我们构想了一个基于专用实时中间层的框架, 并最终在文献 [86] 中提出。除了这些基础工作, 上述领域的实验成果在文献 [140-142] 中也有介绍。这里要提到的最后一项工作是文献 [146]。它与本书密切相关, 介绍了混合切换系统在线轨迹规划的初步阶段。

2.5　本书工作的结论和分类

在进行了广泛调研以及在部分领域的深入挖掘后, 我们现在能够将本书工作的动机具体化, 并将其归入机器人学研究领域。

大多数调研的离线和在线运动生成都会沿着指定的路径产生运动。但这真的是个好办法吗？仅用于位置/位姿和/或轨迹跟踪控制运动的话, 这当然是个好方法, 而且没有任何限制！但是, 当执行传感器引导的运动 (例如力/力矩控制或视觉伺服控制) 时, 不会有预定的路径, 因为机器人的运动直接取决于传感器的信号。在基于传感器的运动控制过程中, 必须忽略路径！一旦嵌入了传感器引导或传感器保护的运动, 就不再会有预定的路径了。尤其是, 我们必须告别沿着先前指定的路径的轨迹规划和参考轨迹。没有一条路径可以被精准地跟踪, 因为一切都可能取决于传感器, 而传感器的信号是无法预见的。

对于机器人领域的进一步发展, 传感器集成是必不可少的！在科学领域, 我们可以找到大量的方法, 但当我们审视技术的发展现状 (2.3 节) 时, 几乎找不到这些方法。笔者认为, 机器人控制构架中缺少一个部分 (如图 1.4 所示)。这一部分可以实现从传感器引导的控制到轨迹跟踪控制的切换。此外, 商业机器人制造商必须开发可靠的、可稳定工作的机器。这些公司需要能够对传感器故障给出安全反应的手段。如果在传感器引导的高速运动中, 传感器停止传递信号, 机器人应该如何行动？一个机器人在其所有自由度中执行传感器引导的运动 (例如在示教过程中的零力控制), 若发生意外情况, 如果不执行紧急停止操作, 控制器如何接管机器人的引导？

这些都是简单的问题, 大多数与研究机构不相关。一方面, 我们 (研究人员) 经常抱怨 "无法获得商业性的控制单元" "传感器引导的运动是不可能的"; 但另一方面, 我们还没有一个通用概念能够在考虑运动学和动力学约束的情况下生成从任意初始运动状态到任意目标运动状态的轨迹的设定点, 而这是具体实现所必需的。

　　笔者的目标之一是为这些问题的解决做出贡献。本书中提出的概念并没有提供一个完整的解决方案——这是我们未来工作的方向之一。为了将本书工作归于广泛的机器人研究领域, 笔者考虑了两种不同的视角:

　　(1) 水平视角。我们考虑了机器人运动控制的多个水平层模型。如图 1.5 所示, 在线轨迹规划与基于传感器的运动控制一起被视为机器人控制模型中的一个水平层。该层构成了较高层级 (在线和/或离线) 任务与运动规划和较低层级执行器控制之间的接口。这种观点在计算机科学领域似乎很常见。

　　(2) 垂直视角。我们考虑了如图 2.3 所示的混合切换系统控制方案的垂直层。该图展示了一种简单方案, 并通过虚线指示了分层结构。在线轨迹规划算法被视为一个连续工作的子模块, 它能够从任意运动状态接管控制, 并在尽可能短的时间内将系统转换到期望的运动状态。该图类似于控制工程师的视角。

　　如图 2.4 所描述, 本书工作的目的是为时间离散系统开发一种算法。这种在线轨迹规划算法可以看作前馈或开环控制器, 也可以看作对当前状态的反馈。在某个时刻 T_i, 根据机器人运动学和动力学, 算法接收当前运动状态的参数、预期运动状态的参数和运动约束。而动力学在本书中仅由恒定的运动学运动约束来表示。嵌入动力学的同时又能够对不可预见的事件做出反应是亟待解决的研究任务, 这将在9.5 节中进行讨论。图 2.4 中的算法需要计算 T_{i+1} 时刻相应的运动设定点, 其随后会被用作下一级控制的指令变量。

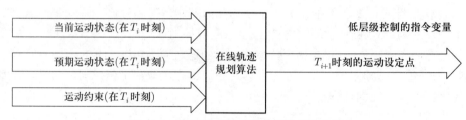

图 2.4　在线轨迹规划算法的输入和输出

第 3 章　数学表达与问题描述

为了清晰地介绍相关数学运算, 有必要先介绍一些相关术语, 方便后续理解。此外, 本章还将介绍在线轨迹规划 (OTG) 算法的不同类型和变体的基本分类。在本章前两节的基础上, 3.3 节将详细介绍绪论中的问题表述。

3.1　符号和术语

本节将介绍本书中使用的一些重要术语, 以及用数学方式表示特定轨迹的方法。

考虑到机器人运动系统一般使用计算机或微控制器系统, 因此假设用一组时间离散序列来描述上述离散系统:

$$\mathcal{T} = \{T_0, \cdots, T_i, \cdots, T_N\} \tag{3.1}$$

式中, $T_i = T_{i-1} + T^{\text{cycle}}$, $i \in \{1, \cdots, N\}$, T^{cycle} 为系统的采样周期。时间离散值用大写字母表示, 时间连续值用小写字母表示。机器人系统在 T_i 时刻的瞬时位置为

$$\boldsymbol{P}_i = ({}_1P_i, \cdots, {}_kP_i, \cdots, {}_KP_i)^{\text{T}} \tag{3.2}$$

式中, K 为系统的自由度。设速度、加速度和加加速度分别用 $\boldsymbol{V}_i$、$\boldsymbol{A}_i$ 和 $\boldsymbol{J}_i$ 表示, 则 T_i 时刻的运动状态可用以下矩阵表示:

$$\boldsymbol{M}_i = (\boldsymbol{P}_i, \boldsymbol{V}_i, \boldsymbol{A}_i, \boldsymbol{J}_i) = ({}_1\boldsymbol{M}_i, \cdots, {}_k\boldsymbol{M}_i, \cdots, {}_K\boldsymbol{M}_i)^{\text{T}} \tag{3.3}$$

式中, 向量 ${}_k\boldsymbol{M}_i$ 表示矩阵 $\boldsymbol{M}_i$ 的第 k 行。运动属性的边界条件表示为

$$\boldsymbol{B}_i = (\boldsymbol{V}_i^{\max}, \boldsymbol{A}_i^{\max}, \boldsymbol{J}_i^{\max}, \boldsymbol{D}_i^{\max}) = ({}_1\boldsymbol{B}_i, \cdots, {}_k\boldsymbol{B}_i, \cdots, {}_K\boldsymbol{B}_i)^{\text{T}} \tag{3.4}$$

式中, $\boldsymbol{D}_i^{\max}$ 为 T_i 时刻加加速度的导数的最大值。目标运动状态表示为

$$M_i^{\text{trgt}} = \left(P_i^{\text{trgt}}, V_i^{\text{trgt}}, A_i^{\text{trgt}}, J_i^{\text{trgt}}\right)$$
$$= \left({}_1M_i^{\text{trgt}}, \cdots, {}_kM_i^{\text{trgt}}, \cdots, {}_KM_i^{\text{trgt}}\right)^{\text{T}} \tag{3.5}$$

T_N 表示达到 M_i^{trgt} 的瞬时时刻。轨迹可表示为时间的多项式:

$$_k^l p_i(t) = a_4(t-\Delta t)^4 + a_3(t-\Delta t)^3 + a_2(t-\Delta t)^2 + a_1(t-\Delta t) + a_0 \tag{3.6}$$

式 (3.6) 表示自由度 k 基于四次多项式的位置规划,Δt 表示插补时间间隔,T_i 表示第 i 时刻。参数 l 将在本节后面说明。速度、加速度和加加速度级数的多项式可表示为 ${}^l v_i(t)$、${}^l a_i(t)$ 和 ${}^l j_i(t)$。综合上述公式,可得到一个多项式矩阵:

$$^l m_i(t) = \left({}^l p_i(t), {}^l v_i(t), {}^l a_i(t), {}^l j_i(t)\right)$$
$$= \left({}_1^l m_i(t), \cdots, {}_k^l m_i(t), \cdots, {}_K^l m_i(t)\right)^{\text{T}} \tag{3.7}$$

其中单行表示某个自由度对应的轨迹多项式:

$$_k^l m_i(t) = \left({}_k^l p_i(t), {}_k^l v_i(t), {}_k^l a_i(t), {}_k^l j_i(t)\right) \tag{3.8}$$

每一组运动多项式 ${}^l m_i(t)$ 都可以表示为时间的函数:

$$^l \mathcal{V}_i = \left\{{}_1^l \vartheta_i, \cdots, {}_k^l \vartheta_i, \cdots, {}_K^l \vartheta_i\right\} \tag{3.9}$$

式中,${}_k^l \vartheta_i = \left[{}_k^l t_i, {}_k^{l+1} t_i\right]$。

多项式 ${}_k^l m_i(t)$ 也适用于描述单自由度对应的运动轨迹。整个运动轨迹 $\mathcal{M}_i(t)$ 的运动多项式可用一组离散时间序列来描述:

$$\mathcal{M}_i(t) = \left\{\left({}^1 m_i(t), {}^1 \mathcal{V}_i\right), \cdots, \left({}^l m_i(t), {}^l \mathcal{V}_i\right), \cdots, \left({}^L m_i(t), {}^L \mathcal{V}_i\right)\right\} \tag{3.10}$$

根据 OTG 算法类型 (参见 3.2 节)、运动的初始状态 M_0 和目标状态 M_0^{trgt}、多项式插值的数目 (轨迹段的数目) L 来表示从 M_0 到 M_0^{trgt} 的完整轨迹。轨迹段间可通过式 (3.11) 进行衔接:
$\forall k \in \{1, \cdots, K\}$:

$$\begin{cases} {}_k^1 t_i = T_i \\ {}_k^1 m_i(T_i) = {}_k M_i \\ {}_k^l m_i\left({}_k^l t_i\right) = {}_k^{l-1} m_i\left({}_k^l t_i\right), \quad l \in \{2, \cdots, L\} \\ {}_k^L m_i\left(t_i^{\text{sync}}\right) = {}_k M_i^{\text{trgt}} \end{cases} \tag{3.11}$$

由式 (3.9) 至式 (3.11) 可得

$$_k^{L+1} t_i \equiv t_i^{\text{sync}} \tag{3.12}$$

OTG 算法的一个重要特性是, 所有自由度都必须在同一时刻到达目标运动状态 $\boldsymbol{M}_i^{\text{trgt}}$, 即在 t_i^{sync} 时刻达到时间同步。由于这个约束, 需要指明:

$$T_N - t_i^{\text{sync}} \leqslant T^{\text{cycle}} \tag{3.13}$$

即经过 NT^{cycle} 的时间后, 所有自由度均到达了所规划的目标运动状态。

图 3.1 阐明了时间同步的含义, 整个算法是在控制底层实现, T^{cycle} 一般在 1 ms 或更小的范围内。

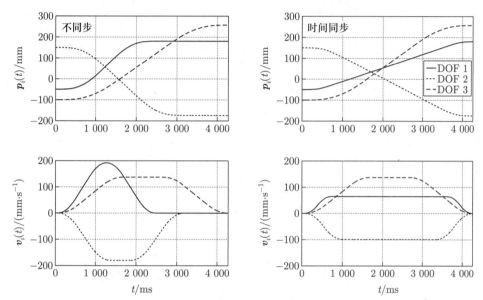

图 3.1 三自由度连杆的简单三阶轨迹的时间同步示例

上述内容介绍了如何描述 T_i 时刻的运动轨迹 $\mathcal{M}_i(t)$, 它构成了处理 OTG 轨迹集的最小参数集。为了更好地理解和阐明上述方程, 图 3.2 描述了单自由度的简单 (平移) 运动轨迹。

下面将简单介绍 OTG 算法的输入和输出 (详细介绍请见第 4 章至第 6 章)。如图 3.3 所示, 输入为

$$\boldsymbol{W}_i = \left(\boldsymbol{M}_i, \boldsymbol{M}_i^{\text{trgt}}, \boldsymbol{B}_i, \boldsymbol{S}_i\right) = \left(_1\boldsymbol{W}_i, \cdots, _k\boldsymbol{W}_i, \cdots, _K\boldsymbol{W}_i\right)^{\text{T}} \tag{3.14}$$

输出为 $\boldsymbol{M}_{i+1}$, 其中 $\boldsymbol{W}_i$ 是 $K \times 13$ 阶矩阵。选择向量

$$\boldsymbol{S}_i = \left(_1s_i, \cdots, _ks_i, \cdots, _Ks_i\right), \quad \boldsymbol{S}_i \in \mathbb{B}^K \tag{3.15}$$

是一个布尔向量, 决定了 K 个自由度中哪一个是由 OTG 算法控制的。集合

$$\mathbb{B} = \{0, 1\} \tag{3.16}$$

表示二进制数的集合。该算法不考虑不受 OTG 开环控制器控制的自由度。

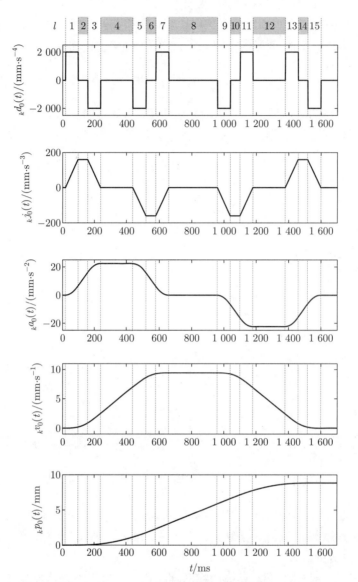

图 3.2 单自由度的四阶运动轨迹: 由 $L = 15$ 个多项式矩阵 $^{l}m_{i}(t)$ 组成 [参见式 (3.7)]; 输入参数为 $_{k}M_{0} = 0$, $_{k}B_{0} = (9.4 \text{ mm/s}, 22.4 \text{ mm/s}^{2}, 160 \text{ mm/s}^{3}, 2\,000 \text{ mm/s}^{4})$ 和 $_{k}M_{0}^{\text{trgt}} = (8.8 \text{ mm}, 0 \text{ mm/s}, 0 \text{ mm/s}^{2}, 0 \text{ mm/s}^{3})$ (参见文献 [155])

正如将在第 7 章中所讨论的, 输出值 M_{i+1} 的处理方式取决于 OTG 算法如何嵌入到机器人运动控制方案中。因此, 术语 "低层级控制"(参见图 3.3) 考虑了 OTG 算法的底层控制层。例如, 该算法可直接用于关节空间, 从而为关节位置控制器提供指令变量进行关节控制, 或者可作为混合切换系统的一部分, 使得 M_{i+1} 为笛卡儿空间中的控制器提供期望的运动状态。

算法推导中所涉及的变量列表, 以及对其上、下标含义的描述, 请参见 "缩略词和符号"。

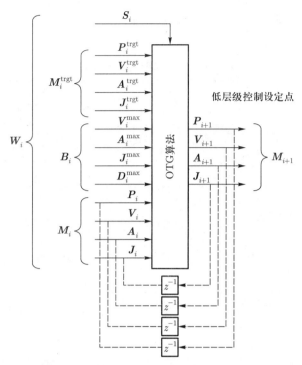

图 3.3　多自由度 OTG 算法对应的输入和输出 (z^{-1} 代表一个保持单元)，虚线是指 OTG 的输出值是如何反馈的

3.2　在线轨迹生成器的分类

本节定义了 OTG 算法不同的类型和变体。类型不同, OTG 算法的复杂度和实际相关性有很大的不同。

3.2.1　类型分类

一般来说, OTG 算法的输入参数和输出参数满足如式 (3.17) 所示的函数关系, 而 OTG 算法本身无记忆功能:

$$M_{i+1} = f\left(W_i\right) \tag{3.17}$$

式中, $f : \mathbb{R}^{\alpha K} \times \mathbb{B}^K \longrightarrow \mathbb{R}^{\beta K}$, 参数 α 和 β 用于表示不同的 OTG 类型, 如表 3.1 所示。图 3.3 所示的 OTG 算法框图 (如果所有输入参数都完全连接到输出端) 对应类型 IX。类型不同, 输入和输出的对应关系也不同。例如, 类型 VIII 可以不指定 J_i^{trgt}。又如, 图 3.2 表示类型 VI 对应的轨迹, 图 3.1 表示类型 III 对应的轨迹。$\beta = 4$ 表示位置采用四阶多项式描述, 对应的加加速度的导数也是受约束的 $\left(D_i^{\text{max}} \in \mathbb{R}^K\right)$。其他类型都以类似方式定义。为了完善表 3.1, 将矩形速度曲线的情况表示为类型 0 ($\alpha = 3$, $\beta = 1$)。当然也可以通过高阶轨迹 (X、XI 等) 来扩展表 3.1, 但是类型数的增加会使算法的复杂度急剧增加, 以至于这些类型算法有很大难度, 如 9.12 节所述。

表 3.1　不同类型的 OTG 算法

	$({}_kV_i^{\text{trgt}} = 0)\wedge$ $({}_kA_i^{\text{trgt}} = 0)\wedge$ $({}_kJ_i^{\text{trgt}} = 0)$	$({}_kV_i^{\text{trgt}} \in \mathbb{R})\wedge$ $({}_kA_i^{\text{trgt}} = 0)\wedge$ $({}_kJ_i^{\text{trgt}} = 0)$	$({}_kV_i^{\text{trgt}} \in \mathbb{R})\wedge$ $({}_kA_i^{\text{trgt}} \in \mathbb{R})\wedge$ $({}_kJ_i^{\text{trgt}} = 0)$	$({}_kV_i^{\text{trgt}} \in \mathbb{R})\wedge$ $({}_kA_i^{\text{trgt}} \in \mathbb{R})\wedge$ $({}_kJ_i^{\text{trgt}} \in \mathbb{R})$
$({}_kA_i^{\max} \in \mathbb{R})\wedge$ $({}_kJ_i^{\max} = \infty)\wedge$ $({}_kD_i^{\max} = \infty)$	类型 I $\alpha = 5, \beta = 2$	类型 II $\alpha = 6, \beta = 2$	—	—
$({}_kA_i^{\max} \in \mathbb{R})\wedge$ $({}_kJ_i^{\max} \in \mathbb{R})\wedge$ $({}_kD_i^{\max} = \infty)$	类型 III $\alpha = 7, \beta = 3$	类型 IV $\alpha = 8, \beta = 3$	类型 V $\alpha = 9, \beta = 3$	—
$({}_kA_i^{\max} \in \mathbb{R})\wedge$ $({}_kJ_i^{\max} \in \mathbb{R})\wedge$ $({}_kD_i^{\max} \in \mathbb{R})$	类型 VI $\alpha = 9, \beta = 4$	类型 VII $\alpha = 10, \beta = 4$	类型 VIII $\alpha = 11, \beta = 4$	类型 IX $\alpha = 12, \beta = 4$

注: ① $\forall(i, k) \in \mathbb{Z} \times \{1, \cdots, K\}$; ② 类型号定义了可用输入参数 $\boldsymbol{W}_i$ 和输出参数 $\boldsymbol{M}_{i+1}$ 的集合 [请参见式 (3.3)、式 (3.4)、式 (3.5)、式 (3.14) 和式 (3.17)]。

在文献 [146] 中提出了类型 I 的具体形式, 它的工作原理就像类型 II, 没有加加速度的约束。这两种类型的算法可以集成到一些传感器系统中, 例如有些研究机构使用上述类型做了一些集成有传感器反馈的测试实验。但由于非光滑的 bang-bang 或梯形轨迹特性 [126], 如在文献 [120] 中所述, 它们与工业应用无关。为了增加机械系统的寿命, 需要约束加加速度 (类型 III 至类型 V)。此外, 如果平滑轨迹的加加速度甚至加加速度的导数受到约束, 则可以实现更好的轨迹跟踪效果, 并减少系统中结构固有频率的激励。与类型 III 相比, 类型 IV 和 V 还提供了在空间中指定目标速度矢量和/或目标加速度矢量的可能性, 这对于考虑系统动力学很重要。目标加速度矢量被认为是目标速度矢量的曲率, 并与控制维度之间的切换有关, 这将在 9.12 节中讨论。

3.2.2　变体分类

基本上不需要区分不同类型算法的变体 (变体 A 和变体 B), 但这种变体分类简化了后面三章中对 OTG 算法细节的解释。

对于不同类型的 OTG 算法变体, 可通过常数边界值和非常数边界值来区分, 定义变体 A 和 B 如下:

$$\text{变体 A:}\quad \boldsymbol{B}_i = \mathbf{const},\quad \forall i \in \mathbb{Z}$$

$$\text{变体 B:}\quad \boldsymbol{B}_i \neq \mathbf{const}^{①}$$

相较而言, 变体 A 有助于解释算法, 而变体 B 更实用。

---

① **const** 表示常数矩阵, const 表示常数, 后同。——译者注

3.3 规范化问题表述

基于前两节的内容, 本节将更加精确地给出 1.1.3 节的问题表述。下面从时间最优的定义开始, 区分两种不同的类型:

定义 3.1 (运动学时间最优) 在不考虑任何自由度间的耦合的情况下, 系统在最短时间内从初始时刻 T_i 对应的状态 $\boldsymbol{M}_i$ 运动到期望的目标运动状态 $\boldsymbol{M}_i^{\text{trgt}}$。

如果考虑一个有 K 个自由度的系统, 即该系统有 K 个驱动器, 每个驱动器可输出指定的力 (或力矩)。根据牛顿第二定律, 已知质量和线性 (或角) 加速度, 可以求解得到惯性力或惯性力矩。所有加速度的值可构成 $\boldsymbol{A}_i^{\max}$, 即 OTG 算法的一个输入向量。

定义 3.2 (动力学时间最优) 在考虑整个系统动力学的情况下, 系统在最短时间内从初始时刻 T_i 对应的状态 $\boldsymbol{M}_i$ 运动到期望的目标运动状态 $\boldsymbol{M}_i^{\text{trgt}}$。

对于 OTG 算法本身而言, 即对于图 3.3 中的所有计算, 只考虑运动学时间最优。运动学时间最优认为, 所有 K 个自由度是线性独立的, 即解耦的。机器人运动学和动力学相结合的方法将在 9.5 节中介绍。

为了清晰地阐述 OTG 算法要解决的问题, 我们制定了算法必须满足的四个准则, 详述如下。

1. 时间最优准则

时间最优准则就是计算 $\mathcal{M}_i(t)$ 在 T_i 时刻的所有参数, 使所选自由度在尽可能短的时间 t_i^{sync} 内运动到目标状态 $\boldsymbol{M}_i^{\text{trgt}}$:

$\forall (k, l) \in \{1, \cdots, K\} \times \{1, \cdots, L\}$:

$$
\begin{cases}
\left| {}_k^l v_i(t) \right| \leqslant {}_k V_i^{\max} \\[2mm]
\left| {}_k^l a_i(t) \right| \leqslant {}_k A_i^{\max} \\[2mm]
\left| {}_k^l j_i(t) \right| \leqslant {}_k J_i^{\max} \\[2mm]
\left| {}_k^l d_i(t) \right| \leqslant {}_k D_i^{\max}
\end{cases}, \quad t \in \left[{}_k^l t_i, {}_k^{l+1} t_i \right]
\tag{3.18}
$$

使得

$$
t_i^{\text{sync}} \longrightarrow \min
\tag{3.19}
$$

式中, t_i^{sync} 是 $\mathcal{M}_i(t)$ 的参数 [参见式 (3.9) 至式 (3.12)]。

2. 时间同步准则

时间 t_i^{sync} 在该准则中扮演了非常重要的角色, 为了保证 $\boldsymbol{V}_i^{\text{trgt}}$、$\boldsymbol{A}_i^{\text{trgt}}$ 和 $\boldsymbol{J}_i^{\text{trgt}}$ 同时在 t_i^{sync} 时刻到达 $\boldsymbol{P}_i^{\text{trgt}}$, 可再次进行时间同步 [式 (3.11)]:

$$
{}_k^L \boldsymbol{m}_i \left(t_i^{\text{sync}} \right) = {}_k \boldsymbol{M}_i^{\text{trgt}}, \quad \forall k \in \{1, \cdots, K\}
\tag{3.20}
$$

3. 运动约束准则

式 (3.18) 保证了 $\mathcal{M}_i(t)$ 中的运动参数变量在各自的边界约束 $\boldsymbol{B}_i$ 内。在变体 A 中 ($\boldsymbol{B}_i = \text{const}, \forall i \in \mathbb{Z}$)，相对清楚、简单，但是在变体 B 中存在以下情况：

(1) $\boldsymbol{M}_i$ 的一个或多个元素超出了边界约束 $\boldsymbol{B}_i$ (例如, $_1V_i = 5$ m/s, 而 $_1V_i^{\max} = 4$ m/s)。

(2) $\boldsymbol{M}_i$ 的一个或多个元素当前满足边界条件，但是未来超出边界约束 $\boldsymbol{B}_i$ 是不可避免的 (例如, $_2V_i = 4$ m/s, $_2V_i^{\max} = 5$ m/s, $_2A_i = 2$ m/s^2 且 $_2J_i^{\max} = 1$ m/s^3, 即使永久施加 $-_2J_i^{\max}$, 速度 $_2v(t)$ 也将不可避免地增加到 6 m/s)。

如果上述两种情况之一在 T_i 时刻成立，OTG 变体 B 算法必须确定并计算下一段的轨迹，并将其应用于计算出满足式 (3.18) 和式 (3.19) 的上一段轨迹。这些变体 B 轨迹段必须将已经超出或即将超出其边界 $\boldsymbol{B}_i$ 的变量 $\boldsymbol{M}_i$ 在最短时间内引导回归到极限约束范围内，使得这些值始终保持在各自的边界内。

我们认为 $\boldsymbol{W}_i$ 为任意值，$\boldsymbol{W}_i$ 的唯一 (普遍) 约束如下：
$\forall k \in \{1, \cdots, K\}$:

$$\left(_kV_i^{\text{trgt}} \leqslant {_kV_i^{\max}}\right) \wedge \left(_kA_i^{\text{trgt}} \leqslant {_kA_i^{\max}}\right) \wedge \left(_kJ_i^{\text{trgt}} \leqslant {_kJ_i^{\max}}\right) \tag{3.21}$$

如式 (3.19) 所示，难点是找到一条运动轨迹 $\mathcal{M}_i(t)$, 使其在尽可能短的时间 t_i^{sync} 内从 $\boldsymbol{M}_i$ 运动到 $\boldsymbol{M}_i^{\text{trgt}}$。但是对于当前 T_i 时刻的控制周期，只需要 $\boldsymbol{M}_{i+1}$。因为在下一个控制周期，由于不可预见的事件和切换操作，可能会有全新的输入值 $\boldsymbol{W}_{i+1}$。因此，只有 $\boldsymbol{M}_{i+1}$ 被提前输出，而这些值可被用来作为低层级控制的输入值。

4. 一致性准则

如果输入值 $\boldsymbol{M}_i^{\text{trgt}}$、$\boldsymbol{B}_i$ 和 $\boldsymbol{S}_i$ ($i \in \{0, \cdots, N\}$) 在某时刻保持不变 [参见式 (3.13)]，同时将 $\boldsymbol{M}_{i+1}$ 的输出值作为输入直接反馈到下一个控制周期 (参见图 3.3 中的虚线)，则必须满足以下一致性标准。

如果 $\boldsymbol{M}_i^{\text{trgt}}$、$\boldsymbol{B}_i$ 和 $\boldsymbol{S}_i$ ($i \in \{0, \cdots, N\}$) 保持不变，则：

(1) 同步时间在整个轨迹执行过程中必须保持不变，即, $t_i^{\text{sync}} = \text{const}$, $\forall i \in \{0, \cdots, N\}$。这与时间同步相关，比如 $\boldsymbol{V}_i^{\text{trgt}}$、$\boldsymbol{A}_i^{\text{trgt}}$ 和 $\boldsymbol{J}_i^{\text{trgt}}$ 同时在 t_i^{sync} 时刻达到 $\boldsymbol{P}_i^{\text{trgt}}$。

(2) 所有轨迹 $\mathcal{M}_u(t), u \in \{1, \cdots, N\}$ 必须完全满足 $\mathcal{M}_0(t)$。

(3) 任意轨迹 $\mathcal{M}_u(t), u \in \{1, \cdots, N\}$ 必须完全满足之前计算的所有轨迹 $\mathcal{M}_v(t), v \in \{1, \cdots, u-1\}$。

该准则保证了 OTG 算法的规划轨迹与离线规划轨迹完全一致，例如, bang-bang 和/或梯形加速度曲线 (参见文献 [29,43,126,196])。

3.4 小结

本章中，引入了一些专用符号，并概述了 OTG 算法的任务，制定了四个准则，但并没有提供解决方案。每一个准则都是必不可少的, OTG 算法必须满足。最终期望的算法包括三个步骤, 其中第一步的一部分也适用于单自由度系统。为了逐步推导出 OTG 算法, 第 4 章中将介绍在一维空间的情况。第 5 章在第 4 章的基础上, 给出了多维空间中的完全解。类型 Ⅳ OTG 算法包括类型 Ⅰ—Ⅲ (参见表 3.1), 是作者开发的最高类型。本书将以该类型为例来说明和解释 OTG 算法。每一章都介绍了通用的 OTG 算法, 并通过类型 Ⅳ 进行了详细阐释。

第 4 章　单自由度系统的在线轨迹规划解决方案

本书将介绍用于单自由度系统的在线轨迹规划 (OTG) 算法和用于多自由度系统的 OTG 算法, 这些算法均是机器人领域中常见的算法。本章中提出的算法为伺服驱动控制和变频器控制提供了解决方案。另外, 随着对 OTG 算法的深入讲解, 读者将更容易理解本书所介绍的内容。

4.1　在线轨迹规划的通用算法

4.1.1　单自由度系统的问题表述

单自由度系统与多自由度系统中某单个自由度的问题描述形式类似 (参见 3.3 节)。对于多自由度的 OTG 算法而言, 其输入为向量或矩阵 ($\boldsymbol{W}$、$\boldsymbol{M}$、$\boldsymbol{B}$ 等), 而单自由度系统的输入则为标量或向量 (取原矩阵的某行), 如图 4.1 所示, 其描述形式如下:

$$\boldsymbol{M}_i = (P_i, V_i, A_i, J_i) \tag{4.1}$$

$$\boldsymbol{M}_i^{\text{trgt}} = \left(P_i^{\text{trgt}}, V_i^{\text{trgt}}, A_i^{\text{trgt}}, J_i^{\text{trgt}}\right) \tag{4.2}$$

$$\boldsymbol{B}_i = (V_i^{\max}, A_i^{\max}, J_i^{\max}, D_i^{\max}) \tag{4.3}$$

$$\boldsymbol{W}_i = \left(\boldsymbol{M}_i, \boldsymbol{M}_i^{\text{trgt}}, \boldsymbol{B}_i, S_i\right) \tag{4.4}$$

如果在某瞬时时刻 T_i, S_i 的值为 "1"[①], 则此时的目标是在考虑边界约束 $\boldsymbol{B}_i$ 和最短时间 $t_i^{\min}$ 的情况下, 计算系统从当前运动状态 $\boldsymbol{M}_i$ 到目标运动状态 $\boldsymbol{M}_i^{\text{trgt}}$ 的轨迹 $\mathcal{M}_i$。根据式 (3.10) 可知, 单自由度轨迹 $\mathcal{M}_i$ 由 L 段轨迹组成:

$$^{l}\boldsymbol{m}_i(t) = \left(^{l}p_i(t), {}^{l}v_i(t), {}^{l}a_i(t), {}^{l}j_i(t)\right), \quad l \in \{\Lambda+1, \cdots, L\} \tag{4.5}$$

---

① 在本章的其余部分, 假设 $S_i = 1$。

对应的时间间隔为

$$^l\vartheta_i = \left[^{l-1}t_i,\,^l t_i\right], \quad l \in \{\varLambda+1,\cdots,L\} \tag{4.6}$$

如果使用变体 A (即 $\boldsymbol{B}_i$ 的值为常量, $i \in \mathbb{Z}$), 则有

$$\varLambda = 0 \tag{4.7}$$

$\varLambda$ 表示由变体 B 决定的中间段轨迹数量; 这个问题将在 4.1.2 节中详述。如果我们知道 $\mathcal{M}_i$ 的所有参数, 就可以简单地计算低层级控制的期望输出值

$$\boldsymbol{M}_{i+1} = (P_{i+1}, V_{i+1}, A_{i+1}, J_{i+1}) \tag{4.8}$$

式 (4.8) 的计算将在 4.1.2 节中进行介绍, 并在 4.2 节中对类型 IV OTG 算法进行详细介绍。

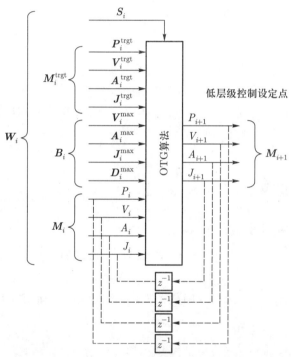

图 4.1 单自由度系统类型 IX OTG 算法的输入和输出 (参见图 3.3)

4.1.2 通用解决方案

下面分别介绍变体 A (其 $\boldsymbol{B}_i$ 的值是常量) 和变体 B (其 $\boldsymbol{B}_i$ 的值是变量)。

4.1.2.1 解决方案: 变体 A

核心思路是存在一组有限的运动曲线, 其中单个选定的自由度在最短时间 $t_i^{\min}$ 内 (时间最优) 从初始状态 $\boldsymbol{M}_i$ 运动到目标状态 $\boldsymbol{M}_i^{\text{trgt}}$。这个有限集合表示为 [①]

---

① 多维情况的算法包括三个步骤。由于一维情况下的集合与多维情况下第一步的集合相同, 为了保持表示的唯一性, 我们使用相同的符号。

$$\mathcal{P}_{\text{Step1}} = \left\{ {}^{1}\boldsymbol{\Psi}^{\text{Step1}}, \cdots, {}^{r}\boldsymbol{\Psi}^{\text{Step1}}, \cdots, {}^{R}\boldsymbol{\Psi}^{\text{Step1}} \right\} \tag{4.9}$$

式中, R 表示 $\mathcal{P}_{\text{Step1}}$ 中的元素数量, 其由 OTG 算法的类型决定。具体的曲线可表示为 ${}^{r}\boldsymbol{\Psi}^{\text{Step1}}$。运动曲线类型取决于所使用的 OTG 类型 (参见表 3.1):

类型 I – II: 速度曲线 ($\beta = 2$)。

类型 III – V: 加速度曲线 ($\beta = 3$)。

类型 VI – IX: 加加速度曲线 ($\beta = 4$)。

第一步是计算 $\mathcal{M}_i$ 的相关函数 f:

$$f : \mathbb{R}^{\alpha} \longrightarrow \mathcal{P}_{\text{Step1}} \tag{4.10}$$

通过决策树以时间最优为目标得到运动轨迹, 同时根据自由度决定最短时间 $t_i^{\min}$。一旦确定了时间最优参数 $\boldsymbol{\Psi}_i^{\text{Step1}}$, 就可建立非线性方程组来求解多项式的系数 ${}^{l}\boldsymbol{m}_i(t)$ ($\forall l \in \{1, \cdots, L\}$) 和时间间隔 ${}^{l}\vartheta_i$ ($\forall l \in \{1, \cdots, L\}$)。因此,

$$^{L}t_i = t_i^{\min} \tag{4.11}$$

保持不变。每一段 ${}^{r}\boldsymbol{\Psi}^{\text{Step1}}$ ($r \in \{1, \cdots, R\}$) 都对应一个非线性方程组, 每个方程组在指定域 ${}^{r}\mathcal{D}_{\text{Step1}}$ 内是可解的且有

$$^{r}\mathcal{D}_{\text{Step1}} \subset \mathbb{R}^{\alpha} \tag{4.12}$$

对于实现式 (4.10) 的决策树来说, 需满足下式:

$$\bigcup_{r=1}^{R} {}^{r}\mathcal{D}_{\text{Step1}} \equiv \mathbb{R}^{\alpha} \tag{4.13}$$

若不满足式 (4.13), 则求解树是错误的, 因此也不能实际应用。Broquère、Sidobre、Herrera-Aguilar [38] 和 Liu[167] 针对单自由度系统提出了类似的方法, 若式 (4.13) 不成立, 则这些方法将不适用于一般情况, 只适用于一些特殊情况。

作为决策树选择正确运动曲线 $\boldsymbol{\Psi}_i^{\text{Step1}}$ 的替代方案, 可以建立 R 元非线性方程组, 计算所有解, 取 $t_i^{\min}$ 的所有有效解并选择其中的最小值。但这个过程的计算量非常大, 特别是当 T^{cycle} 的值较小时。

在计算出用于描述 $\mathcal{M}_i$ 的所有 L 段轨迹后, 只需找到有效的时间间隔 ${}^{\hat{l}}\vartheta_i$ 即可, 其中 $\hat{l} \in \{1, \cdots, L\}$ 满足 [参见式 (3.9) 和式 (3.10)]:

$$^{\hat{l}}t_i \leqslant T_i + T^{\text{cycle}} \leqslant {}^{\hat{l}+1}t_i \tag{4.14}$$

输出值 $\boldsymbol{M}_{i+1}$ 最终可以通过下式得到:

$$\boldsymbol{M}_{i+1} = {}^{\hat{l}}\boldsymbol{m}_i \left(T_i + T^{\text{cycle}} \right) \tag{4.15}$$

到目前为止, 我们只考虑了变体 A, 它需要恒定的 $\boldsymbol{B}_i$ 值。接下来将介绍变体 B 的相关解决方案。

4.1.2.2 解决方案: 变体 B

变体 B 的工作方式与变体 A 类似, 但需要另外一个决策树来连接到变体 A 决策树的输入端。如果边界值 $\boldsymbol{B}_i$ 是时间的函数, 则应用变体 B 算法。该算法需考虑初始运动状态 $\boldsymbol{M}_i$ 中的某个或某些元素超出其边界 $\boldsymbol{B}_i$ 约束的情况, 且这种情况可能发生在任意离散时刻 T_i $(i \in \mathbb{Z})$:

$$
\begin{aligned}
&|V_i| > V_i^{\max} \text{ 且/或 } |A_i| > A_i^{\max} \text{ 且/或} \\
&|J_i| > J_i^{\max} \text{ 且/或 } |D_i| > D_i^{\max}
\end{aligned}
\tag{4.16}
$$

此外, 还有可能出现即使在 T_i 时刻运动状态 $\boldsymbol{M}_i$ 各元素处于各自 $\boldsymbol{B}_i$ 范围内, 但在 T_{i+u} 时刻也不可避免会出现超出 $\boldsymbol{B}_i$ 的情况:

$$
\begin{aligned}
&|V_{i+u}| > V_i^{\max} \text{ 且/或 } |A_{i+u}| > A_i^{\max} \text{ 且/或} \\
&|J_{i+u}| > J_i^{\max} \text{ 且/或 } |D_{i+u}| > D_i^{\max}, \quad u \in \mathbb{N} \setminus \{0\}
\end{aligned}
\tag{4.17}
$$

式 (4.16) 和式 (4.17) 符合 3.3 节的准则。若式 (4.16) 和式 (4.17) 中的一种或多种情况为真, 变体 B 决策树需要选择并参数化中间轨迹段 ${}^l\boldsymbol{m}_i$ $(l \in \{1, \cdots, \Lambda\})$, 时间间隔为 ${}^l\vartheta_i$ $(l \in \{1, \cdots, \Lambda\})$ [参见式 (4.5) 和式 (4.6)], 以便将这些值引导回归到它们的边界范围内, 进而使系统进入运动状态, 而运动变量可以保持在边界值 $\boldsymbol{B}_i$ 内。因此, 这组中间轨迹需在变体 A 分段前确定和执行: ${}^l\boldsymbol{m}_i$ $(l \in \{\Lambda+1, \cdots, L\})$ 和 ${}^l\vartheta_i$ $(l \in \{\Lambda+1, \cdots, L\})$。与 OTG 算法类型相对应, 可分别应用速度曲线 (类型 I、类型 II)、加速度曲线 (类型 III – V) 或加速度曲线 (类型 VI – IX)。

4.2 类型 IV 的解决方案

与前一节的 OTG 算法相比, 本节将举例说明另外一种 OTG 算法: 类型 IV。首先引入以下参数: $\alpha = 8$, $\beta = 3$, $(A_i^{\mathrm{trgt}} = 0) \wedge (J_i^{\mathrm{trgt}} = 0)$ $(\forall i \in \mathbb{Z})$, 且对于 $\forall i \in \mathbb{Z}$ $D_i^{\max}$ 可能包含无数个值 (参见表 3.1)。简单地说, 这种类型算法生成的是时间最优和时间同步的轨迹, 其速度、加速度和加加速度是受限的, 并且能以特定的速度 V_i^{trgt} 到达 P_i^{trgt}。

图 4.2 给出了类型 IV OTG 算法的所有输入和输出。为了便于读者更好地理解本节内容, 附录 D 中以更加简单的方式介绍了细节。

4.2.1 类型 IV–变体 A

本节的目标是计算所有轨迹参数 ${}^l\boldsymbol{m}_i(t)$ $(l \in \{1, \cdots, L\})$ 和对应的时间间隔 ${}^l\vartheta_i$ $(\forall l \in \{1, \cdots, L\})$, 即 $\mathcal{M}_i$。在变体 A 中, 假设边界值 $\boldsymbol{B}_i$ 的值恒定, 即

$$
(V_i^{\max} = \mathrm{const}) \wedge (A_i^{\max} = \mathrm{const}) \wedge (J_i^{\max} = \mathrm{const}), \quad \forall i \in \mathbb{Z}
\tag{4.18}
$$

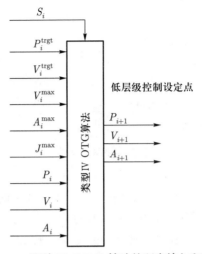

图 4.2　类型 IV OTG 算法的所有输入和输出

根据 4.1 节, 类型 IV OTG 算法需要选择加速度曲线, 这样才能建立一个用于计算 $\mathcal{M}_i$ 参数的非线性系统。图 4.3 展示了加速度曲线集 $\mathcal{P}_{\mathrm{Step1}}$ 可能的子集。与三角形 (Tri) 曲线相比, 梯形 (Trap) 曲线总能达到最大加速度值 $A_i^{\max}$。所有不包含零加速度阶段的曲线都不会达到最大速度 $V_i^{\max}$。

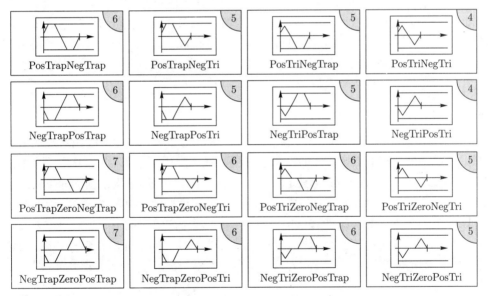

图 4.3　类型 IV–变体 A 加速度曲线集 $\mathcal{P}_{\mathrm{Step1}}$ 的子集 (虚线表示最大加速度值, 右上角的数字表示相应曲线的轨迹段数量 L)

4.2.1.1　确定 $\varPsi_i^{\mathrm{Step1}}$

接下来将讨论如下问题: 如何确定 T_i 时刻时间最优的加速度曲线 $\varPsi_i^{\mathrm{Step1}}$, 即如何选择 $\mathcal{P}_{\mathrm{Step1}}$ 元素使得时间最短 ($t_i^{\min}$)? 由于算法的复杂度高, 图 4.4 中仅给出类

型 IV 决策树的小部分内容。该决策树可用下述函数表示:

$$f : \mathbb{R}^8 \longrightarrow \mathcal{P}_{\text{Step1}} \tag{4.19}$$

且确定了时间最优加速度曲线 Ψ_i^{Step1}。正如式 (4.20) 所描述, 该决策树覆盖了类型 IV–变体 A OTG 算法的整个输入域:

$$\bigcup_{r=1}^{R} {}^r\mathcal{D}_{\text{Step1}} = \mathbb{R}^8 \tag{4.20}$$

式中, ${}^r\mathcal{D}_{\text{Step1}} \subset \mathbb{R}^8$ 表示加速度曲线 ${}^r\Psi^{\text{Step1}}$ 方程组的可解域。如果式 (4.20) 不成立, OTG 算法不能作为开环控制器使用, 因为算法无法计算 $\mathcal{M}_i$ 和 $\boldsymbol{M}_{i+1}$。

本段将详细介绍图 4.4 中的决策树。决策节点 1A.001[①]用于判断当前加速度值 A_i 是正或负, 其左分支被设计为 A_i 正值。如果 A_i 递减至 0 (通过使用 J_i^{max}), 决策节点 1A.002 计算速度值, 如果速度值小于 V_i^{trgt}, 运行其左分支。决策节点 1A.003 判断是否需要三角形或者梯形曲线。如果需要梯形曲线, 决策节点 1A.004 判断位置小于或者大于目标位置 P_i^{trgt}。如果得到的位置值仍然小于 P_i^{trgt}, 则需要增加梯形加速度曲线, 也就是说, 需要一段 PosTrap$\cdots$Neg$\cdots$ 曲线。决策节点 1A.005 判断: 如果通过一段梯形曲线来加速到 $+V_i^{\text{max}}$, 且随后以负三角形曲线减速正好达到 $-A_i^{\text{max}}$, 是否会得到期望的速度值。如果得到的速度值小于 V_i^{trgt}, 需要一段负三角形曲线作为合成加速度曲线的第二部分。现在, 为了在目标位置 P_i^{trgt} 达到期望的速度值 V_i^{trgt}(决策节点 1A.006), 只需检查是否可以达到 $+V_i^{\text{max}}$。接下来的决策都与上面描述的类似。对于这类决策树, 覆盖整个输入域 (这里:$\mathbb{R}^8$) 是绝对必要的, 这样算法可以处理任意输入值 $\boldsymbol{W}_i$。

4.2.1.2 参数化 $\boldsymbol{\Psi}_i^{\text{Step1}}$——以 $\boldsymbol{\Psi}_i^{\text{Step1}}$=PosTriNegTri 为例

一旦确定 T_i 时刻的加速度曲线 Ψ_i^{Step1}, 就可建立一个与此曲线相对应的方程组。曲线不同, 参数化 Ψ_i^{Step1} 的过程也不同。在本节中, 我们只推导其中一个曲线模型, 即 PosTriNegTri 曲线 (图 4.3 右上方)。在实际实现中, 需根据加速度曲线设计不同的算法。图 4.5 显示了 PosTriNegTri 加速度曲线及其相关变量, 因此我们可以建立一个方程组来计算 $\mathcal{M}_i$ 中的参数。在这个简单的例子中, 我们只需要设计 4 段轨迹。由图 4.5 可直接推导出方程组, 见式 (4.21) 至式 (4.32), 包括 12 个方程和 12 个未知量 t_i^{min}、${}^2t_i$、${}^3t_i$、${}^4t_i$、${}^2v_i$、${}^3v_i$、${}^4v_i$、${}^2p_i$、${}^3p_i$、${}^4p_i$、a_i^{peak1} 和 a_i^{peak2}:

$$^2t_i - T_i = \frac{\left(a^{\text{peak1}} - A_i\right)}{J_i^{\text{max}}} \tag{4.21}$$

$$^3t_i - {}^2t_i = \frac{a^{\text{peak1}}}{J_i^{\text{max}}} \tag{4.22}$$

---

① 多维情况下 OTG 算法步骤 1 的 A 部分使用了相同的决策树。此处使用相同的符号 (1A), 以保持表示的一致性。

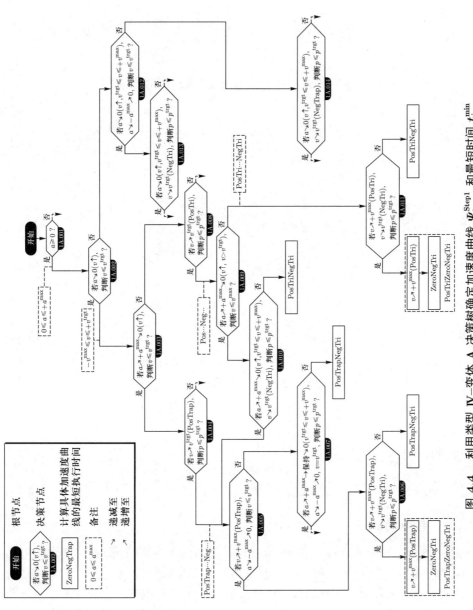

图 4.4 利用类型 IV–变体 A 决策树确定加速度曲线 $\varPsi_i^{\text{Step1}}$ 和最短时间 $t_i^{\min}$

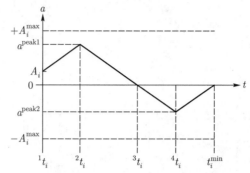

图 4.5　PosTriNegTri 加速度曲线及其相关变量

$$^4t_i - {}^3t_i = -\frac{a^{\mathrm{peak2}}}{J_i^{\max}} \tag{4.23}$$

$$t_i^{\min} - {}^4t_i = -\frac{a^{\mathrm{peak2}}}{J_i^{\max}} \tag{4.24}$$

$$^2v_i - V_i = \frac{1}{2}\left({}^2t_i - T_i\right)\left(A_i + a^{\mathrm{peak1}}\right) \tag{4.25}$$

$$^3v_i - {}^2v_i = \frac{1}{2}\left({}^3t_i - {}^2t_i\right)a^{\mathrm{peak1}} \tag{4.26}$$

$$^4v_i - {}^3v_i = \frac{1}{2}\left({}^4t_i - {}^3t_i\right)a^{\mathrm{peak2}} \tag{4.27}$$

$$V_i^{\mathrm{trgt}} - {}^4v_i = \frac{1}{2}\left(t_i^{\min} - {}^4t_i\right)a^{\mathrm{peak2}} \tag{4.28}$$

$$^2p_i - P_i = V_i\left({}^2t_i - T_i\right) + \frac{1}{2}A_i\left({}^2t_i - T_i\right)^2 + \frac{1}{6}J_i^{\max}\left({}^2t_i - T_i\right)^3 \tag{4.29}$$

$$^3p_i - {}^2p_i = {}^2v_i\left({}^3t_i - {}^2t_i\right) + \frac{1}{2}a^{\mathrm{peak1}}\left({}^3t_i - {}^2t_i\right)^2 - \frac{1}{6}J_i^{\max}\left({}^3t_i - {}^2t_i\right)^3 \tag{4.30}$$

$$^4p_i - {}^3p_i = {}^3v_i\left({}^4t_i - {}^3t_i\right) - \frac{1}{6}J_i^{\max}\left({}^4t_i - {}^3t_i\right)^3 \tag{4.31}$$

$$P_i^{\mathrm{trgt}} - {}^4p_i = {}^4v_i\left(t_i^{\min} - {}^4t_i\right) + \frac{1}{2}a^{\mathrm{peak2}}\left(t_i^{\min} - {}^4t_i\right)^2 + \frac{1}{6}J_i^{\max}\left(t_i^{\min} - {}^4t_i\right)^3 \tag{4.32}$$

4.2.1.3　数值问题

　　这些方程组对于集合 $\mathcal{P}_{\mathrm{Step1}}$ 中的所有元素都是非线性的, 最直接的求解方法是用计算机程序求出封闭的解析解。但是相关公式非常多, 并不是所有的解都是有效的, 而且会出现数值稳定性问题。即使经过适当的简化或将问题简化为四次方程的寻根问题, 也不可能完全解决这个问题 [111,245]。文献 [111] 中介绍了不同四次寻根方法的鲁棒性测试结果, 但没有一种方法是完全可靠的。对于这项工作, 可采用不同的方法 (Ferrari、Neumark 和 Yacoub) 来求解式 (4.21) 至式 (4.32) 中的四次幂实根。但特别是在域 $^r\mathcal{D}_{\mathrm{Step1}}$ $(r \in \{1, \cdots, R\})$ 的边界区域, 由于数值不准确, 往往包含复数解。另一个问题是, 一个方程组可能多达 4 组解, 很难求出正确的解,尤其是当解非常接近时。当 $\boldsymbol{W}_i$ 中元素使用随机浮点数 $[-1\,000, 1\,000]$ 时, 约每 60 000 次循环会计算出一个错误解, 这在实践中是不可接受的。四次方根问题不能彻底被解决的另外一个原因是 NAG 公司[257]、GNU 科学计算函数库 (GSL)[100] 和 Press 等[215] 都不能提供相关问题的解决方案。

另一种方法是对四次多项式进行 QR 分解[245,251]。使用这种方法, 可以找到四次寻根问题的解决方案, 但也导致了另一个问题: 实时计算能力。如果必须达到一定的精度, 所需的迭代次数取决于因子分解矩阵的条件数[215], 而条件数又取决于任意的输入值 $\boldsymbol{W}_i$。另外也发现几个解决方案之间可能仍然存在解相近的问题。

因此, 使用解析解并不能完全解决问题, "如何在任意输入变量 $\boldsymbol{W}_i$ 下为方程组 $\mathcal{P}_{\text{Step1}}$ 找到一种求解方法" 这一问题仍未得到解答。接下来, 将针对这个需求, 提出一种高效且实时求解的方案。

式 (4.21) 至式 (4.32) 可转化为一维寻根问题。取未知数集合中的一个元素, 如 a_i^{peak1}, 并根据此元素建立位置误差函数:

$$^{\text{PosTriNegTri}}p_i^{\text{err1}}\left(a_i^{\text{peak1}}\right): \mathbb{R} \longrightarrow \mathbb{R} \tag{4.33}$$

$^{\text{PosTriNegTri}}p_i^{\text{err1}}\left(a_i^{\text{peak1}}\right)$ 是基于式 (4.21) 至式 (4.32) 手动推导的。函数描述相对较长, 详见附录 B.1。在这里, 假设 $^{\text{PosTriNegTri}}p_i^{\text{err1}}\left(a_i^{\text{peak1}}\right)$ 是一个基于方程组 $\Psi_i^{\text{Step1}} = \text{PosTriNegTri}$ 的超越函数。

这是一个较为简单且标准的曲线绘制问题, 可以用数值方法解决。正如下面介绍的, 能够计算出期望值 a_i^{peak1} 所处区间 $\left[{}^{\min}a_i^{\text{peak1}}, {}^{\max}a_i^{\text{peak1}}\right]$。在此区间内 a_i^{peak1} 有两个①有效值, 我们只对最小值感兴趣, 因为它提供了具有最小值的时间最优解 $t_i^{\min}$ (参见图 4.5)。除此之外, 还需要 $^{\text{PosTriNegTri}}p_i^{\text{err1}}\left(a_i^{\text{peak1}}\right)$ 的导数:

$$^{\text{PosTriNegTri}}p_i^{\text{err1}\prime}\left(a_i^{\text{peak1}}\right) = \frac{\mathrm{d}}{\mathrm{d}a_i^{\text{peak1}}} {}^{\text{PosTriNegTri}}p_i^{\text{err1}}\left(a_i^{\text{peak1}}\right) \tag{4.34}$$

来解决 $^{\text{PosTriNegTri}}p_i^{\text{err1}}(a_i^{\text{peak1}})$ 的极值问题, 并确定仅包含一个根的更小区间 $\left[{}^{\min}a_i^{\text{peak1}}, {}^{\max}a_i^{\text{peak1}}\right]$。$^{\text{PosTriNegTri}}p_i^{\text{err1}\prime}\left(a_i^{\text{peak1}}\right)$ 的全长形式可在附录 B.2 中找到。

算法 4.1 给出了 $^{\min}a_i^{\text{peak1}}$ 和 $^{\max}a_i^{\text{peak1}}$ 的计算步骤。根据确定 Ψ_i^{Step1} 的决策树, 可知 $A_i^{\max} \geqslant A_i \geqslant 0$ 成立 (参见图 4.4 中的 PosTriNegTri 加速度曲线)。下边界 $^{\min}a_i^{\text{peak1}}$ 的计算见第 1—8 行。第 1 行: 如果 A_i 通过施加 $J_i^{\max}$ 可递减为 0, 则可计算出可达的速度 $v^{(A_i \searrow 0)}$。如果 $v^{(A_i \searrow 0)}$ 大于 V_i^{trgt} (第 2 行), 将 $^{\min}a_i^{\text{peak1}}$ 设为 A_i (第 3 行)。否则就需要计算一个正好到达 V_i^{trgt} 的加速度峰值。此处只应用正三角形曲线, 即在第 7 行计算一个简单的由两段组成的加速度曲线: 使用 $J_i^{\max}$ 到达 $^{\min}a_i^{\text{peak1}}$, 使用 $-J_i^{\max}$ 到达 V_i^{trgt}, $^{\min}a_i^{\text{peak1}}$ 的结果值构成了下界。

---

① 这个数字将在 5.1.1 节中详细推导。

算法 4.1 的第 9—25 行给出上界 $^{\max}a_i^{\text{peak1}}$ 的计算步骤。首先计算两个值: 第一个是 $^{\max}a_i^{\text{peak1,a}}$ (第 11 行), 其不能超过 $\pm A_i^{\max}$; 第二个是 $^{\max}a_i^{\text{peak1,v}}$ (第 17 行), 其不能超过 $+V_i^{\max}$。关于 $^{\max}a_i^{\text{peak1,a}}$ 的计算, 我们计算了一个由四段曲线组成的加速度曲线 (第 10 行)。如果结果值大于 $A_i^{\max}$, 将 $^{\max}a_i^{\text{peak1,a}}$ 设为 $A_i^{\max}$ (第 19 行)。$^{\max}a_i^{\text{peak1,v}}$ 也通过类似方法计算。在末尾 (第 21—25 行) 将 $^{\max}a_i^{\text{peak1}}$ 的实际值设置为 $^{\max}a_i^{\text{peak1,a}}$ 或 $^{\max}a_i^{\text{peak1,v}}$ 中的较小值。

算法 4.1 计算 $^{\text{PosTriNegTri}}p_i^{\text{err1}}\left(a_i^{\text{peak1}}\right)$ 的期望根的区间极限

要求: $V_i^{\text{trgt}}, V_i^{\max}, V_i, A_i, J_i^{\max}$ 且 $V_i^{\max} \geqslant V_i, A_i^{\max} \geqslant A_i \geqslant 0, J_i^{\max} \geqslant 0$

确保: $^{\min}a_i^{\text{peak1}}$, $^{\max}a_i^{\text{peak1}}$

1: $v^{(A_i \searrow 0)} := V_i + \dfrac{(A_i)^2}{2J_i^{\max}}$

2: **if** $v^{(A_i \searrow 0)} > V_i^{\text{trgt}}$ **then**

3: $\quad {}^{\min}a_i^{\text{peak1}} := A_i$

4: **else**

5: $\hspace{5cm}$ # 计算以下曲线的 $^{\min}a_i^{\text{peak1}}$ #

6: $\hspace{3.5cm}$ # $\left\{ A_i \nearrow {}^{\min}a_i^{\text{peak1}} \searrow 0, \text{ 即 } v = V_i^{\text{trgt}} \right\}$ #

7: $\quad {}^{\min}a_i^{\text{peak1}} := \sqrt{\dfrac{(A_i)^2 + 4J_i^{\max}\left(V_i^{\text{trgt}} - V_i\right)}{2}}$

8: **end if**

9: $\hspace{5cm}$ # 计算以下曲线的 $^{\max}a_i^{\text{peak1,a}}$ #

10: $\hspace{3cm}$ # $\left\{ A_i \nearrow {}^{\max}a_i^{\text{peak1,a}} \searrow 0 \searrow -A_i^{\max} \nearrow 0, \text{ 即 } v = V_i^{\text{trgt}} \right\}$ #

11: $\quad {}^{\max}a_i^{\text{peak1,a}} := \sqrt{\dfrac{(J_i^{\max})^2 \left[(A_i)^2 + 2(A_i^{\max})^2\right] + (J_i^{\max})^3 \left(V_i^{\text{trgt}} - V_i\right)}{\sqrt{2}J_i^{\max}}}$

12: **if** $^{\max}a_i^{\text{peak1,a}} \geqslant A_i^{\max}$ **then**

13: $\quad {}^{\max}a_i^{\text{peak1,a}} := A_i^{\max}$

14: **end if**

15: $\hspace{5cm}$ # 计算以下曲线的 $^{\max}a_i^{\text{peak1,v}}$ #

16: $\hspace{3.5cm}$ # $\left\{ A_i \nearrow {}^{\max}a_i^{\text{peak1,v}} \searrow 0, \text{ 即 } v = V_i^{\max} \right\}$ #

17: $\quad {}^{\max}a_i^{\text{peak1,v}} := \sqrt{\dfrac{(A_i)^2 + 4J_i^{\max}\left(V_i^{\max} - V_i\right)}{2}}$

18: **if** $^{\max}a_i^{\text{peak1,v}} > A_i^{\max}$ **then**

19: $\quad {}^{\max}a_i^{\text{peak1,v}} := A_i^{\max}$

20: **end if**

21: **if** $^{\max}a_i^{\text{peak1,v}} < {}^{\max}a_i^{\text{peak1,a}}$ **then**

22: $\quad {}^{\max}a_i^{\text{peak1}} := {}^{\max}a_i^{\text{peak1,v}}$

23: **else**

24: $\quad {}^{\max}a_i^{\text{peak1}} := {}^{\max}a_i^{\text{peak1,a}}$

25: **end if**

由此, 我们知道函数 $^{\text{PosTriNegTri}}p_i^{\text{err1}\prime}\left(a_i^{\text{peak1}}\right)$ 在 $^{\min}a_i^{\text{peak1}}$ 和 $^{\max}a_i^{\text{peak1}}$ 之间是连续的。如果该区间包含两个根, 必须检查在区间 $\left[^{\min}a_i^{\text{peak1}}, {}^{\max}a_i^{\text{peak1}}\right]$ 内

的局部最小值或最大值, 找到 $^{\mathrm{PosTriNegTri}}p_i^{\mathrm{err1}\prime}\left(a_i^{\mathrm{peak1}}\right)$ 的 (唯一) 根 $^{\mathrm{m}}a_i^{\mathrm{peak1}}$。一些数学文献为这个问题提供了不同的方法, 此类数值方法的概述可见文献 [73]。在所举例子中, 只考虑包含方法, 而最有效的包含方法是 Anderson–Björck–King 方法 [12,73,131], 该方法具有鲁棒性和实时性, 因此可将其与简单二分法相结合用于解决上述问题。改进算法的细节可详见附录 A。

在计算了 $^{\mathrm{PosTriNegTri}}p_i^{\mathrm{err1}\prime}\left(a_i^{\mathrm{peak1}}\right)$ 的局部极小值和极大值后, 设

$$^{\max}a_i^{\mathrm{peak1}} := {}^{\mathrm{m}}a_i^{\mathrm{peak1}} \tag{4.35}$$

这样最终得到了只包含一个根 (期望值 a_i^{peak1}) 的期望区间 $\left[{}^{\min}a_i^{\mathrm{peak1}},\,{}^{\max}a_i^{\mathrm{peak1}}\right]$。在这里可再次使用改进的 Anderson–Björck–King 方法。一旦确定了 a_i^{peak1}, 就知道了式 (4.21) 至式 (4.32) 的第一个未知变量。其他 11 个未知数的计算很简单, 参数 $^l\boldsymbol{m}_i(t)$ ($l\in\{1,\cdots,4\}$) 和 $^l\vartheta_i$ ($l\in\{1,\cdots,4\}$) 的计算也很简单。这两个步骤以一种简单方式实现, 如附录 B.3 所示。

最后,

$\forall l\in\{1,\cdots,4\}$:

$$^l\boldsymbol{m}_i(t) = \left({}^lp_i(t),{}^lv_i(t),{}^la_i(t),{}^lj_i(t)\right) \tag{4.36}$$

$$^l\mathcal{V}_i = \left\{{}^l\vartheta_i\right\}, \quad {}^l\vartheta_i = \left[{}^lt_i,\,{}^{l+1}t_i\right] \tag{4.37}$$

单自由度在 T_i 时刻的一维类型 IV–变体 A 的轨迹 $\mathcal{M}_i$ 的完整描述为

$$\mathcal{M}_i(t) = \left\{\left({}^1\boldsymbol{m}_i(t),{}^1\mathcal{V}_i\right),\left({}^2\boldsymbol{m}_i(t),{}^2\mathcal{V}_i\right),\left({}^3\boldsymbol{m}_i(t),{}^3\mathcal{V}_i\right),\left({}^4\boldsymbol{m}_i(t),{}^4\mathcal{V}_i\right)\right\} \tag{4.38}$$

根据式 (4.14) 和式 (4.15), $\boldsymbol{M}_{i+1}$ 可以通过相应的时间间隔 $\hat{l}$ 来计算, 使得

$$^{\hat{l}}t_i \leqslant T_i + T^{\mathrm{cycle}} \leqslant {}^{\hat{l}+1}t_i \tag{4.39}$$

成立, 然后计算出低层级控制的输出值:

$$\boldsymbol{M}_{i+1} = {}^{\hat{l}}\boldsymbol{m}_i\left(T_i + T^{\mathrm{cycle}}\right) \tag{4.40}$$

而这些值可作为低层级运动控制器的设定点。

以上举例说明了如何设置 PosTriNegTri 的加速度曲线。OTG 算法的复杂度各不相同, 这取决于曲线、方程数和未知变量的数量。此处澄清一下: 这个看似复杂的过程只是因为加速度曲线方程组没有可以稳健计算的解析解。利用现有的数学工具可提供另外一种思路。与解析法相比, 该方法的另一个优点是可直接求得时间最优轨迹的期望解, 解决了难以选择正确解的问题。

为了使读者更好地理解本书的这一部分, 我们将在下一节中通过介绍 $\boldsymbol{W}_i$ 的求解来详细介绍上述过程。

4.2.1.4 PosTriNegTri 加速度曲线参数化实例

本节通过一个具体的实例逐步说明前面介绍的步骤。取初始时刻 $T_0 = 0$ ms 的任意一组输入值 $\boldsymbol{W}_0$:

$$
\begin{aligned}
P_0 &= -499 \text{ mm} & P_0^{\text{trgt}} &= -90 \text{ mm} \\
V_0 &= -335 \text{ mm/s} & V_0^{\text{trgt}} &= -347 \text{ mm/s} \\
A_0 &= 152 \text{ mm/s}^2 & V_0^{\text{max}} &= 985 \text{ mm/s} \\
A_0^{\text{max}} &= 972 \text{ mm/s}^2 & J_0^{\text{max}} &= 324 \text{ mm/s}^3
\end{aligned}
\tag{4.41}
$$

作为第一个控制周期 T_0 时刻的第一步,应用决策树图 4.4 确定正确的加速度曲线 $^r\varPsi^{\text{Step1}}$ 和生成相关的时间最优轨迹。由此得到曲线 $\varPsi_0^{\text{Step1}}$=PosTriNegTri,这样就可以建立对应于各方程组的函数 $^{\text{PosTriNegTri}}p_i^{\text{err1}}\left(a_i^{\text{peak1}}\right)$[式 (4.21) 至式 (4.32)]。下一步,根据位置误差函数 $^{\text{PosTriNegTri}}p_i^{\text{err1}}\left(a_i^{\text{peak1}}\right)$ 确定加速度区间 $\left[^{\min}a_0^{\text{peak1}},\ ^{\max}a_0^{\text{peak1}}\right]$,且期望值 a_0^{peak1} 位于区间内。将式 (4.41) 的具体输入值代入算法 4.1 得

$$
^{\min}a_0^{\text{peak1}} = 152.000 \text{ mm/s}^2, \quad ^{\max}a_0^{\text{peak1}} = 662.746 \text{ mm/s}^2
\tag{4.42}
$$

对于 $a_0^{\text{peak1}} \in [152.000 \text{ mm/s}^2, 662.746 \text{ mm/s}^2]$,最多会出现两个根。为了说明这一点,图 4.6 上图展示了位置误差函数 $^{\text{PosTriNegTri}}p_i^{\text{err1}}(a_i^{\text{peak1}})$ 在这个区间内的变化。由于函数在边界处的值具有不同的符号,因此可以确定其在这个区间内只有一个根。对于其他输入参数,例如 $\tilde{P}_0^{\text{trgt}} = -1\,090$ mm,图 4.6 上图的横坐标轴下移 1 000 个单位 (点划线)[①]。然后,可以求出 a_0^{peak1} 的两个有效解,只有较低的一个解是相关的。在这种情况下,需要对位置误差函数求导来计算 $^{\text{PosTriNegTri}}p_i^{\text{err1}}\left(a_i^{\text{peak1}}\right)$ 的极值:

$$
^{\text{m}}a_0^{\text{peak1}} = 285.255 \text{ mm/s}^2
\tag{4.43}
$$

其随后将会被用作区间的上限值,以计算 a_0^{peak1} 的准确值 (图 4.6 下图中虚线)。

根据式 (4.41) 的初始输入值,应用改进的 Anderson–Björck–King 方法,得到期望值:

$$
a_0^{\text{peak1}} = 511.155 \text{ mm/s}^2
\tag{4.44}
$$

如图 4.6 上图中虚线所示。通过应用对其他 11 个未知数的赋值 [附录 B.3 中,式 (B.13) 至式 (B.23)],得到以下解:

[①] 对于这些输入值, PosTriNegTri 加速度曲线将不再是时间最优曲线。在这里, NegTriPosTri 加速度曲线可以得到时间最优解; 但是 PosTriNegTri 曲线也提供了两个有效的非时间最优解。

$$t_i^{\min} = 5.795 \text{ s} \quad {}^2t_0 = 1.109 \text{ s}$$
$${}^3t_0 = 2.686 \text{ s} \quad {}^4t_0 = 4.240 \text{ s}$$
$${}^2v_0 = 32.555 \text{ mm/s} \quad {}^3v_0 = 435.764 \text{ mm/s}$$
$${}^4v_0 = 44.382 \text{ mm/s} \quad {}^2p_0 = -703.408 \text{ mm}$$
$${}^3p_0 = -227.969 \text{ mm} \quad {}^4p_0 = 246.573 \text{ mm}$$
$$a_0^{\text{peak1}} = 511.155 \text{ mm/s}^2 \quad a_0^{\text{peak2}} = -503.603 \text{ mm/s}^2$$

(4.45)

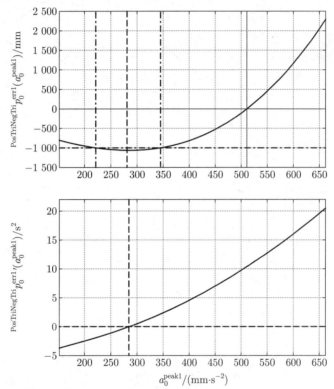

图 4.6 位置误差函数与其导数在区间 $[152.000 \text{ mm/s}^2, 662.746 \text{ mm/s}^2]$ 的变化

然后, 利用式 (B.24) 至式 (B.47) 计算 $\mathcal{M}_0$ 的参数。假设一个周期时间 T^{cycle} 为 1 ms, 参考式 (4.39), 可以找到 $\hat{l} = 1$。输出值 $\boldsymbol{M}_1$ 随后可以通过式 (4.40) 计算得到:

$$P_1 = -499.334 \text{ mm} \quad V_1 = -334.847 \text{ mm/s}$$
$$A_1 = 152.324 \text{ mm/s}^2 \quad J_1 = 324 \text{ mm/s}^3$$

(4.46)

这些值 [式 (4.41)] 被用作当前控制周期内低层级控制的设定点。因此, 需要 5 795 个循环才能达到最终的目标运动状态 $\boldsymbol{M}_i^{\text{trgt}}$。如果没有外部事件发生, 则必须满足一致性准则 (3.3 节)。因此, 如果在 $T_1 = 1 \text{ ms}$ 时再次执行 OTG 算法, 将式 (4.46)

的输出值 M_1 作为 $T_1 = 1$ ms 控制周期的输入值, 且必须计算出完全相同的轨迹, 即 M_1 必须完全通过 M_0。当然, 对于时刻 T_i ($i \in \{2, \cdots, 5\,795\}$) 的所有后续控制循环也是如此。图 4.7 描绘了以式 (4.41) 为输入值的最终轨迹。计算系统在最短的时间内从 M_0 转移到 M_0^{trgt} 的时间最优轨迹, 这意味着对于 M_0 和 M_0^{trgt} 之间的每一个运动状态, 其到达 M_0^{trgt} 的时间最优轨迹会自动通过 M_0。保证这一基本属性的最重要部分是图 4.4 中的决策树, 该决策树以及加速度曲线集合 $\mathcal{P}_{\text{Step1}}$ 必须是完整且无误的, 这样才能使式 (4.13) 成立。

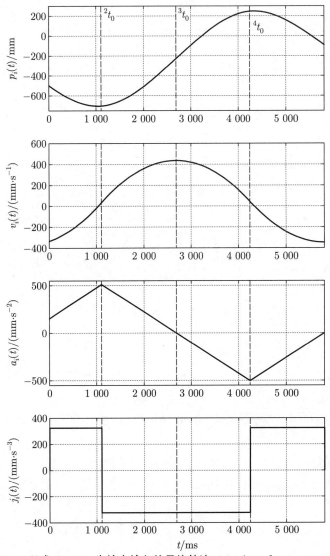

图 4.7   以式 (4.41) 为给定输入的最终轨迹 $\mathcal{M}_i$ ($i \in \{0, \cdots, 5\,795\}$),
虚线表示式 (4.45) 中计算的时间 $^2t_0$、$^3t_0$ 和 $^4t_0$

最后总结一下这一小节: 介绍并讨论了完整的单自由度类型 IV–变体 A 的 OTG 算法。加速度曲线 PosTriNegTri 属于最简单的曲线, 并被选择用于详细演示求解过程。最后给出了一个具体的轨迹计算实例, 以加深读者对上述算法的理解。

4.2.2　类型 IV–变体 B

相较于变体 A, 变体 B 具有更高的相关性, 因为它需要处理可变约束值 B_i。此外, 变体 B 符合运动约束准则 (参见 3.3 节)。

如 4.1.2 节所述, 必须选择并参数化 Λ 条额外的相应时间间隔为 $^l\vartheta_i$ 的轨迹段 $^l\boldsymbol{m}_i$, 其中 $l\in\{1,\cdots,\Lambda\}$ [参见式 (4.5) 和式 (4.6)]。这些中间轨迹段需在变体 A 中的其他 $L-\Lambda$ 段轨迹之前执行。

图 4.8 精简地展示了相应的决策树。图 4.9 所示的中间轨迹段在 $^{\Lambda+1}t_i$ 时刻执行完成, 且必须确保

$$
\begin{aligned}
-V_i^{\max} &\leqslant v_i\left(^{\Lambda+1}t_i\right) \leqslant +V_i^{\max} \\
-A_i^{\max} &\leqslant a_i\left(^{\Lambda+1}t_i\right) \leqslant +A_i^{\max}
\end{aligned}
\tag{4.47}
$$

同时还需确保, 如果通过使用加加速度的最大值 $J_i^{\max}$ 使 $a_i(^{\Lambda+1}t_i)$ 为零, 则不会再次超出速度最大值 $V_i^{\max}$ (无论正负极限)。因此, 必须满足如下条件:

$$
\left| v_i\left(^{\Lambda+1}t_i\right) \pm \frac{\left[a_i\left(^{\Lambda+1}t_i\right)\right]^2}{J_i^{\max}} \right| \leqslant V_i^{\max}
\tag{4.48}
$$

图 4.8 中的精简版决策树使用了改变正负号的方法。由于该决策树是在类型 III—V OTG 算法的所有决策树之前执行的, 也是在多维度情况下的其他决策树之前执行的, 因此选择字母 X 替换当前的决策树标识符。如果当前加速度值 A_i 为负, 那么决策节点 X.001 会触发初始运动状态和目标运动状态的正负号切换。因此, 决策节点 X.002 中 A_i 为正值, 该决策节点会判断当前加速度值是否超过了最大加速度值 $A_i^{\max}$。如果当前加速度值超限, 则首先设置一个过渡加速度曲线段 (NegLin), 通过使用加加速度极限值 $-J_i^{\max}$ 将 A_i 降至 $A_i^{\max}$。决策节点 X.003 和 X.004 将会判断是否超过了 $V_i^{\max}$ 的正负极限值。由于当前的加速度值为正, 因此决策节点 X.003 将计算出加速度值减为零 (在此过程中速度值将会增加) 时的速度值。如果计算出的速度值大于 $+V_i^{\max}$, 则再次使用最大加加速度 $J_i^{\max}$ (NegLin) 的方式将加速度值减小为零, 然后执行一次正负号切换, 并通过决策节点 X.005 至 X.008 将速度值降至极限范围内。决策节点 X.004 仅判断速度值是否超过了 $-V_i^{\max}$, 如果速度值超过负极限, 将继续执行 X.005 决策。对于该决策, 已知速度小于 $-V_i^{\max}$, 且加速度为正 (无论是否采用了决策节点 X.003 或 X.004 的分支)。如果现在将加速度增加到 $+A_i^{\max}$, 决策节点 X.005 将判断所产生的速度值是大于还是小于 $-V_i^{\max}$。如果速度值小于 $-V_i^{\max}$, 可知简单地增大加速度值便可将速度值恢复到其极限值, 但是必须确保它始终可以保持在极限范围内。为此, 决策节点 X.006 将判断在随后加速度值减小为零后, 速度值是否会超过 $+V_i^{\max}$。如果速度值没有超过正极限 (对应左分支), 则使用 $+J_i^{\max}$ 生成简单的 PosLin 曲线段, 以符合式 (4.47) 和式 (4.48) 的要求。否则 (对应右分支), 将加速度值增大到某个峰值后再次降低, 当加速度减

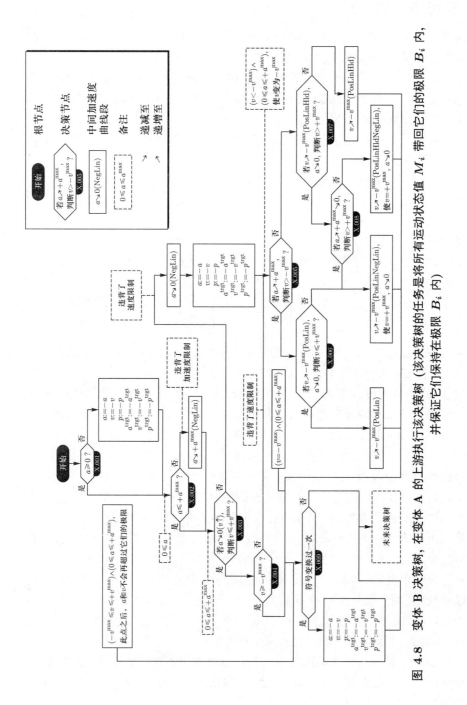

图 4.8　变体 B 决策树，在变体 A 的上游执行该决策树（该决策树的任务是将所有运动状态值 M_i 带回它们的极限 B_i 内，并保证它们保持在极限 B_i 内）

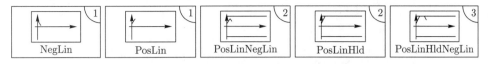

图 4.9　由图 4.8 中决策树确定的 Λ 条中间轨迹段的中间加速度曲线

小到零 (PosLinNegLin 曲线段) 时, 速度值达到 $+V_i^{\max}$. 决策节点 X.007 和 X.008 与 X.006 类似. 在最后一步中, 如果之前已切换过符号, 则必须再次重新切换符号 (决策节点 X.009). 最终, 可以确保式 (4.47) 和式 (4.48) 的条件已满足, 可继续执行 4.2.1 节中介绍的变体 A 的决策树.

一旦确定了 Λ 条中间轨迹段, 就必须对其进行参数化. 中间轨迹段的参数化方式与变体 A 中的加速度曲线的参数化方式相同 [式 (4.21) 至式 (4.32)], 但是中间轨迹段参数化所得方程组相对简单, 可以直接求解, 不会出现任何数值问题.

为使读者更好地理解, 下面通过一个具体实例来说明类型 IV–变体 B OTG 算法的功能. 假设在 $T_0 = 0$ ms 时的输入值 $\boldsymbol{W}_0$ 为

$$
\begin{aligned}
P_0 &= -100 \text{ mm} & P_0^{\text{trgt}} &= 300 \text{ mm} \\
V_0 &= -270 \text{ mm/s} & V_0^{\text{trgt}} &= -100 \text{ mm/s} \\
A_0 &= -450 \text{ mm/s}^2 & V_0^{\max} &= 300 \text{ mm/s} \\
A_0^{\max} &= 300 \text{ mm/s}^2 & J_0^{\max} &= 900 \text{ mm/s}^3
\end{aligned}
\tag{4.49}
$$

如果目标运动状态和边界值保持恒定, 则图 4.10 的轨迹由式 (4.49) 的输入值 $\boldsymbol{W}_0$ 生成. 在第一步中, 通过使用图 4.8 所示的决策树来选择中间轨迹段. 此处将采用以下决策路径: X.001 → 改变正负号 → X.002 → NegLin → X.003 → NegLin → 改变正负号 → X.005 → X.007 → PosLinHld → X.009 → 变体 A 的决策树.

以上决策生成 $\Lambda = 4$ 段中间轨迹, 这是从变体 B 的决策树得出的:

$$
\begin{aligned}
&\text{NegLin} \Longrightarrow \text{PosLin} & &\text{一段} & &\left({}^1\boldsymbol{m}_0(t), {}^1\mathcal{V}_0\right) \\
&\text{NegLin} \Longrightarrow \text{PosLin} & &\text{一段} & &\left({}^2\boldsymbol{m}_0(t), {}^2\mathcal{V}_0\right) \\
&\text{PosLinHld} & &\text{两段} & &\left({}^3\boldsymbol{m}_0(t), {}^3\mathcal{V}_0\right), \left({}^4\boldsymbol{m}_0(t), {}^4\mathcal{V}_0\right)
\end{aligned}
$$

在 T_0 时刻, 式 (4.47) 和式 (4.48) 均未满足. 这 $\Lambda = 4$ 段轨迹将引起新的运动状态 ${}^\Lambda\boldsymbol{m}_0\left({}^{\Lambda+1}t_0\right)$, 该状态满足式 (4.47) 和式 (4.48), 然后可以执行变体 A 的决策树. 该决策树的结果为: $\Psi_0^{\text{Step1}} = \text{PosTrapZeroNegTrap}$ 加速度曲线. 最终获得 $L = 4 + 7 = 11$ 段轨迹, 然而实际上不存在第五段轨迹, 因为 ${}^5a_0\left({}^5t_0\right) = A_i^{\max}$, 由此 ${}^5t_0 \equiv {}^6t_0$ 成立 (参见图 4.10).

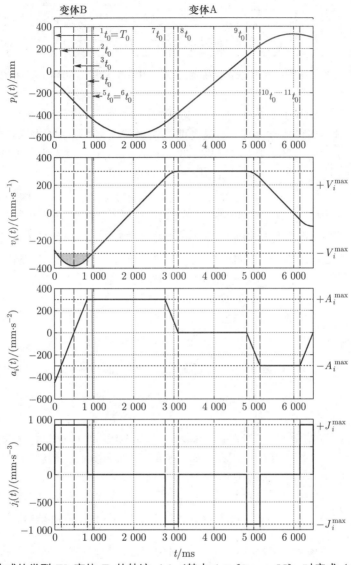

图 4.10 生成的类型 IV–变体 B 的轨迹 $\mathcal{M}_i$ (其中 $i \in \{0, \cdots, N\}$, 对应式 (4.49) 给定的输入值, 虚线表示单个轨迹段的边界, 点线表示运动约束 B_i)

4.3 小结与应用

本章介绍了用于单自由度系统的两种通用 OTG 算法: 变体 A 和变体 B。两种变体均满足时间最优准则和一致性准则, 但只有变体 B 满足运动约束准则 (参见 3.3 节)。借助于类型 IV OTG 算法, 对所提出的方法进行了举例说明。

本章的三点主要贡献如下。

1. 运动曲线 (位置、速度、加速度) 的有限集

这项研究的基本思想是, 存在一个包含 R 组运动曲线 $^r\Psi^{\text{Step1}}$ 的有限集 $\mathcal{P}_{\text{Step1}}$,

其中存在一条对应时间最优轨迹的运动曲线。

2. 公式 (4.13)

$$\bigcup_{r=1}^{R} {}^r\mathcal{D}_{\text{Step 1}} \equiv \mathbb{R}^{\alpha}$$

由每组运动曲线 ${}^r\varPsi^{\text{Step1}}$ 都可以建立一个非线性方程组, 并且每个方程组都拥有一个具体的输入域 ${}^r\mathcal{D}_{\text{Step1}}$。所有输入域的并集等于 OTG 算法的完整输入空间 $\mathbb{R}^{\alpha}$。

3. 决策树

如何描述和表示 $\mathbb{R}^{\alpha}$ 空间中的边界? 这是由决策树完成的。OTG 算法在 T_i 时刻的输入值 α (即 $\boldsymbol{W}_i$ 的元素) 用于通过决策树找到一条路径, 以便选择唯一正确的运动曲线 $\varPsi^{\text{Step1}} \in \mathcal{P}_{\text{Step1}}$, 即时间最优轨迹。

在将以上概念扩展到多自由度系统, 证明可以实现时间同步准则之前, 我们想要强调的是, 实际上我们已经为变频器和伺服驱动器的制造商开发了重要且实用的、具有高度相关性的副产品。

世界领先的电气驱动技术公司 (例如贝加莱 [22]、伦茨 [159]、罗克韦尔自动化 [221]、赛威传动 [233]、西门子 [242]、安川电机 [281]①) 的所有在售产品都没有提供用于指定和执行具有加加速度限制轨迹的通用选项。通常只会生成带有无加加速度限制的 II 型轨迹。所有的制造商都意识到了这个问题, 并且他们都知道, 加加速度限制对于大多数应用领域是不可或缺的。然而, 通常仅提供伪加加速度限制, 该限制在一般情况下不起作用, 仅在特殊模式下起作用。

以 Lenze 9400 StateLine™ 变频器 [158] 的手册为例, 这是一款具有高质量和高性能的设备, 代表了该领域的先进技术水平。能够实现一定程度的加加速度限制的第一种情况是, 在速度环中使用电流滤波器, 并设定特定频率 (Hz)、特定频带宽度 (Hz) 和特定幅值 (dB)。这个简单的方案可以限制所执行轨迹的加加速度, 但是加加速度限制取决于当前所执行的运动, 并且无法确定性地规划。此外, 在某些应用场合, 例如要求低轨迹跟踪误差的高性能运动, 滤波效果是不理想的。限制加加速度的第二种情况是指定一个 "S 形速度曲线斜坡时间" 的选项。指定该时间参数与实际的加加速度限制效果相当, 并且与 $J_i^{\max}$ 直接相关, 但该功能仅在手动控制伺服驱动器时有效, 并且要求初始速度和初始加速度为零。因此, 这对于大多数操作也是不可行的。

即使是一个简单的 "停止运动" 控制过程, 即在任意时刻将电流环速度减为零, 也将导致无限大的加加速度。类型 III OTG 算法已经满足要求, 可以解决这个问题。本章介绍了更高级的类型 IV OTG 算法, 该算法不仅可以实现限制加加速度的停止运动, 而且还可以在限制加加速度的情况下, 实现减速到任意速度值 (非零) 的运动。除了可以实现这种 "平滑" 运动的好处之外, 该算法还可以通过为某一电动机指定最大加加速度来改善其转子的响应时间, 进而改善整个伺服系统的控制性能。

---

① 按公司英文名字母排序。

类型 IV–变体 B OTG 算法可以解决上述公司面临的许多问题。该算法具有良好的鲁棒性、实时性, 并且其外部接口 (图 4.2) 非常简单, 因此不需要太多的工作量即可实现与现有系统的集成。此外, 该算法也可在混合切换系统控制器 (参见图 2.3) 中作为子模块使用。

第 5 章　多维空间的在线轨迹规划解决方案

上一章中介绍了针对单自由度系统的在线轨迹规划 (OTG) 算法。本章将提出的算法推广到多维的情况, 并探讨如何满足时间同步准则。多维空间的 OTG 算法由 3 个基本步骤组成, 第一步基于第 4 章中介绍的方法。最终, 这个概念将适用于具有多个自由度的机器人系统的混合切换系统控制器的子模块。与第 4 章类似, 本章首先介绍通用的 OTG 算法, 然后以类型 IV OTG 算法为示例来阐释算法求解过程。

5.1　在线轨迹规划的通用变体 A 算法

本节将介绍用于多自由度的通用变体 A OTG 算法, 其适用于 OTG 的所有类型和变体。与第 4 章中仅考虑一个自由度不同, 这里考虑 K 个自由度。算法的输入值由矩阵 W_i 表示, 输出值由矩阵 M_{i+1} 表示 (参见图 3.3)。

假设算法在 T_i 时刻执行; 所有类型的 OTG 算法都需要同样的 3 个算法步骤:

步骤 1: 计算可能的最小同步时间 t_i^{sync}。

步骤 2: 将所有选定的自由度同步到 t_i^{sync}, 并计算所有轨迹参数 M_i。

步骤 3: 基于 M_i 计算所有输出值 M_{i+1}。

这 3 个步骤如图 5.1 所示, 其展示了 OTG 算法的整体结构。以下 3 个小节将详细介绍每一个步骤。

5.1.1　步骤 1: 计算同步时间 t_i^{sync}

这是最复杂的一步, 尽管它只计算了同步时间 t_i^{sync} 这一个标量。它是一个函数:

$$f : \mathbb{R}^{\alpha K} \times \mathbb{B}^K \longrightarrow \mathbb{R} \tag{5.1}$$

如图 5.1 所示, 步骤 1 可以分为三个部分: ① 分别计算每个选定的自由度 k 的最小执行时间 ${}_k t_i^{\min}$; ② 选定无法实现同步的自由度 k, 计算其可能存在的无响应时间间隔集合 ${}_k \mathcal{Z}_i$; ③ 最终确定 t_i^{sync}。

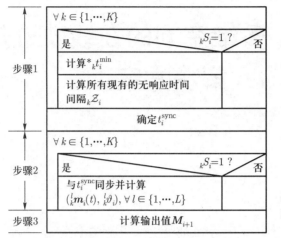

图 5.1　OTG 算法的Nassi–Shneiderman结构图

5.1.1.1　最小执行时间

在这里, 基于第 4 章对单自由度完整轨迹 $\mathcal{M}_i$ 的计算, 仅关注 $\mathcal{M}_i$ 中一个特定的参数: 需要计算每个选定的自由度的最小执行时间 ${}_k t_i^{\min}$, 这是将自由度 k 从初始运动状态 ${}_k \boldsymbol{M}_i$ 移动到其目标运动状态 ${}_k \boldsymbol{M}_i^{\text{trgt}}$ 所必需的。因此, 对每个选定的自由度都执行第 4 章中一维情况的算法, 从而获得 K 个 ${}_k t_i^{\min}$, $k \in \{1, \cdots, K\}$。

5.1.1.2　无响应时间间隔

在计算出自由度 k 的最小执行时间 ${}_k t_i^{\min}$ 之后, 需要检查是否当 $t > {}_k t_i^{\min}$ 时还在执行轨迹。如果存在这种情况, 则无响应时间间隔 ${}_k \mathcal{Z}_i = \{\ \}$ 不存在; 根据 OTG 的类型, 在选定的自由度 k 中不同步的时间间隔最多有 3 个。参考表 3.1, 这一性质可以表示为

$$Z = \alpha - 2\beta - 1 \tag{5.2}$$

因此各类型 OTG 的 Z 值如下:

$$\text{类型I, III, VI}: Z = 0$$

$$\text{类型II, IV, VII}: Z = 1$$

$$\text{类型V, VIII}: Z = 2$$

$$\text{类型IX}: Z = 3$$

这一特性的原因很简单: 对于每个目标运动状态参数 ${}_k V_i^{\text{trgt}}$、${}_k A_i^{\text{trgt}}$ 和 ${}_k J_i^{\text{trgt}}$, 都可能存在一个时间间隔, 其间某个参数可能无法实现同步。因此, 式 (5.2) 完全符

合表 3.1。

集合 $_k\mathcal{Z}_i$ 中的单个元素可表示为

$$_k^z\zeta_i = \left[_k^z t_i^{\text{begin}}, _k^z t_i^{\text{end}} \right], \quad z \in \{1, \cdots, Z\} \tag{5.3}$$

可得

$$_k\mathcal{Z}_i = \left\{ _k^1\zeta_i, \cdots, _k^Z\zeta_i \right\} \tag{5.4}$$

如果 $Z > 0$, 易见

$$_k t_i^{\min} \leqslant _k^z t_i^{\text{begin}} \leqslant _k^z t_i^{\text{end}}, \quad \forall(z, k) \in \{1, \cdots, Z\} \times \{1, \cdots, K\} \tag{5.5}$$

成立。

为解释这些无响应时间间隔的本源, 图 5.2 展示了一个平移自由度 k 的简单类型 Ⅱ 轨迹, 该轨迹有着简单的 bang-bang 控制特征和一个无响应时间间隔 $_k^1\zeta_i$。在 $T_0 = 0$ ms 时刻, 假设图 5.2 展示的类型 Ⅱ 轨迹的输入值如下:

$$_k\boldsymbol{W}_0 \begin{cases} _k\boldsymbol{M}_0 \begin{cases} _kP_0 = 50 \text{ mm} \\[1.5ex] _kV_0 = 80 \text{ mm/s} \end{cases} \\[4ex] _k\boldsymbol{M}_0^{\text{trgt}} \begin{cases} _kP_0^{\text{trgt}} = 300 \text{ mm} \\[1.5ex] _kV_0^{\text{trgt}} = 70 \text{ mm/s} \end{cases} \\[4ex] _k\boldsymbol{B}_0 \begin{cases} _kV_0^{\max} = 200 \text{ mm/s} \\[1.5ex] _kA_0^{\max} = 20 \text{ mm/s}^2 \end{cases} \\[4ex] _kS_0 = 1 \end{cases} \tag{5.6}$$

通过应用 PosTri 速度曲线 (图 5.2 中实线), 可得出从 $_k\boldsymbol{M}_0$ 运动到 $_k\boldsymbol{M}_0^{\text{trgt}}$ 需要 $_k t_i^{\min} = 2\,820$ ms。如果其他自由度需要更多时间, 自由度 k 也可通过采用另外一条速度曲线在 $_k^1 t_i^{\text{begin}} = 4\,950$ ms (或者在 $_k t_i^{\min}$ 和 $_k^1 t_i^{\text{begin}}$ 之间的任意时刻) 时到达 $_k\boldsymbol{M}_0^{\text{trgt}}$。但是在 $_k^1 t_i^{\text{begin}} < t < _k^1 t_i^{\text{end}}(= 10\,050$ ms) 内将自由度 k 转移到 $_k\boldsymbol{M}_i^{\text{trgt}}$ 是不可能的。如果将速度降低到小于 25.5 mm/s (图 5.2 中虚线), 将不会有足够的时间来加速到 $_kV_0^{\text{trgt}} = 70$ mm/s。在这种情况下, 相应的自由度需要降低速度, 直到速度为负, 并且到达 $_kP_0^{\text{trgt}}$ 的距离与所需的加速距离相等 (虚线段)。第二个 NegTri 速度曲线的执行将在 $_k^1 t_i^{\text{end}}$ 时刻完成。对于所有时间 $t \geqslant _k^1 t_i^{\text{end}}$, 自由度 k 的同步运动再次变得可行。所以, 对于式 (5.6) 的输入值, 存在一个无响应时间间隔:

$$_k^1\zeta_i = [4\,950 \text{ ms}, 10\,050 \text{ ms}] \tag{5.7}$$

OTG 算法非常重要的一点是其必须能够为任意一组输入值 $\boldsymbol{W}_i \in \mathbb{R}^{\alpha K} \times \mathbb{B}^K$ 提供一组解。如果不能保证这一点, 则该概念将是不完整、不安全的, 也无法在实

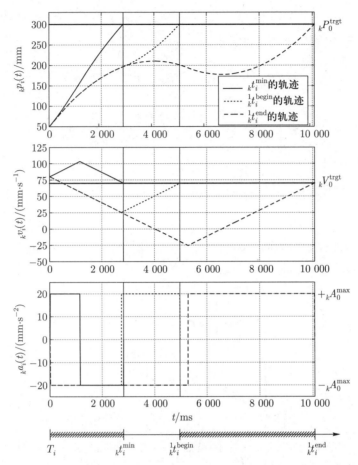

图 5.2 通过类型 **II** OTG 算法计算一个平移自由度 k 的无响应时间间隔 $^1_k\zeta_i$。间隔界限为 $^1_kt^{\text{begin}}_i = 4\,950\text{ ms}$ 和 $^1_kt^{\text{end}}_i = 10\,050\text{ ms}$。在三个轨迹中，$_ka_i(t)$ 的值为 $+_kA^{\max}_0 = 20\text{ mm/s}^2$ 或 $-_kA^{\max}_0 = -20\text{ mm/s}^2$ [参见式 (5.6)]。目标运动状态 $_kM^{\text{trgt}}_0$ 仅在 $t^{\text{sync}}_i \in [\,_kt^{\min}_i, {}^1_kt^{\text{begin}}_i]$ 或 $t^{\text{sync}}_i \geqslant {}^1_kt^{\text{end}}_i$ 时可达到

践中实现。我们必须为每个选定的自由度 k 指定一组时间：

$$_k\mathcal{I}_i = \left\{ {}_kt^{\min}_i, {}^1_kt^{\text{begin}}_i, {}^1_kt^{\text{end}}_i, \cdots, {}^Z_kt^{\text{begin}}_i, {}^Z_kt^{\text{end}}_i \right\} \tag{5.8}$$

其中包括 $_kt^{\min}_i$ 以及集合 $_k\mathcal{Z}_i$ 中的所有时间间隔界限。$\mathcal{P}_{\text{Step1}}$ 运动曲线的一个性质是其可以最多提供两个有效解：

• 如果运动曲线 $^r\Psi^{\text{Step1}}$ 的方程组 [如式 (4.21) 至式 (4.32)] 仅提供了一个有效解，则此解指定了时间集 $_k\mathcal{I}_i$ 中的一个元素。

• 如果方程组有两个有效解，则它们指定了时间集 $_k\mathcal{I}_i$ 中相邻的两个元素。不可能存在超过两个解，因为那样的话会导致至少有一个 $_kM^{\text{trgt}}_i$ 的元素无法到达。下面通过两个例子来解释这个重要性质。

例 5.1 图 5.2 中的 PosTri 速度曲线的方程组提供了一个 (且仅一个) 有效解，由此可得最小执行时间 $_kt^{\min}_i$。对于式 (5.6) 中给定的输入值 $_kW_0$，该曲线不可能提供

第二个有效解, 这是因为所有大于第一个解中速度峰值的速度峰值都将导致对 $_kP_i^{\text{trgt}}$ 的不可逆的超调。但是, NegTri 速度曲线的方程组能提供两个有效解。第一个包含无响应时间间隔的左边界 $_k^1t_i^{\text{begin}}$, 第二个包含相应的右边界 $_k^1t_i^{\text{end}}$。在这两种解决方案之外, 没有其他的有效解, 因为其他值都无法在时间限制内抵达 $_kP_i^{\text{trgt}}$。

例 5.2 本例为在 4.2.1 节中的声明, 即一条特定的运动曲线最多有两个能用来设定轨迹的有效解。由式 (4.41) 可知, PosTriNegTri 加速度曲线是单自由度的时间最优运动曲线。图 4.6 中的位置误差函数图说明了如何计算 a_0^{peak1} 的值。该图其实还包含着另外一个信息: 如果从期望初始目标位置中减去 1 000 mm, 则可以找到 PosTriNegTri 加速度曲线的两个解。如果将其应用在多自由度系统中的自由度 k 上, 这两个解会得出无响应时间间隔 $_k^1\zeta_i$ 的边界 $_k^1t_i^{\text{begin}}$ 和 $_k^1t_i^{\text{end}}$。进一步得到更多的解是不可能的, 因为其他值在时间限制内无法抵达 $_kP_i^{\text{trgt}}$。

运动曲线 $^r\Psi^{\text{Step1}}$ 的方程组的解是否会成为集合 $_k\mathcal{I}_i$ 的元素是由后面的决策树决定的。我们需要 $2Z$ 个决策树, 即每个可能的无响应时间间隔 $_k^z\zeta_i$ 都对应两个决策树, 以便为每个选定的自由度 k 确定一个完整的集合 $_k\mathcal{I}_i$。如果选定的自由度 k 有一个或者多个无响应时间间隔 $_k^z\zeta_i$, 则每个决策树确定一条运动曲线, 其方程组的解包含无响应时间间隔 $_k^z\zeta_i$ 的上界或者下界。

上述算法的精髓之处在于计算所有选定的自由度 $k \in \{1, \cdots, K\}$ 的最小执行时间 $_kt_i^{\text{min}}$ 和无响应时间间隔 $_k\mathcal{Z}_i$ 需要 $2Z + 1$ 个决策树。这些值都是我们在后文中确定最小同步时间时所需要的。

5.1.1.3 确定 t_i^{sync}

在为所有选定的自由度计算出最小执行时间和现有的无响应时间间隔后, 可以轻松地计算出 t_i^{sync}。首先确定所有最小执行时间中的最大值。第二步是要考虑到 t_i^{sync} 不能在任何无响应时间间隔 $_k^z\zeta_i, (z,k) \in \{1, \cdots, Z\} \times \{1, \cdots, K\}$ 中。图 5.3 展示了一个四自由度的示例, 其中 $t_i^{\text{sync}} = \frac{1}{2}t_i^{\text{end}}$ 为最小可能同步时间。

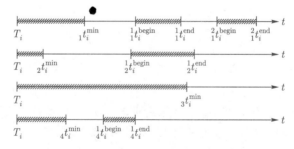

图 5.3 $K = 4$ 自由度时对 t_i^{sync} 的确定 (此处 $t_i^{\text{sync}} = \frac{1}{2}t_i^{\text{end}}$)

5.1.2 步骤 2: 同步

从步骤 1 中我们得知每个选定的自由度都能在 t_i^{sync} 时达到目标运动状态 $_kM_i^{\text{trgt}}$。易见对于所有最小执行时间 $_kt_i^{\text{min}}$ 小于 t_i^{sync} 的自由度 k, 原则上都可以找到无限多个解来参数化将相应自由度在时间 t_i^{sync} 内从 $_kM_i$ 转移到 $_kM_i^{\text{trgt}}$ 的轨迹。本书提出的 OTG 算法的一个很重要的性质是确定性, 从而为每个选定的自由度寻找一个特定的解。因此, 必须为相同的输入值找到相同的解, 并且输入值的连续变化必须导致轨迹参数 $\mathcal{M}_i$ 的连续且无跳跃的变化。为应对这些需求, 需对特定的轨迹性质应用优化方法。根据 OTG 的类型, 每个选定的自由度 $k \in \{1, \cdots, K\}$ 都应满足下列条件:

$$\text{类型I—II}: \int_{T_i}^{t_i^{\text{sync}}} |_k a_i(t)| \, dt \to \min \tag{5.9}$$

$$\text{类型III—V}: \int_{T_i}^{t_i^{\text{sync}}} |_k j_i(t)| \, dt \to \min \tag{5.10}$$

$$\text{类型VI—IX}: \int_{T_i}^{t_i^{\text{sync}}} |_k d_i(t)| \, dt \to \min \tag{5.11}$$

式 (5.9) 至式 (5.11) 是最简单的表达形式, 分别给出了加速度 [式 (5.9)]、加加速度 [式 (5.10)] 和加加速度的导数 [式 (5.11)] 的曲线。基于这种简化形式, 可以在步骤 2 中应用与步骤 1 中类型相同的运动曲线。

注 5.1 为了更全面地解释为什么通过如式 (5.9) 至式 (5.11) 的最小化形式能获得矩形运动曲线, 下面举例说明, 假设在 $T_0 = 0$ ms 时刻简单类型 I OTG 算法的步骤 2 的输入值为

$$_k\boldsymbol{W}_0 \begin{cases} _k\boldsymbol{M}_0 \begin{cases} _kP_0 = -200 \text{ mm} \\ _kV_0 = 0 \text{ mm/s} \end{cases} \\ _k\boldsymbol{M}_0^{\text{trgt}} \{ _kP_0^{\text{trgt}} = 300 \text{ mm} \\ _k\boldsymbol{B}_0 \begin{cases} _kV_0^{\text{max}} = 500 \text{ mm/s} \\ _kA_0^{\text{max}} = 400 \text{ mm/s}^2 \end{cases} \\ _kS_0 = 1 \\ t_0^{\text{sync}} = 2\,830 \text{ ms} \end{cases} \tag{5.12}$$

对于以上输入参数 $_k\boldsymbol{W}_0$, 自由度 k 的最小执行时间是 $_kt_0^{\min} = 2.237$ ms, 但是因为我们假定至少有一个被选中的自由度的最小执行时间会比此时间大, 所以假定同步时间 $t_0^{\text{sync}} = 2.830$ ms 为类型 I OTG 算法步骤 1 得出的结果。因此, 步骤 2 为自由度 k 设立的轨迹可以有无限的可能性, 图 5.4 中展示了其中三条轨迹。其中实线轨迹满足式 (5.9)。这一条件仅在应用 $\pm_kA_0^{\max}$ 或零加速度时才能满足。对于类型 III—IV OTG 算法, 仅 $\pm_kJ_0^{\max}$ 或者零加加速度被允许应用在所有 $k \in \{1, \cdots, K\}$ 上, 而对于类型 VI—IX OTG 算法, 它们的最大加加速度的导数 $_kD_0^{\max}$ 也遵循同样的规定。

$\boldsymbol{W}_i$ 和 t_i^{sync} 是步骤 2 的输入参数, 在该步骤中应用了类似于步骤 1 第一部分的过程。其指导思想被再次采用, 即最终的运动轨迹是由一条运动曲线的有限集所组成的。这一集合 $\mathcal{P}_{\text{Step2}}$ 中的元素与步骤 1 中的不同, 因为 t_i^{sync} 被视为额外的输

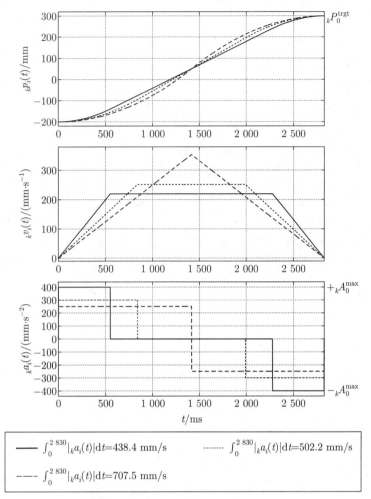

$$\int_0^{2\,830} |_k a_i(t)| \mathrm{d}t = 438.4 \ \mathrm{mm/s} \qquad \int_0^{2\,830} |_k a_i(t)| \mathrm{d}t = 502.2 \ \mathrm{mm/s}$$

$$\int_0^{2\,830} |_k a_i(t)| \mathrm{d}t = 707.5 \ \mathrm{mm/s}$$

图 5.4　与式 (5.12) 的输入值所对应的三条不同的有效类型 I 轨迹 [实线表示满足式 (5.9) 的最小条件的轨迹]

入值。这些运动曲线可描述为

$$\mathcal{P}_{\text{Step2}} = \left\{ {}^1\varPsi^{\text{Step2}}, \cdots, {}^s\varPsi^{\text{Step2}}, \cdots, {}^S\varPsi^{\text{Step2}} \right\} \tag{5.13}$$

式中, S 表示 $\mathcal{P}_{\text{Step2}}$ 中的元素数量, 且其取决于 OTG 算法的类型。根据表 3.1, 需要采用函数

$$f : \left(\left(\mathbb{R}^{\alpha+1} \right) \backslash \mathcal{H} \right) \longrightarrow \mathcal{P}_{\text{Step2}} \tag{5.14}$$

的决策树, 它决定了每个选定的自由度 k 的运动曲线 ${}^s\varPsi^{\text{Step2}}$。 $\mathcal{H}$ 的含义会在下文中给出。与步骤 1 相比, 步骤 2 始终只需要一个决策树, 其在每个控制周期为每个选定的自由度都运行一次。但与步骤 1 相比, 这里有两个显著的区别:

(1) 在步骤 1 中可以有多于一个的方程组得到有效的解 (参见图 4.6), 而在对 $\mathcal{M}_i$ 的轨迹参数进行实际运算的步骤 2 中, $\mathcal{P}_{\text{Step2}}$ 只有一个元素能推导出一个可解

的方程组。这一事实是由步骤 2 的运动曲线的性质所决定的, 并且也导致了一种确定性行为, 即始终只存在一条能够将选中的自由度 k 在时间 t_i^{sync} 内从 $_k\boldsymbol{M}_i$ 移动到 $_k\boldsymbol{M}_i^{\text{trgt}}$ 的轨迹。

(2) 如果将运动曲线 $^s\boldsymbol{\Psi}^{\text{Step2}}$ 相应的方程组的输入域表示为

$$^s\mathcal{D}_{\text{Step2}} \subset \mathbb{R}^{\alpha+1} \tag{5.15}$$

则不会得到类似于式 (4.13) 所示的关系式:

$$\bigcup_{s=1}^{S} {}^s\mathcal{D}_{\text{Step2}} \neq \mathbb{R}^{\alpha+1} \tag{5.16}$$

受选定自由度 k 的不同无响应时间间隔 $_k\mathcal{Z}_i$ 的影响, $\alpha+1$ 维空间中存在着孔洞, 在孔洞中, 任何与运动曲线 $\mathcal{P}_{\text{Step2}}$ 相关的方程组都是无解的, 且式 (5.14) 的决策树也无法给出解。这些 $\alpha+1$ 维空间中的孔洞由以下集合表示:

$$\mathcal{H} \subset \mathbb{R}^{\alpha+1} \tag{5.17}$$

所以步骤 2 中运动曲线 $\mathcal{P}_{\text{Step2}}$ 的方程组的输入域的并集可由式 (5.18) 描述, 如图 5.5 所示。我们可以逻辑推理出孔洞 $\mathcal{H}$ 的集合与所有输入域的并集是不相交的:

$$\bigcup_{s=1}^{S} {}^s\mathcal{D}_{\text{Step2}} = (\mathbb{R}^{\alpha+1}) \setminus \mathcal{H} \implies \bigcup_{s=1}^{S} ({}^s\mathcal{D}_{\text{Step2}} \cap \mathcal{H}) = \{\ \} \tag{5.18}$$

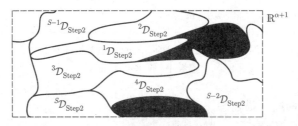

图 5.5　式 (5.18) 的二维表示, 即步骤 2 中运动曲线 $\mathcal{P}_{\text{Step2}}$ 的方程组的输入域 $^s\mathcal{D}_{\text{Step2}}$ 的并集, 黑色区域表示 $\mathcal{H}$

此外, 还有一个重要的性质, 就是所有步骤 2 的输入域的成对交集

$$\mathcal{S} = \bigcup_{s=1}^{S} \{{}^s\mathcal{D}_{\text{Step2}} \cap {}^u\mathcal{D}_{\text{Step2}}, \quad \forall u \in \{1, \cdots, S\} \mid u \neq s\} \tag{5.19}$$

构成了 $\alpha+1$ 维空间中的 α 维超平面。这些超平面由式 (5.14) 的决策树详细描述。$\mathcal{S}$ 仅在步骤 2 的输入空间中表示超平面, 这对于 OTG 算法的确定性行为至关重要, 因为这意味着对于每一个输入值的集合都只存在一条可能的运动曲线。如果选定的自由度 k 的 $\alpha+1$ 个输入值为 $\mathcal{S}$ 的元素, 则会有两条或者更多的运动曲线和

与其对应的方程组, 但是每条曲线的解都是相同的。这一事实强调了所提出概念的整体一致性。

如何描述孔洞 $\mathcal{H}$ 的集合? 这是一个非常重要的问题, 因为需要避免进入这些孔洞。进入孔洞会导致无解, 且无法计算输出值 $\boldsymbol{M}_{i+1}$。

自由度 k 的 $\alpha+1$ 维空间由 $_k\boldsymbol{W}_i$ 的前 α 个元素和同步时间 t_i^{sync} 来确定。如 3.3 节中问题描述所述, $_k\boldsymbol{W}_i$ 的值是任意的。因此, 唯一对 $\mathcal{H}$ 有影响的参数为 t_i^{sync}, 其由步骤 1 确定。如前所述, 我们需要 $2Z$ 个决策树来确定所有无响应时间间隔 $_k^z\zeta_i, (z,k) \in \{1,\cdots,Z\} \times \{1,\cdots,K\}$ 的限制。这 $2Z$ 个决策树能精确地描述孔洞集合 $\mathcal{H}$, 因为我们屏蔽了 t_i^{sync} 的到达域, 从而也屏蔽了 $\alpha+1$ 维的输入空间。

在这一点上, 一个重要的方法是步骤 1 中所有 $2Z+1$ 个决策树与步骤 2 中的决策树必须完全匹配。这类似于一个多维拼图游戏, 其组件必须完全正确地互相匹配, 否则这个流程将无法结束。OTG 算法也是如此: 如果这 $2Z+1$ 个决策树无法互相匹配, 算法就会出错, 并且可能存在输入值 $\boldsymbol{W}_i$, 却无法计算出输出值。

在式 (5.14) 的决策树为自由度 k 选择了正确的运动曲线 $_k\Psi_i^{\mathrm{Step2}}$ 后, 便可以采用与第 4 章中一维情况中同样的步骤: 建立一个非线性方程组, 利用其解可以将选定的自由度 k 所有 L 个轨迹段 $_k^l\boldsymbol{m}_i \; (\forall l \in \{1,\cdots,L\})$ 以及相应的时间间隔 $_k^l\vartheta_i \; (\forall l \in \{1,\cdots,L\})$ 参数化。在对每个选定的自由度进行此操作之后, 可以计算出 T_i 时刻的所有轨迹参数 $\mathcal{M}_i$。

5.1.3 步骤 3: 计算输出值

OTG 算法的第三步十分简单, 类似于一维情况下的输出值计算。在计算完一个时间步长 T_i 的完整轨迹 $\mathcal{M}_i$ 之后, 只需要为每个选定的自由度 $k \in \{1,\cdots,K\}$ 找到满足下式的时间间隔 $_k^{\hat{l}}\vartheta_i \; (\hat{l} \in \{1,\cdots,L\})$:

$$_k^{\hat{l}}t_i \leqslant T_i + T^{\mathrm{cycle}} \leqslant {_k^{\hat{l}+1}}t_i \tag{5.20}$$

输出值可由式 (5.21) 计算得出:

$$_k\boldsymbol{M}_{i+1} = {_k^{\hat{l}}}\boldsymbol{m}_i\left(T_i + T^{\mathrm{cycle}}\right), \quad \forall k \in \{1,\cdots,K\} \tag{5.21}$$

从而得到最终输出矩阵:

$$\boldsymbol{M}_{i+1} = \left({_1\boldsymbol{M}_{i+1}}, \cdots, {_k\boldsymbol{M}_{i+1}}, \cdots, {_K\boldsymbol{M}_{i+1}}\right)^{\mathrm{T}} \tag{5.22}$$

如果随后在 T_{i+1} 时刻再次调用 OTG 算法, 并使用相同的输入值, 即 $\boldsymbol{M}_{i+1}$、$\boldsymbol{M}_i^{\mathrm{trgt}}$、$\boldsymbol{B}_i$ 和 $\boldsymbol{S}_i$, 则会得出相同的同步时间 $t_{i+1}^{\mathrm{sync}} = t_i^{\mathrm{sync}}$, 因为我们又一次计算了时间最优轨迹。这与 3.3 节中的一致性准则相符。虽然 t_i^{sync} 的绝对值在到达目标点前都不会改变, 但是每个周期与同步时刻的时间差相比于上个周期会减少 T_{cycle}:

$$\left(t_i^{\mathrm{sync}} - T_i\right) - \left(t_{i+1}^{\mathrm{sync}} - T_{i+1}\right) = T_{\mathrm{cycle}} \tag{5.23}$$

最终所得的 $\boldsymbol{M}_{i+1}$ 将应用于低层级控制。

5.1.4 关于通用 OTG 算法的说明

本节介绍了多自由度系统的通用 OTG 算法, 因此涵盖了 OTG 算法的所有类型和变体 (参见表 3.1)。该算法的复杂性依赖于所实现的类型: OTG 类型的阶数越高, 其算法复杂度就越高。复杂度尤其受以下两个属性的影响。

(1) 步骤 1 和步骤 2 中决策树的总数 [参见表 3.1 和式 (5.2)]:

$$2Z + 2 = 2\alpha - 4\beta \tag{5.24}$$

在这里, 特别是决策树的最长路径的总和——更准确地说, 是所有计算成本最高的路径的总和起着关键作用。

(2) 方程组的可解性, 由 $\mathcal{P}_{\text{Step1}}$ 和 $\mathcal{P}_{\text{Step2}}$ 中的元素决定。

与第 4 章类似, 5.3 节中将详细介绍类型 IV OTG 算法, 以具体实现的方式来例证提出的概念。

5.2 变体 B 的拓展

从变体 A 到变体 B 的拓展非常简单。与一维情况中相同的变体 B 决策树可以应用到所有 $2Z + 2$ 个决策树的上游。因此, 将式 (4.16) 和式 (4.17) 中的两种情况都应用到所有选中的自由度 $k \in \{1, \cdots, K\}$ 上, 并将所有不满足式 (4.16) 和式 (4.17) 的自由度带回到它们的边界 $\boldsymbol{B}_i$ 内。随后变体 A 运动曲线将所有自由度转移至其目标运动状态 $\boldsymbol{M}_i^{\text{trgt}}$。

5.3 类型 IV 在线轨迹规划

本节以 5.1 节中的类型 IV OTG 算法为例详细介绍了具体实现过程。正如 4.2 节中所述, 首先基于表 3.1 来确定算法的通用参数: $\alpha = 8$ 和 $\beta = 3$ 表示在任何 T_i ($i \in \mathbb{Z}$) 时刻目标加速度 $\boldsymbol{A}_i^{\text{trgt}}$ 与目标加加速度 $\boldsymbol{J}_i^{\text{trgt}}$ 都为零向量, 且可以指定一个速度向量 $\boldsymbol{V}_i^{\text{trgt}}$, 其在目标位置 $\boldsymbol{P}_i^{\text{trgt}}$ 处准确达到。在运动约束上, 考虑最大速度 $\boldsymbol{V}_i^{\text{max}}$、最大加速度 $\boldsymbol{A}_i^{\text{max}}$ 和最大加加速度 $\boldsymbol{J}_i^{\text{max}}$, 且每个选定的自由度 k 都可展示最多 $Z = 1$ 个无响应时间间隔 $_k^1\zeta_i$。需要 4 个决策树:

(1) 步骤 1 的计算需要 3 个决策树:

- 每个选定的自由度 $k \in \{1, \cdots, K\}$ 的最小执行时间 $_k t_i^{\min}$;
- 每个选定的自由度 $k \in \{1, \cdots, K\}$ 的无响应时间间隔 $_k^1\zeta_i$ 的下限 $_k t_i^{\text{begin}}$;
- 每个选定的自由度 $k \in \{1, \cdots, K\}$ 的相应的上限 $_k t_i^{\text{end}}$。

(2) 步骤 2 需要 1 个决策树。

下面以与 4.2 节相同的方式来介绍本节内容: 首先介绍类型 IV–变体 A 算法, 然后介绍类型 IV–变体 B 算法。

附录 D.3 中用非常简单的语言给出了非科学性的问题表述。

5.3.1 类型 IV–变体 A

5.3.1.1 步骤 1

如图 5.1 所示, 这一步的目的是计算同步时间 t_i^{sync}。在为选定的自由度 $k \in \{1, \cdots, K\}$ 计算最小执行时间 $_k t_i^{\min}$ 后, 检查所有选定的自由度, 以确认其是否有无响应时间间隔 $_k^1 \zeta_i$, 从而确定 t_i^{sync} 的值。

(1) 最小执行时间。

为所有选定的自由度 $k \in \{1, \cdots, K\}$ 计算最小执行时间 $_k t_i^{\min}$ 的步骤在 4.2.1 节中已有描述, 应用图 4.4 中的决策树 1A 来确定集合 $\mathcal{P}_{\text{Step1}}$ 的加速度曲线 $_k \Psi_i^{\text{Step1}}$。图 4.3 展示了 $\mathcal{P}_{\text{Step1}}$ 的一个子集。在获得曲线 $_k \Psi_i^{\text{Step1}}$ 后, 即知道了自由度 k 的时间最优轨迹, 就可以建立起一个非线性方程组 [如式 (4.21) 至式 (4.32), PosTriNegTri 加速度曲线]。基于上述方程组, 可以生成一个位置误差函数, 该函数仅取决于方程组中某个未知变量。我们对此函数的其中一个特定解有兴趣: 其为给定输入参数 $_k \boldsymbol{W}_i$ 的最优解。为此, 我们可以确定一个根所在的区间 (如算法 4.1)。在知道区间界限之后, 应用改进的 Anderson–Björck–King 方法 (参见附录 A) 来数值化地求解根。使用此根值, 可以计算出方程组内剩余的所有未知数, 如附录 B.3 中所示。与一维情况不同, 这里不会计算所有未知变量, 也不会把轨迹参数化, 而只计算 $_k t_i^{\min}$ 的值。

(2) 无响应时间间隔。

根据 5.1.1 节, 我们必须为每个选定的自由度寻找 $Z = 1$ 个无响应时间间隔。如果自由度 k 存在这样的间隔, 则必须计算 $_k^1 t_i^{\text{begin}}$ 和 $_k^1 t_i^{\text{end}}$ 来确定 $_k^1 \zeta_i$——$_k \mathcal{Z}_i$ 的唯一可能元素 [参见式 (5.3)]。为此, 我们需要另外两个决策树——1B 和 1C, 一个用于计算 $_k^1 t_i^{\text{begin}}$, 另一个用于计算 $_k^1 t_i^{\text{end}}$。这两个决策树描述了步骤 2 方程组的输入域中的孔洞集合 [参见式 (5.17)]:

$$\mathcal{H} \subset \mathbb{R}^9 \tag{5.25}$$

它们的工作原理与图 4.4 中的决策树非常相似, 下面将对其进行说明。第一个决策树 1B 的结果是加速度曲线 $_k \check{\Psi}_i^{\text{Step1}} \in \mathcal{P}_{\text{Step1}}$, 该传递方程组用以确定 $_k^1 t_i^{\text{begin}}$, 第二个决策树 1C 选择曲线 $_k \hat{\Psi}_i^{\text{Step1}} \in \mathcal{P}_{\text{Step1}}$ 用来计算 $_k^1 t_i^{\text{end}}$。

注 5.2 由于这些决策树会占用太多空间, 因此无法在书籍、论文或文本中完整地描述它们。为了给出其复杂性的印象: 决策树 1B (10 pt 的字体大小, 以最小化版本编写, 并且所有节点紧密排列) 只能绘制在 DIN A0 (841 mm×1189 mm) 大小的海报上。[①]即使是简单地描述也会填满一本几百页的书, 因此这里只给出初步印象, 仅解释基本概念。图 4.4、图 5.6、图 5.7 和图 5.8 所示的四个类型 IV 决策树部分截图只能视为小样本。但是, 变体 B 的决策树 (图 4.8) 以扩展形式显示。有关此主题的深入讨论请参见第 9 章和第 10 章。

图 5.6 所示的决策树 1B 可确定用于计算 $_k^1 t_i^{\text{begin}}$ 的加速度曲线。与试图尽快达

---

① 作者开发的实际 1B 决策树为两张 DIN A0 海报大小 (也是最小化版本, 字体大小为 10 pt, 且排得更紧凑)。

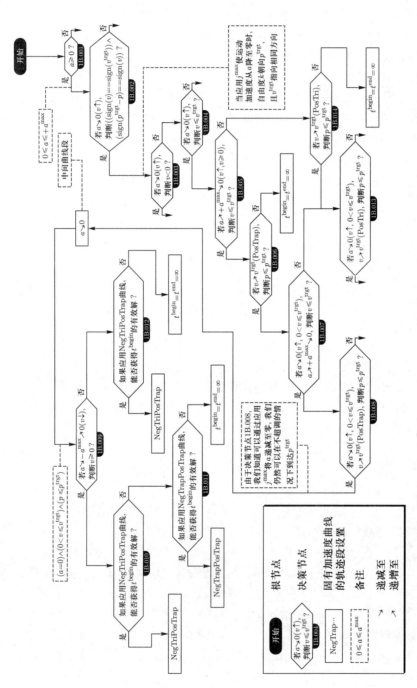

图 5.6 用于确定加速度曲线 $_k\tilde{\Psi}_i^{\text{Step1}} \in \mathcal{P}_{\text{Step1}}$ 的类型 IV 决策树 1B 的部分截图,可用于计算 $_k^1 t_i^{\text{begin}}$

到目标运动状态 $_kM_i^{\text{trgt}}$ 的决策树 1A (图 4.4) 相比, 我们试着在下一组更长的时间内到达 $_kM_i^{\text{trgt}}$, 这可通过另一条加速度曲线或另一组曲线参数来实现。结果可以是加速度曲线 $_k\breve{\Psi}_i^{\text{Step1}}$, 也可以是没有无响应时间间隔 $_k^1\zeta_i$ 的结论, 即 $_k^1t_i^{\text{begin}} = \infty$ 和 $_k^1t_i^{\text{end}} = \infty$。如果结果是加速度曲线 (用 $_k\breve{\Psi}_i^{\text{Step1}}$ 表示), 将建立相应的方程组来计算该曲线的执行时间 $_k^1t_i^{\text{begin}}$。如果方程组提供了两个解 (参见例 5.1 和例 5.2), 则必须谨慎: 如果确定的曲线 $_k\hat{\Psi}^{\text{Step1}}$ 与用于计算最小执行时间 $_k^1t_i^{\text{min}}$ 的曲线 $_k\Psi_i^{\text{Step1}}$ 相同, 必须选择较大解; 否则, 即 $_k\hat{\Psi}^{\text{Step1}} = {}_k\breve{\Psi}^{\text{Step1}}$, 较小解为正确解, 因为较大解已指定了间隔上限 $_k^1t_i^{\text{end}}$。

图 5.7 描述了类型 IV OTG 算法的第三种决策树。此决策树仅适用于先前执行树存在无响应时间间隔 $_k^1\zeta_i$ 时才可使用。与图 5.6 所示的决策树 1B 相比, 已知时间间隔上限 $_k^1t_i^{\text{end}}$ 在决策树 1C 中存在。虽然决策树 1B 从 $_k^1t_i^{\text{min}}$ 开始并在时间轴上从左到右搜索以找到左间隔限制 $_k^1t_i^{\text{begin}}$, 但现在我们从右侧开始寻找 $_k^1t_i^{\text{end}}$。这意味着首先以步骤 1 的加速度曲线达到选定自由度 k 的目标运动状态 $_kM_i^{\text{trgt}}$ 将会需要最长的执行时间。如果目标速度 $_kV_i^{\text{trgt}}$ 为负 (决策节点 1C.001), 通过应用最大速度 $+_kV_i^{\text{max}}$ (决策节点 1C.004 / 1C.011) 来达到 $_kP_i^{\text{trgt}}$。然后, 尝试逐步减小正加速面 Trap (1C.004) 或 Tri (1C.011), 直到找到一个方程组可解的曲线 $_k\hat{\Psi}_i^{\text{Step1}}$ 为止。如果方程组为所需的区间上限 $_k^1t_i^{\text{end}}$ 提供了两个有效解, 则较大解为正解, 因为较小解为 $_k^1t_i^{\text{begin}}$。

至此, 对于所有选定的自由度 $k \in \{1, \cdots, k\}$, 已经计算出了所有最小执行时间 $_k^1t_i^{\text{min}}$ 和所有无响应时间间隔 $_k^1\zeta_i = \left[_k^1t_i^{\text{begin}}, {}_k^1t_i^{\text{end}} \right]$, 并且已得到 t_i^{sync} 的所有候选对象的完整集合。

(3) 确定 t_i^{sync}

如图 5.1 所示, 步骤 1 的最后一个子步骤是确定 t_i^{sync} 的最小可能值。它的工作方式与 5.1.1 节中所描述的完全相同。首先确定所有最小执行时间中的最大元素, 然后要确保 t_i^{sync} 不是无响应时间间隔集 $\mathcal{Z}_i$ 中的元素。

5.3.1.2　步骤 2

根据 5.1.2 节, 步骤 2 计算所有运动多项式集合 $^l m_i(t)$ 的系数。这意味着, 需要为每个选定的自由度 k 确定加速度曲线 $_k\Psi_i^{\text{Step2}}$, 以实现所需的时间同步, 从而使得所有选定的自由度精确地在 t_i^{sync} 时达到 $_kP_i^{\text{trgt}}$ 和 $_kV_i^{\text{trgt}}$。除了每个自由度 k 的 8 个输入值 $\boldsymbol{W}_i$ 之外, t_i^{sync} 是图 5.8 中决策树的第九个输入值, 函数如下:

$$f : \left(\mathbb{R}^9 \backslash \mathcal{H} \right) \longrightarrow \mathcal{P}_{\text{Step2}} \tag{5.26}$$

也就是说, 对于所有方程组, 该决策树必须覆盖完整的输入域 $\mathbb{R}^9 \backslash \mathcal{H}$ [参见式 (5.26)]:

$$^s\mathcal{D}_{\text{Step2}} \subset \mathbb{R}^9 \tag{5.27}$$

$$\bigcup_{s=1}^{S} {}^s\mathcal{D}_{\text{Step2}} = \mathbb{R}^9 \backslash \mathcal{H} \tag{5.28}$$

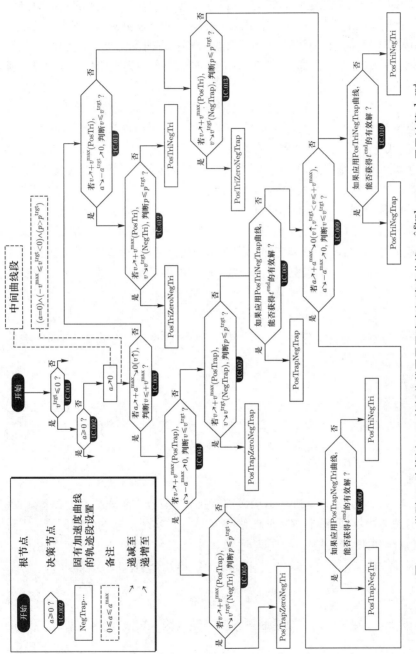

图 5.7 类型 IV 决策树 1C 的部分载图用于确定匀加速度曲线 $_k\bar{v}_i^{Step1}\in\mathcal{P}_{Step1}$，用于计算 $_k^1t_i^{end}$

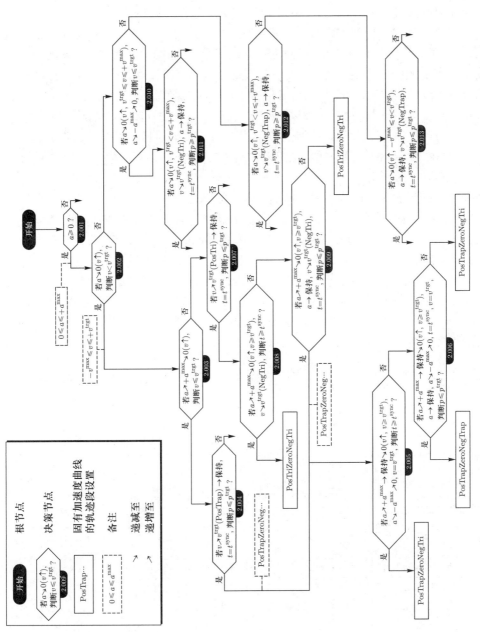

图 5.8 步骤 2 的类型 IV 决策树的部分截图, 用来确定自由度曲线 $k \in \{1, \cdots, K\}$ 的加速度曲线 $_k\Psi_i^{\mathrm{Step2}} \in \mathcal{P}_{\mathrm{Step2}}$

根据步骤 1，我们已经知道 9 个元素的输入向量不是 $\mathcal{H}$ 的元素。重要的是，决策树以及步骤 2 的加速度曲线必须满足式 (5.10) 的优化准则。式 (5.10) 的基本结果是只能应用矩形加加速度曲线，并且加加速度的变化只能取三个值：零、正或负的最大加加速度值。

加速度曲线集 $\mathcal{P}_{\text{Step2}}$ 的子集如图 5.9 所示，为了在 T_i 时刻计算轨迹 $\mathcal{M}_i$，应该在步骤 2 中对这些曲线的选择进行参数化。图 5.8 显示了步骤 2 决策树的部分截图，并且类似于图 4.4、图 5.6 和图 5.7 所示的三个决策树。与决策节点 1A.001 一样，决策节点 2.001 检查当前加速度值 $_kA_i$ 是正还是负。假设选择了左分支，则决策节点 2.002 检查：以 $-_kJ_1^{\max}$ 将加速度值减小到零时，速度值是大于还是小于 $_kV_i^{\text{trgt}}$。决策节点 2.003 检查：是否必须以 $_kA_i^{\max}$ 加速才能达到 $_kV_i^{\text{trgt}}$，也就是说，查明正三角形或梯形加速度曲线是否会导致 $_kV_i^{\text{trgt}}$。这里，假设梯形曲线是必需的。决策节点 2.004 检查：如果应用梯形加速度曲线 (PosTrap) 以尽快达到 $_kV_i^{\text{trgt}}$，那么在 t_i^{sync} 时自由度 k 的最终位置值是大于还是小于 $_kP_i^{\text{trgt}}$。如果结果值小于 $_kP_i^{\text{trgt}}$，则必须增加梯形加速度曲线的保持时间，即需要 PosTrapZeroNeg $\cdots$ 曲线。在做决策之前，无论 $_k\Psi_i^{\text{Step2}} = \text{PosTrapZeroNegTri}$ 或者 $_k\Psi_i^{\text{Step2}} = \text{PosTrapZeroNegTrap}$ 正确与否，决策节点 2.005 都会验证是否有足够的时间在 $_kA_i^{\max}$ 的负三角形曲线后直接施加正梯形加速度曲线，从而最终达到 $_kV_i^{\text{trgt}}$。如果没有足够的时间去完成这个加速进程，则解为 $_k\Psi_i^{\text{Step2}} = \text{PosTrapZeroNegTri}$。如果有足够的时间用于决策节点 2.005 检查加速行为，决策节点 2.006 则会检查曲线 PosTrapZeroNegTrap 和 PosTrapZeroNegTri 的边界情况，并最终确定加速度曲线。决策节点 2.007 至 2.012 的工作方式类似。

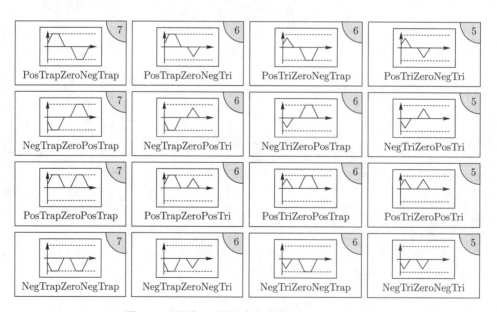

图 5.9 类型 **IV** 的加速度曲线集 $\mathcal{P}_{\text{Step2}}$ 的子集

类似于式 (4.21) 至式 (4.32) 给出的方程组，可以为图 5.9 中的每个加速度曲

线 $^{s}\Psi^{\text{Step2}} \in \mathcal{P}_{\text{Step2}}$ 建立另一个方程组。必须为每个选定的自由度 $k \in \{1, \cdots, K\}$ 找到一个步骤 2 曲线。与此同时, 所有方程组的解会给所有 L 个轨迹段 $^{l}\boldsymbol{m}_i$ ($\forall l \in \{1, \cdots, L\}$) 和时间间隔 $^{l}\mathcal{V}_i$ 传递所有所需的参数 [参见式 (3.8) 和式 (3.9)]。该过程将通过图 5.10 所示的简单曲线 $^{s}\Psi^{\text{Step2}} = \text{PosTriZeroNegTri}$ 进行说明 (参见图 5.9 中右上角曲线)。可以直接在 T_i 时刻为一个选定的自由度 k 建立一个由 14 个方程组成的系统:

$$_{k}^{2}t_i - T_i = \frac{_{k}a^{\text{peak1}} - _{k}A_i}{_{k}J_{i}^{\max}} \tag{5.29}$$

$$_{k}^{3}t_i - _{k}^{2}t_i = \frac{_{k}a^{\text{peak1}}}{_{k}J_{i}^{\max}} \tag{5.30}$$

$$_{k}^{5}t_i - _{k}^{4}t_i = -\frac{_{k}a^{\text{peak2}}}{_{k}J_{i}^{\max}} \tag{5.31}$$

$$t_i^{\text{sync}} - _{k}^{5}t_i = -\frac{_{k}a^{\text{peak2}}}{_{k}J_{i}^{\max}} \tag{5.32}$$

$$_{k}^{2}v_i - V_i = \frac{1}{2}\left(_{k}^{2}t_i - T_i\right)\left(_{k}A_i + _{k}a^{\text{peak1}}\right) \tag{5.33}$$

$$_{k}^{3}v_i - _{k}^{2}v_i = \frac{1}{2}\left(_{k}^{3}t_i - _{k}^{2}t_i\right)_{k}a^{\text{peak1}} \tag{5.34}$$

$$_{k}^{4}v_i - _{k}^{3}v_i = 0 \tag{5.35}$$

$$_{k}^{5}v_i - _{k}^{4}v_i = \frac{1}{2}\left(_{k}^{5}t_i - _{k}^{4}t_i\right)_{k}a^{\text{peak2}} \tag{5.36}$$

$$_{k}V_i^{\text{trgt}} - _{k}^{5}v_i = \frac{1}{2}\left(t_i^{\text{sync}} - _{k}^{5}t_i\right)_{k}a^{\text{peak2}} \tag{5.37}$$

$$_{k}^{2}p_i - _{k}P_i = _{k}V_i\left(_{k}^{2}t_i - T_i\right) + \frac{1}{2}_{k}A_i\left(_{k}^{2}t_i - T_i\right)^2 + \frac{1}{6}_{k}J_{i}^{\max}\left(_{k}^{2}t_i - T_i\right)^3 \tag{5.38}$$

$$_{k}^{3}p_i - _{k}^{2}p_i = _{k}^{2}v_i\left(_{k}^{3}t_i - _{k}^{2}t_i\right) + \frac{1}{2}a_i^{\text{peak1}}\left(_{k}^{3}t_i - _{k}^{2}t_i\right)^2 -$$

$$\frac{1}{6}_{k}J_{i}^{\max}\left(_{k}^{3}t_i - _{k}^{2}t_i\right)^3 \tag{5.39}$$

$$_{k}^{4}p_i - _{k}^{3}p_i = _{k}^{3}v_i\left(_{k}^{4}t_i - _{k}^{3}t_i\right) \tag{5.40}$$

$$_{k}^{5}p_i - _{k}^{4}p_i = _{k}^{4}v_i\left(_{k}^{5}t_i - _{k}^{4}t_i\right) - \frac{1}{6}_{k}J_{i}^{\max}\left(_{k}^{5}t_i - _{k}^{4}t_i\right)^3 \tag{5.41}$$

$$_{k}P_i^{\text{trgt}} - _{k}^{5}p_i = _{k}^{5}v_i\left(t_i^{\text{sync}} - _{k}^{5}t_i\right) + \frac{1}{2}a_i^{\text{peak2}}\left(t_i^{\text{sync}} - _{k}^{5}t_i\right)^2 +$$

$$\frac{1}{6}_{k}J_{i}^{\max}\left(t_i^{\text{sync}} - _{k}^{5}t_i\right)^3 \tag{5.42}$$

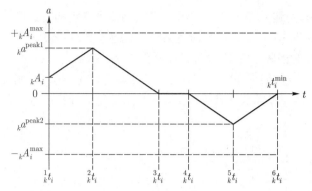

图 5.10　PosTriZeroNegTri 曲线的所有相关变量, 从而可以直接建立式 (5.29) 至式 (5.42) 的方程组

式 (5.29) 至式 (5.42) 包含 14 个未知变量: ${}_k^2 t_i, {}_k^3 t_i, {}_k^4 t_i, {}_k^5 t_i, {}_k^2 v_i, {}_k^3 v_i, {}_k^4 v_i, {}_k^5 v_i,$ ${}_k^2 p_i, {}_k^3 p_i, {}_k^4 p_i, {}_k^5 p_i, {}_k a_i^{\text{peak1}}$ 和 ${}_k a_i^{\text{peak2}}$。前 4 个变量与 T_i 和 t_i^{sync} 一起构成 ${}_k^l \vartheta_i$ ($\forall l \in \{1, \cdots, 5\}$)。后 8 个变量用于在 T_i 时刻计算运动多项式 ${}_k^l \boldsymbol{m}_i$ ($\forall l \in \{1, \cdots, 5\}$), 从而完整地描述了自由度 k 的轨迹。

在求解这些方程式时, 出现了与求解式 (4.21) 至式 (4.32) 时相同的数值问题。针对加速度曲线 $\mathcal{P}_{\text{Step2}}$ 方程组的解析结果同样不合适, 因此采用与 4.2.1 节中相同的方法来计算式 (5.29) 至式 (5.42) 的解。

首先, 将方程组转换为一个位置误差函数来计算根:

$$\text{PosTriZeroNegTri} p_i^{\text{err2}} \left({}_k a_i^{\text{peak1}} \right) : \mathbb{R} \longrightarrow \mathbb{R} \tag{5.43}$$

根据所选择的未知变量, 位置误差函数 $^{\text{PosTriZeroNegTri}} p_i^{\text{err2}} \left({}_k a_i^{\text{peak1}} \right)$ 是单调递增函数或单调递减函数, 因此期望只有一个根。这个函数也是一个超越函数, 而且由于它太长了, 可以在附录 C.1 中找到它的完整形式。

同样, 将算法 4.1 运用于函数 $^{\text{PosTriZeroNegTri}} p_i^{\text{err2}} \left({}_k a_i^{\text{peak1}} \right)$, 使用算法 5.1 来计算区间 $[{}_k^{\min} a_i^{\text{peak1}}, {}_k^{\max} a_i^{\text{peak1}}]$, 从中可知函数是连续的, 并且包含函数的唯一根, 也就是 ${}_k a_i^{\text{peak1}}$ 的期望值。很明显,

$$_k A_i \leqslant {}_k^{\min} a_i^{\text{peak1}} \leqslant {}_k a_i^{\text{peak1}} \leqslant {}_k^{\max} a_i^{\text{peak1}} \leqslant {}_k A_i^{\max} \tag{5.44}$$

成立, 但是必须考虑一些边界条件, 下面将进行解释。

在算法 5.1 中, 使用了加速度曲线, 以便尽可能强或弱地施加同步时间 t_i^{sync} 以及边界值 ${}_k A_i^{\max}$ 和 ${}_k J_i^{\max}$。对于第一个计算 (第 1—4 行), 设置了一个加速度曲线, 该曲线由 4 个分段函数描述: 施加 $+_k J_i^{\max}$ 使加速度到 ${}_k^{\max} a_i^{\text{peak1}}$, 施加 $-_k J_i^{\max}$ 使加速度到 0, 施加 $+_k J_i^{\max}$ 使加速度到 ${}_k^{\max} a_i^{\text{peak2}}$, 施加 $+_k J_i^{\max}$ 使加速度到 0 (第 2 行)。此曲线由约束条件确定, 即曲线在 t_i^{sync} 时刻达到 ${}_k V_i^{\text{trgt}}$。在为该曲线建立方程组之后, 求解时不会再出现数值问题, 可以在第 3 行和第 4 行中计算两个曲线参数 ${}_k^{\max} a_i^{\text{peak1}}$ 和 ${}_k^{\max} a_i^{\text{peak2}}$。当然, 这些值不能超过最大加速度, 因此可以由第

算法 5.1 计算 $^{\mathrm{PosTriZeroNegTri}}p_i^{\mathrm{err2}}\left(_k a_i^{\mathrm{peak1}}\right)$ 所需根的区间限制

要求：t_i^{sync}, $_k V_i^{\mathrm{trgt}}$, $_k V_i$, $_k A_i^{\mathrm{max}}$, $_k A_i$, $_k J_i^{\mathrm{max}}$, 以及 $_k A_i^{\mathrm{max}} \geqslant {}_k A_i \geqslant 0$, $_k J_i^{\mathrm{max}} \geqslant 0$

确保：$_k^{\min} a_i^{\mathrm{peak1}}$, $_k^{\max} a_i^{\mathrm{peak1}}$

1:                                      #计算以下曲线的 $_k^{\max} a_i^{\mathrm{peak1}}$ 和 $_k^{\max} a_i^{\mathrm{peak2}}$#

2:                #$\{_k A_i \nearrow {}_k^{\max} a_i^{\mathrm{peak1}} \searrow 0 \searrow {}_k^{\max} a_i^{\mathrm{peak2}} \nearrow 0$, 即 $(t = t_i^{\mathrm{sync}}) \wedge (v = V_i^{\mathrm{trgt}})\}$#

3:   $_k^{\max} a_i^{\mathrm{peak1}} = \dfrac{3\left(_k A_i\right)^2 - 2_k A_i t_i^{\mathrm{sync}}\,_k J_i^{\mathrm{max}} + {}_k J_i^{\mathrm{max}}\left[\left(t_i^{\mathrm{sync}}\right)^2 {}_k J_i^{\mathrm{max}} - 4_k V_i + 4_k V_i^{\mathrm{trgt}}\right]}{4_k A_i + 4 t_i^{\mathrm{sync}}\,_k J_i^{\mathrm{max}}}$

4:   $_k^{\max} a_i^{\mathrm{peak2}} = \dfrac{\left(_k A_i\right)^2 - 2_k A_i t_i^{\mathrm{sync}}\,_k J_i^{\mathrm{max}} + {}_k J_i^{\mathrm{max}}\left[4_k V_i^{\mathrm{trgt}} - \left(t_i^{\mathrm{sync}}\right)^2 {}_k J_i^{\mathrm{max}} - 4_k V_i\right]}{4_k A_i + 4 t_i^{\mathrm{sync}}\,_k J_i^{\mathrm{max}}}$

5: if $_k^{\max} a_i^{\mathrm{peak1}} > {}_k A_i^{\mathrm{max}}$ then

6:      $_k^{\max} a_i^{\mathrm{peak1}} := {}_k A_i^{\mathrm{max}}$

7: end if

8: if $_k^{\max} a_i^{\mathrm{peak2}} < -_k A_i^{\mathrm{max}}$ then

9:      $_k^{\max} a_i^{\mathrm{peak2}} := -_k A_i^{\mathrm{max}}$

10: end if

11:                                  # 计算以下曲线的 $_k \tilde{v}_i$#

12:             #$\{_k A_i \nearrow {}_k A_i^{\mathrm{max}} \searrow 0 \searrow -_k A_i^{\mathrm{max}} \nearrow 0$, 即 $v = {}_k \tilde{v}_i\}$#

13: $_k \tilde{v}_i := {}_k V_i - \dfrac{\left(_k A_i\right)^2}{2_k J_i^{\mathrm{max}}}$

14: if $_k \tilde{v}_i \leqslant {}_k V_i^{\mathrm{trgt}}$ then

15:      $v^{(A_i \searrow 0)} := V_i + \dfrac{\left(A_i\right)^2}{2 J_i^{\mathrm{max}}}$

16:      if $v^{(A_i \searrow 0)} > {}_k V_i^{\mathrm{trgt}}$ then

17:          $_k^{\min} a_i^{\mathrm{peak1}} := {}_k A_i$

18:      else

19:                          # 计算以下曲线的 $_k^{\min} a_i^{\mathrm{peak1}}$#

20:                 #$\left\{_k A_i \nearrow {}_k^{\min} a_i^{\mathrm{peak1}} \searrow 0$, 即 $v = V_i^{\mathrm{trgt}}\right\}$#

21:          $_k^{\min} a_i^{\mathrm{peak1}} := \sqrt{\dfrac{\left(_k A_i\right)^2 + 2\left(_k V_i^{\mathrm{trgt}} - {}_k V_i\right) {}_k J_i^{\mathrm{max}}}{2}}$

22:      end if

23: else

24:      $_k^{\min} a_i^{\mathrm{peak1}} := {}_k A_i$

25:                          # 计算以下曲线的 $_k^{\max} a_i^{\mathrm{peak1}}$#

26:            #$\left\{_k A_i \nearrow {}_k^{\max} a_i^{\mathrm{peak1}} \searrow 0 \searrow {}_k^{\max} a_i^{\mathrm{peak2}} \nearrow 0$, 即 $v = V_i^{\mathrm{trgt}}\right\}$#

27:      $_k^{\max} a_i^{\mathrm{peak1}} := \sqrt{\dfrac{\left(_k A_i\right)^2 + \left(_k^{\max} a_i^{\mathrm{peak2}}\right)^2 + 2\left(_k V_i^{\mathrm{trgt}} - {}_k V_i\right) {}_k J_i^{\mathrm{max}}}{2}}$

28: end if

5—10 行算法来限定其边界。下一步, 必须找出是施加 $\max_k a_i^{\text{peak1}}$ 还是 $\max_k a_i^{\text{peak2}}$。为此, 计算第 12 行中指定的加速度曲线所要达到的速度 $_k\tilde{v}_i$。若 $_k\tilde{v}_i \leqslant {}_kV_i^{\text{trgt}}$, 则第 3/6 行中正值 $\max_k a_i^{\text{peak1}}$ 将构成加速度区间的上限, 否则下面必须考虑第 4/9 行中 $\max_k a_i^{\text{peak2}}$ 的值。在第 15—22 行中计算了下限 $\min_k a_i^{\text{peak1}}$; 由于第 14 行, 已经知道 $\left|\max_k a_i^{\text{peak2}}\right| \leqslant \left|\max_k a_i^{\text{peak1}}\right|$, 只需要确保使用正加速面可以达到 $_kV_i^{\text{trgt}}$, 如果在将 $_kA_i$ 减小为零后超过了 $_kV_i^{\text{trgt}}$(第 16 行), 可以简单地将 $\min_k a_i^{\text{peak1}}$ 设置为 $_kA_i$ (第 17 行)。

在另一种情况下 (第 19—21 行), 仅计算 PosTri 加速度曲线就可求得 $_kV_i^{\text{trgt}}$, 在第 24—27 行中, 已经知道 $\left|\max_k a_i^{\text{peak2}}\right| \geqslant \left|\max_k a_i^{\text{peak1}}\right| \geqslant \left|\min_k a_i^{\text{peak1}}\right|$。因此, 可以通过设置第 26 行中所述的曲线, 将 $\min_k a_i^{\text{peak1}}$ 设置为 $_kA_i$ (第 24 行), 并根据 $\max_k a_i^{\text{peak2}}$ (第 27 行) 来计算 $\max_k a_i^{\text{peak1}}$。由于第 9 行和第 14 行, 所得的上限值 $\max_k a_i^{\text{peak1}}$ 不能大于 $_kA_i^{\max}$。

在执行算法 5.1 后, 可知步骤 2 加速度曲线的位置误差函数在从 $\min_k a_i^{\text{peak1}}$ 到 $\max_k a_i^{\text{peak1}}$ 的区间内是连续的, 并且其中恰好包含一个根。使用附录 A 中改进的 Anderson–Björck–King 方法来计算 $_ka_i^{\text{peak1}}$ 的期望值。Haschke 等 [108] 提出的类型 Ⅲ OTG 算法的实践经验说明数值不准确会导致不正确解。基于上述流程, 该算法可抵抗数值不稳定性, 这对于可靠使用是必不可少的。

因此, 在获得式 (5.29) 至式 (5.42) 中 14 个未知变量的第一个变量值后, 其他 13 个变量的计算很简单, 可以参见附录 C.2。附录 C.2 中还描述了确定一个选定的自由度 $k \in \{1, \cdots, K\}$ 的所有轨迹参数的方法:

$\forall l \in \{1, \cdots, 5\}$:

$$_k^l\boldsymbol{m}_i(t) = \left(_k^l p_i(t), {}_k^l v_i(t), {}_k^l a_i(t), {}_k^l j_i(t)\right) \tag{5.45}$$

$$_k^l\vartheta_i \in {}^l\mathcal{V}_i, \quad _k^l\vartheta_i = \left[_k^l t_i, {}_k^{l+1} t_i\right] \tag{5.46}$$

通过式 (5.45) 和式 (5.46), 参数化 $\mathcal{M}_i$ 的所有值, 因其值涉及自由度 k, 可记作 $_k\mathcal{M}_i$ [参见式 (3.9) 式 (3.10)]。

如果按照图 5.1 所示对所有选定的自由度执行此操作, 则可完整描述 T_i 时刻的轨迹 $\mathcal{M}_i$。

5.3.1.3　步骤 3

类型 Ⅳ OTG 算法的最后一步与 5.1.3 节中描述的完全一致, 可以计算出当前控制周期的输出值 $\boldsymbol{P}_{i+1}$、$\boldsymbol{V}_{i+1}$ 和 $\boldsymbol{A}_{i+1}$。这些值将用于后续的低层级控制。

5.3.1.4　步骤 2 PosTriZeroNegTri加速度曲线参数化实例

为了阐明先前介绍的多自由度系统在线轨迹规划的概念, 我们再次应用一个具体实例, 并解释一个平移自由度所有必需的步骤。以 4.2.1 节的实例作为基础, 并再

次使用相同的输入值 [参见式 (4.41)]:

$$
{}_1\boldsymbol{W}_0 \begin{cases} {}_1\boldsymbol{M}_0 \begin{cases} {}_1P_0 = -499 \text{ mm} \\ {}_1V_0 = -335 \text{ mm/s} \\ {}_1A_0 = 152 \text{ mm/s}^2 \end{cases} \\ {}_1\boldsymbol{M}_0^{\text{trgt}} \begin{cases} {}_1P_0^{\text{trgt}} = -90 \text{ mm} \\ {}_1V_0^{\text{trgt}} = -347 \text{ mm/s} \end{cases} \\ {}_1\boldsymbol{B}_0 \begin{cases} {}_1V_0^{\text{max}} = 985 \text{ mm/s} \\ {}_1A_0^{\text{max}} = 972 \text{ mm/s}^2 \\ {}_1J_0^{\text{max}} = 324 \text{ mm/s}^3 \end{cases} \\ {}_1S_0 = 1 \end{cases} \tag{5.47}
$$

在算法的第一步中, 需要计算最小执行时间 ${}_1t_i^{\text{min}}$, 而从式 (4.45) 中已经得知, 如果 ${}_1t_i^{\text{min}}$ 确定了 t_i^{sync}, 则最小执行时间必须为

$$
{}_1t_i^{\text{min}} = 5.795 \text{ s} \tag{5.48}
$$

在这种情况下, 第二步会为自由度 1 计算与图 4.7 中完全一致的轨迹。为解释第二步中的同步概念的用处, 假设另外一个选定的自由度需要一个更大的同步时间 t_i^{sync}。设该值 (随机选择的) 为

$$
t_i^{\text{sync}} = 6.795 \text{ s} \tag{5.49}
$$

也就是说, 需要多出一秒的时间, 才能使式 (5.47) 和式 (5.49) 成为图 5.8 中步骤 2 决策树的输入值。所得到的加速度曲线即为PosTriZeroNegTri曲线, 可以使用式 (5.29) 至式 (5.42) 来计算期望的轨迹参数。在变换为位置误差函数 ${}^{\text{PosTriZeroNegTri}}p_i^{\text{err2}}\left({}_1a_i^{\text{peak1}}\right)$ 后, 执行算法 5.1 来计算所需的 ${}_1a_i^{\text{peak1}}$ 的值的区间:

$$
{}_1^{\text{min}}a_0^{\text{peak1}} = 152.000 \text{ mm/s}^2, \quad {}_1^{\text{max}}a_0^{\text{peak1}} = 591.651 \text{ mm/s}^2 \tag{5.50}
$$

在应用附录 A 中改进的Anderson–Björck–King方法求位置误差函数的根时需要此区间。在图 5.11 中可以很清楚地看到此函数在计算出的区间内单调递增。求得的根为

$$
{}_1a_0^{\text{peak1}} = 459.259 \text{ mm/s}^2 \tag{5.51}
$$

确定了 14 个未知变量中的第一个变量 [参见式 (4.44) 和图 4.6]。与步骤 1 中一样, 接下来就可以按照附录 C.2 [式 (C.15) 至式 (C.27)] 中所述计算出剩余的 13 个未知变量:

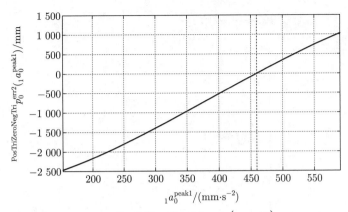

图 5.11　步骤 2 的位置误差函数 $^{\text{PosTriZeroNegTri}}p_0^{\text{err2}}\left({}_1a_0^{\text{peak1}}\right)$, 式 (5.47) 和式 (5.49) 为在 T_0 时刻的输入值, 且在区间 $[152.000\ \text{mm/s}^2, 591.651\ \text{mm/s}^2]$ 内

$$
\begin{array}{ll}
{}_1^2t_0 = 0.948\ \text{s}, & {}_1^3t_0 = 2.366\ \text{s} \\[4pt]
{}_1^4t_0 = 4.012\ \text{s}, & {}_1^5t_0 = 5.403\ \text{s} \\[4pt]
{}_1^2v_0 = -45.163\ \text{mm/s}, & {}_1^3v_0 = 280.328\ \text{mm/s} \\[4pt]
{}_1^4v_0 = 280.328\ \text{mm/s}, & {}_1^5v_0 = -33.336\ \text{mm/s} \\[4pt]
{}_1^2p_0 = -702.287\ \text{mm}, & {}_1^3p_0 = -458.722\ \text{mm} \\[4pt]
{}_1^4p_0 = 2.771\ \text{mm}, & {}_1^5p_0 = 247.356\ \text{mm} \\[6pt]
\multicolumn{2}{c}{{}_1a_0^{\text{peak2}} = -450.838\ \text{mm/s}^2}
\end{array}
\tag{5.52}
$$

　　作为最后一个子步骤, 最终的轨迹参数 $\mathcal{M}_i$ 通过应用式 (C.28) 至式 (C.52) 计算而得。到此, 计算出了所有多项式系数 ${}_k^l\boldsymbol{m}_i$ ($\forall l \in \{1, \cdots, 5\}$) 和所有相应的时间间隔 ${}_1^l\vartheta_i$ ($l \in \{1, \cdots, 5\}$)。通过绘制从 $T_0 = 0\ \text{ms}$ 到 $t_i^{\text{sync}} = 6\ 795\ \text{ms}$ 的多项式值, 得到图 5.12。

5.3.2　类型 IV–变体 B

　　从 5.2 节中已经获知, 从变体 A 到变体 B 的拓展十分简单。将图 4.8 中变体 B 的决策树应用到所有变体 A 的决策树上游。因此, 所有决策树和相应的方程组都能处理 $\boldsymbol{B}_i$ 中的变化元素, 如 4.2.2 节中的类型 IV–变体 B 的 OTG 算法所述。每个选定的自由度都有最多 Λ 个轨迹段被选中和参数化。这些轨迹段会在变体 A 加速度曲线之前被执行。因此, 可以预测, 每个自由度将在尽可能短的时间内回归到其约束中, 并且在此之后, 变体 A 加速度曲线将确保所有选定的自由度同步到达 $\boldsymbol{M}_i^{\text{trgt}}$。

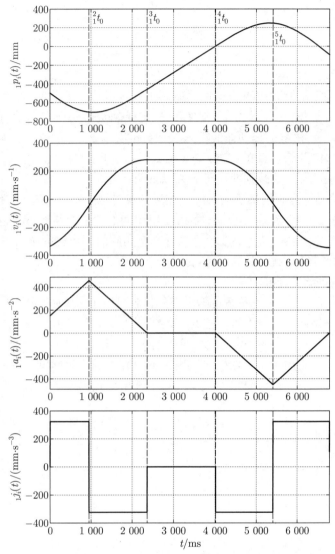

图 5.12 对于式 (5.47) 和式 (5.49) 给定的输入值, 自由度 1 的所得轨迹
($i \in \{0, \cdots, 6\ 795\}$, 虚线段表示式 (5.52) 中计算的时间 ${}_1^2 t_0$、${}_1^3 t_0$、${}_1^4 t_0$ 和 ${}_1^5 t_0$)

5.4 小结与说明

本章介绍了多自由度系统的变体 A 和变体 B OTG 算法。在对 5.1 节中三个必需的算法步骤进行一般描述之后, 以类型 IV–变体 A 算法为例, 以更具体的方式解释了必要的细节。变体 B 满足 3.3 节中引入的所有四个准则。由于这四个准则是 OTG 算法的基本特征, 因此简要总结本章与 3.3 节的四个准则的相互关系如下。

(1) 时间最优准则。在为所有选定的自由度计算了最小执行时间和所有无响应时间间隔后, 在步骤 1 中选择了最小同步时间, 也就是说, 在此时间 t_i^{sync} 之前不可能达到目标运动状态 $\boldsymbol{M}_i^{\mathrm{trgt}}$。

步骤 1 满足此标准。

(2) 时间同步准则。该算法的步骤 2 确保所有选定的自由度在同步时间精确地达到其目标运动状态。

步骤 2 满足此标准。

(3) 运动约束准则。对于当前运动值超出其各自边界的情况, 或不可避免地会在将来某个时刻超出其各自边界, 则使用变体 B 轨迹段将所有运动值引导回归其边界内。之后, 变体 A 的运动曲线可确保不会再次超出这些边界。

由于变体 A 和变体 B 的分离, 这个准则得以满足。

(4) 一致性准则。该准则的满足分为以下两部分。

① 我们总是计算时间最优的轨迹。如果计算 T_i 时刻的轨迹, 步骤 1 获得了时间最优轨迹的某个同步时间 t_i^{sync}。如果使用相同的输入值执行该算法, 即 $\boldsymbol{M}_{i+1}$、$\boldsymbol{M}_i^{\mathrm{trgt}}$、$\boldsymbol{B}_i$ 和 $\boldsymbol{S}_i$, 则在 T_{i+1} 时刻, 将获得完全相同的同步时间 $t_{i+1}^{\mathrm{sync}} = t_i^{\mathrm{sync}}$, 因为再次计算了时间最优轨迹 [参见式 (5.23)]。

步骤 1 满足此部分准则。

② 在一维情况下, 很明显满足第一个条件就足够了, 因为在最小执行时间 t_i^{min} 的情况下, 轨迹始终只有一个解。但在多维情况下, 所有自由度 $k \in \{1, \cdots, K\}$ 必须在大于 $_k t_i^{\mathrm{min}}$ 的时刻完成运动, 主要可以通过无限个可能的轨迹达到 $_k \boldsymbol{M}_i^{\mathrm{trgt}}$。为了解决这个问题, 考虑了一定的轨迹准则来解决额外的优化问题。因此, 步骤 2 的同步过程将准确地进行计算, 也就是说, 对于任何给定的输入参数, 都可以精确地计算出一条轨迹。

由于式 (5.9) 至式 (5.11) 的优化功能, 满足了此部分准则。

以下为本章中最重要的三个科学见解。

1. 无响应的时间间隔

根据 OTG 算法的类型, 每个选定的自由度 $k \in \{1, \cdots, K\}$ 最多可具有 $Z = \alpha - 2\beta - 1$ 个无响应时间间隔, 在该时间间隔内无法达到其目标运动状态 $_k \boldsymbol{M}_i^{\mathrm{trgt}}$[参见式 (5.2)]。

2. 式 (5.18) 和式 (5.19)

$$\bigcup_{s=1}^{S} {}^s\mathcal{D}_{\mathrm{Step2}} = \left(\mathbb{R}^{\alpha+1}\right) \backslash \mathcal{H}$$

$$\mathcal{S} = \bigcup_{s=1}^{S} \{{}^s\mathcal{D}_{\mathrm{Step2}} \cap {}^u\mathcal{D}_{\mathrm{Step2}}, \quad \forall u \in \{1, \cdots, S\} \mid u \neq s\}$$

无响应时间间隔会导致轨迹同步算法 [式 (5.18)] 的输入域空间中出现孔洞 $\mathcal{H}$, 这些孔洞 $\mathcal{H}$ 以及步骤 2 的运动曲线的方程组的输入域在 $\alpha + 1$ 维空间中以 α 维超平面 $\mathcal{S}$ 为边界 [式 (5.19)]。

3. 决策树

OTG 算法需要 $2Z + 2 = 2\alpha - 4\beta$ 个决策树: 1 个决策树用于计算每个选定自由度 $k \in \{1, \cdots, K\}$ 的最小执行时间; $2Z$ 个决策树用于计算最多 Z 个无响应时间间隔, 其中也包括 $\mathcal{H}$; 1 个决策树用于计算同步轨迹。所有决策树一起描述 $\mathcal{S}$ [参见式 (5.19)]。

　　本章介绍的指令变量生成算法概念可应用于各种机器人应用中。此外, 在混合切换系统控制领域中的新架构概念也成为可能。这两个方面都将在第 7 章中进行讨论。而第 8 章将展示实例和有趣的结果。但在此之前, 第 6 章将介绍在线轨迹规划器中的一种特殊情况: 直线轨迹。

第 6 章　位似同构轨迹的在线规划

上一章中提出的算法构成了本书的核心, 并将在本章中稍作扩展。在这里, 我们考虑一种在实践中会出现的特殊情况: 在线生成位似同构轨迹。这些轨迹是多维空间中的一维直线, 并且与机器人技术中的所有直线运动操作有关。为了实现此附加功能, 由 OTG 算法生成的轨迹不仅必须是时间同步的, 还必须是相位同步的。在 6.1 节的问题描述之后, 6.2 节中将介绍为适应这种新需求而对通用 OTG 算法进行的改进。

6.1　问题描述

由第 5 章可知, 原则上可以满足时间同步准则的可能轨迹有无限多个。基于式 (5.9) 至式 (5.11) 所示的简单优化函数, 我们能够确定唯一且一致的时间同步概念 (步骤 2)。当然, 使用所提出的优化函数并不是唯一的选择, 还可以应用其他优化标准, 下面定义了一种让算法产生直线 (位似同构) 轨迹的特殊方法。

Kostrikin、Manin 和 Alferieff 的著作 [134] 中对位似同构变换做了很好的介绍, Khalil 和 Dombre[126] 将其应用于机器人的轨迹生成上。为在 K 维空间中生成位似同构轨迹, 可以取任意自由度 $\kappa \in \{1, \cdots, K\}$ 为参考自由度, 并设计轨迹参数以满足下列条件:

$\forall (k, l) \in \{1, \cdots, K\} \times \{1, \cdots, L\}$:

$$_k^l v_i(t) = {}_k\rho_{i_\kappa}^l v_i(t), \quad t \in {}_k^l \vartheta_i \tag{6.1}$$

这意味着也满足:

$\forall (k, l) \in \{1, \cdots, K\} \times \{1, \cdots, L\}$:

$$\begin{cases} _k^l a_i(t) = {}_k\rho_{i_\kappa}^l a_i(t) \\ _k^l j_i(t) = {}_k\rho_{i_\kappa}^l j_i(t), \quad t \in {}_k^l \vartheta_i \\ _k^l d_i(t) = {}_k\rho_{i_\kappa}^l d_i(t) \end{cases} \tag{6.2}$$

参考自由度 k 与其他自由度 $\{1,\cdots,K\}\backslash\{\kappa\}$ 之间的比例由一个常数向量定义:

$$\boldsymbol{\rho}_i = ({}_1\rho_i,\cdots,{}_k\rho_i,\cdots,{}_K\rho_i)^{\mathrm{T}}, \quad {}_\kappa\rho_i = 1 \tag{6.3}$$

通常来说, 位似同构轨迹是如式 (6.1) 至式 (6.3) 所述生成的: 一个标量函数确定了一个参考自由度的速度, 而其他自由度的运动可通过 $\boldsymbol{\rho}_i$ 计算得到[126]。

上一章中提出的 OTG 算法不允许生成位似同构轨迹, 这点非常关键。图 6.1 展示了一个简单的二自由度点对点运动, 其初始位置和目标位置的速度均为零:

$$\boldsymbol{P}_0 = \begin{pmatrix} 50 \\ 50 \end{pmatrix} \text{mm}, \quad \boldsymbol{P}_0^{\mathrm{trgt}} = \begin{pmatrix} 800 \\ 300 \end{pmatrix} \text{mm} \tag{6.4}$$

我们可以很清楚地分辨相位同步 (位似同构) 轨迹、时间同步轨迹 (参见第 5 章) 以及无同步的轨迹。边界值 $\boldsymbol{B}_i$ 的元素为

$$\boldsymbol{V}_0^{\max} = \begin{pmatrix} 80 \\ 80 \end{pmatrix} \text{mm/s}, \quad \boldsymbol{A}_0^{\max} = \begin{pmatrix} 250 \\ 250 \end{pmatrix} \text{mm/s}^2, \quad \boldsymbol{J}_0^{\max} = \begin{pmatrix} 400 \\ 400 \end{pmatrix} \text{mm/s}^3$$
$$\tag{6.5}$$

其对于两个自由度是相同的, 因此不同步运动以相对于参考坐标系 45° 的角度出发。时间同步运动从 $\boldsymbol{P}_0$ 出发并在相对于参考坐标系 45° 的 $\boldsymbol{P}_0^{\mathrm{trgt}}$ 结束。为在线生成相位同步 (位似同构) 的轨迹, 我们需要计算内部参数向量 $\boldsymbol{\rho}_i$ [式 (6.1) 至式 (6.3)] 并将边界参数 $\boldsymbol{B}_i$ 调整为 $\boldsymbol{B}_i'$。下一节中将解释是否能以及如何把给出的边界参数 $\boldsymbol{B}_i$ 调整为 $\boldsymbol{B}_i'$, 以实现多维空间中的直线轨迹。

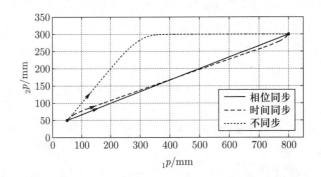

图 6.1　一个简单点对点运动的 XY 图: 相位同步、时间同步和不同步

6.2　算法

这里, 将对现有通用 OTG 算法进行扩展, 其输入和输出如图 3.3 所示。OTG 算法的任务是在考虑到边界值 $\boldsymbol{B}_i$ 的同时, 以最优时间从现有运动状态 $\boldsymbol{M}_i$ 转移到目标运动状态 $\boldsymbol{M}_i^{\mathrm{trgt}}$。与这种一般情况相反, 位似同构轨迹无法从任意运动状态生成。位似同构轨迹的基础要求是向量 $\boldsymbol{V}_i$、$\boldsymbol{A}_i$、$\boldsymbol{J}_i$、$\boldsymbol{V}_i^{\mathrm{trgt}}$、$\boldsymbol{A}_i^{\mathrm{trgt}}$、$\boldsymbol{J}_i^{\mathrm{trgt}}$ 以及 $\boldsymbol{P}_i^{\mathrm{trgt}} - \boldsymbol{P}_i$

是共线的[①]。

6.2.1 条件 1

$\exists \boldsymbol{\gamma} = (\gamma_1, \cdots, \gamma_{\alpha-\beta-2}) \in \mathbb{R}^{\alpha-\beta-2}$, 即对于类型 IX OTG 算法:

$$\boldsymbol{P}_i^{\text{trgt}} - \boldsymbol{P}_i = \gamma_1 \boldsymbol{V}_i = \gamma_2 \boldsymbol{V}_i^{\text{trgt}} = \gamma_3 \boldsymbol{A}_i = \gamma_4 \boldsymbol{A}_i^{\text{trgt}} = \gamma_5 \boldsymbol{J}_i = \gamma_6 \boldsymbol{J}_i^{\text{trgt}} \tag{6.6}$$

与表 3.1 相对应, $1 \leqslant \alpha - \beta - 2 \leqslant 6$ 成立。如果输入值满足式 (6.6) 的条件, 则需要选择一个参考自由度 κ, 在接下来的步骤中使用它来调整 $\boldsymbol{B}_i$ 的元素。为了维持 (运动学) 时间最优的特征, 首先计算所有选定自由度的执行时间:

$$\boldsymbol{t}_i^{\min} = \left({}_1 t_i^{\min}, \cdots, {}_k t_i^{\min}, \cdots, {}_K t_i^{\min}\right)^{\text{T}} \tag{6.7}$$

以及相应的运动曲线:

$$\boldsymbol{\Psi}_i^{\text{Step1}} = \left({}_1 \boldsymbol{\Psi}_i^{\text{Step1}}, \cdots, {}_k \boldsymbol{\Psi}_i^{\text{Step1}}, \cdots, {}_K \boldsymbol{\Psi}_i^{\text{Step1}}\right)^{\text{T}} \tag{6.8}$$

式中, ${}_k \boldsymbol{\Psi}_i^{\text{Step1}} \in \mathcal{P}_{\text{Step1}}, \forall k \in \{1, \cdots, K\}$。

图 6.2 展示了位似同构轨迹的 OTG 算法的通用 Nassi–Shneiderman 结构图。基于式 (6.7), 可以找到 $\boldsymbol{t}_i^{\min}$ 的最大元素, 将其定义为 ${}_\kappa t_i^{\min}$:

$$ {}_\kappa t_i^{\min} = \max \left\{ {}_1 t_i^{\min}, \cdots, {}_K t_i^{\min} \right\} \tag{6.9}$$

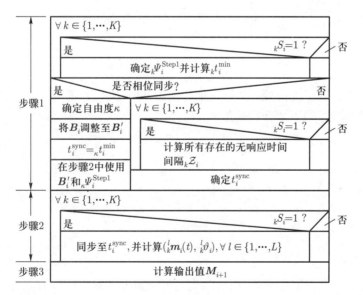

图 6.2　位似同构轨迹的 OTG 算法的通用 Nassi–Shneiderman 结构图 (参见图 5.1)

[①] 对于类型 I—II OTG 算法, $\boldsymbol{A}_i$、$\boldsymbol{A}_i^{\text{trgt}}$ 和 $\boldsymbol{J}_i^{\text{trgt}}$ 不相关; 对于类型 III—V OTG 算法, $\boldsymbol{J}_i$ 和 $\boldsymbol{J}_i^{\text{trgt}}$ 不相关。因为它们没有被这些算法考虑。

如果可以进行相位同步, κ 就会成为当前轨迹的参考自由度 [参见式 (6.1) 至式 (6.3)], 并且同步时间 t_i^{sync} 会被设为 $_\kappa t_i^{\text{min}}$:

$$t_i^{\text{sync}} = {}_\kappa t_i^{\text{min}} \tag{6.10}$$

除满足式 (6.6) 的第一个要求之外, $\boldsymbol{B}_i$ 的单向量也需要与式 (6.6) 的向量共线:

$$\exists \boldsymbol{\delta} = (\delta_1, \cdots, \delta_\beta) \in \mathbb{R}^\beta \tag{6.11}$$

即对于类型 VI—IX OTG 算法 ($\beta = 4$) 有

$\forall k \in \{1, \cdots, K\}$:

$$\left| {}_k P_i^{\text{trgt}} - {}_k P_i \right| = \delta_1 \quad {}_k V_i^{\text{max}} = \delta_2 \quad {}_k A_i^{\text{max}} = \delta_3 \quad {}_k J_i^{\text{max}} = \delta_4 \quad {}_k D_i^{\text{max}} \tag{6.12}$$

因为通常不满足这个条件, 所以需要将 $\boldsymbol{B}_i$ 转化为 $\boldsymbol{B}_i'$, 或者更准确地说, 转化 $\boldsymbol{B}_i$ 内除参考自由度 κ 以外的所有元素。这分两个步骤完成。首先计算向量 $\boldsymbol{\rho}_i$:

$$\boldsymbol{\rho}_i = \frac{\boldsymbol{P}_i^{\text{trgt}} - \boldsymbol{P}_i}{\left| {}_\kappa P_i^{\text{trgt}} - {}_\kappa P_i \right|} \tag{6.13}$$

其中第 κ 个元素 $_\kappa \rho_i$ 为 1。接下来可以通过下式计算转化后的 $\boldsymbol{B}_i'$ 的元素:

$\forall k \in \{1, \cdots, K\}$:

$$\begin{aligned}
{}_k V_i^{\text{max}'} = {}_k \rho_i \; {}_\kappa V_i^{\text{max}}, \quad {}_k J_i^{\text{max}'} = {}_k \rho_i \; {}_\kappa J_i^{\text{max}}, \\
{}_k A_i^{\text{max}'} = {}_k \rho_i \; {}_\kappa A_i^{\text{max}}, \quad {}_k D_i^{\text{max}'} = {}_k \rho_i \; {}_\kappa D_i^{\text{max}}
\end{aligned} \tag{6.14}$$

$$\boldsymbol{B}_i' = \left(\boldsymbol{V}_i^{\text{max}'}, \boldsymbol{A}_i^{\text{max}'}, \boldsymbol{J}_i^{\text{max}'}, \boldsymbol{D}_i^{\text{max}'} \right) \tag{6.15}$$

这样就满足了式 (6.12) 的要求。为避免超出边界值 $\boldsymbol{B}_i$, $\boldsymbol{B}_i'$ 的元素必须小于或等于 $\boldsymbol{B}_i$ 中的原始元素, 即下面介绍的条件 2。

6.2.2 条件 2

$\forall k \in \{1, \cdots, K\}$:

$$\begin{aligned}
({}_k V_i^{\text{max}'} \leqslant {}_k V_i^{\text{max}}) \wedge ({}_k J_i^{\text{max}'} \leqslant {}_k J_i^{\text{max}}) \wedge \\
({}_k A_i^{\text{max}'} \leqslant {}_k A_i^{\text{max}}) \wedge ({}_k D_i^{\text{max}'} \leqslant {}_k D_i^{\text{max}})
\end{aligned} \tag{6.16}$$

如果这一条件也能被满足, 则必须满足另一条件才能生成位似同构轨迹。所有选定的自由度必须通过参考自由度的运动曲线 $_\kappa \varPsi_i^{\text{Step1}}$ 来确定, 以满足式 (6.1) 和式 (6.2)。从第 4 章和第 5 章中我们知道可以利用 $_\kappa \varPsi_i^{\text{Step1}}$ 为每个选定的自由度建立一个方程组。但在此处, 与 $\boldsymbol{M}_i$、$\boldsymbol{M}_i^{\text{trgt}}$ 和 $\boldsymbol{S}_i$ 一起使用的是 $\boldsymbol{B}_i'$, 而不是 $\boldsymbol{B}_i$。方程组的解包含了选定自由度 k 的执行时间 $_k t_i^{\min'}$。因为应用的是 $\boldsymbol{B}_i'$ 和 $_\kappa \varPsi_i^{\text{Step1}}$，所以除 κ 以外的所有自由度的执行时间都会与 $_k t_i^{\min}$ 不同：

$$_k t_i^{\min'} \geqslant {}_k t_i^{\min}, \quad \forall k \in \{1, \cdots, K\} \backslash \{\kappa\} \tag{6.17}$$

$$_\kappa t_i^{\min'} = {}_\kappa t_i^{\min} \tag{6.18}$$

可能会出现有一个或者多个自由度没有可行解的情况，因为其曲线 $_\kappa \varPsi_i^{\text{Step1}}$ 的方程组没有可行解。在这种情况下，曲线 $_\kappa \varPsi_i^{\text{Step1}}$ 无法将 $\boldsymbol{M}_i$ 转移到 $\boldsymbol{M}_i^{\text{trgt}}$，且位似同构性也不成立。为生成一个位似同构轨迹，所有选定的自由度都需要同步抵达其目标运动状态，即下面介绍的条件 3。

6.2.3 条件 3

最后必须满足：

$$_k t_i^{\min'} = {}_\kappa t_i^{\min}, \quad \forall k \in \{1, \cdots, K\} \tag{6.19}$$

式 (6.19) 仅作为理论指导。因为存在数值误差，在实践中必须应用

$$\left| _k t_i^{\min'} - {}_\kappa t_i^{\min} \right| \leqslant T^{\text{cycle}}, \quad \forall k \in \{1, \cdots, K\} \tag{6.20}$$

式中，T^{cycle} 为周期时间，即 OTG 算法执行的时间间隔。

综上所述，生成位似同构轨迹必须满足条件 1、2 和 3 [式 (6.6)、式 (6.16) 和式 (6.20)]。在图 6.2 中，这一检查是在方块框图 "是否相位同步？" 中执行的。即在可行时 OTG 会生成位似同构轨迹 (左枝)，否则只生成时间同步轨迹 (右枝)。在位似同构的情况下，步骤 2 中将曲线 $_\kappa \varPsi_i^{\text{Step1}}$ 和调整过的边界值 $\boldsymbol{B}_i'$ 应用到所有自由度上，以计算在 T_i 时刻的位似同构轨迹参数 $\mathcal{M}_i(t)$。

本章介绍了对第 5 章中通用 OTG 算法的改进，从而能够在多维空间中在线地生成直线轨迹，即保留了对于此类轨迹的对不可预见的突然的设定点切换做出瞬时反应的可能性。改进后的算法与前一章的 OTG 算法一样可以在线应用，且满足 3.3 节中的 4 个准则。具体的实验结果将在 8.3 节中介绍。

第 7 章　机器人系统的混合切换系统控制

回顾前三章中所介绍的在线轨迹规划 (OTG) 的概念, 本章将其适用范围扩展至机器人控制领域, 用以提出一种混合切换系统。该系统允许多传感器集成, 尤其是可以执行传感器引导的及传感器保护的机器人运动指令。

7.1　混合切换系统控制

由连续动力学与离散动力学之间的相互作用来描述的动力学系统通常被称为混合系统 [163]。在 2.4.3 节中已简要地概述了混合切换系统。图 2.3 所示即为一个单自由度系统的混合切换系统。图 7.1 对其进行了扩展, 使其适用于机器人运动控制, 图中选取工业实践中常见的机械臂作为研究对象。之所以选择此类串联运动设备来演示 OTG 算法的应用, 一是因为作者的实验环境皆基于此类机器人系统, 二是因为其可覆盖现有大多数的机器人。对于其他运动结构以至单自由度系统, 本章所表述的理念也同样适用, 甚至稍作修改还可应用于以力矩反馈阻抗控制 [149] 著称的 DLR 轻量化机器臂 [8,112] 等超先进系统。

图 7.1 中假设标准工业机械臂具有如下标准硬件配置: 左下角为配备位置传感器 (编码器或旋转变压器) 的机器人系统, 其每一自由度均与伺服驱动控制器相连, 图中简要描述了该驱动控制器的控制结构 [160]。配置的另一组件为实时计算系统, 该系统与伺服驱动控制器通过相关接口进行交互, 如 Sercos III[TM][231]、Ether-CAT[TM][74] 或者运动控制板的模拟接口等。关节空间的控制采用的也是经典的控制概念。关于上述控制方案的细节可参阅文献 [55, 127, 135, 246, 278]。

图 7.1 中上部的各功能模块均属于软件范畴, 其中两处应用了类型 IV OTG 算法。类型 IV OTG 算法在此切换系统中提供了以下两种功能。

1. OTG 作为切换系统的开环位姿控制子模块

开环位姿控制器应用了类型 IV OTG 算法, 具有同图 3.3 所示相同的输入与输出。这里假定机器人配置有力/力矩传感器、视觉系统及距离传感器。针对该传感器系统, 在任务空间中采用三个闭环控制器来实现传感器引导下的运动控制。各闭环控制器均有其所专属的传递函数, 而不受其所控的所有自由度则由 OTG 算法引导。开环速度控制器模块将在 7.3 节中介绍。因此, 针对当前所要执行的任务, 需要一个特定的监管切换单元来为各自由度选择控制器以保证其稳定性。该监管切换单元由自适应选择矩阵来实现, 这部分内容将作为操作原语框架的一部分在 7.2 节中着重介绍。一旦各自由度选定了具体控制器, 即可求出笛卡儿空间下新的运动状态 $(\boldsymbol{p}, \dot{\boldsymbol{p}}, \ddot{\boldsymbol{p}})$, 其中 $\boldsymbol{p} = ({}_{x}p, {}_{y}p, {}_{z}p, {}_{\textcircled{a}}p, {}_{\textcircled{b}}p, {}_{\textcircled{c}}p)^{\mathrm{T}}$, $({}_{x}p, {}_{y}p, {}_{z}p)$ 和 $({}_{\textcircled{a}}p, {}_{\textcircled{b}}p, {}_{\textcircled{c}}p)$ 分别为笛卡儿空间下的位置与姿态, 转换至关节空间后, $(\boldsymbol{q}, \dot{\boldsymbol{q}}, \ddot{\boldsymbol{q}})$ 将作为下一级控制的指令值。

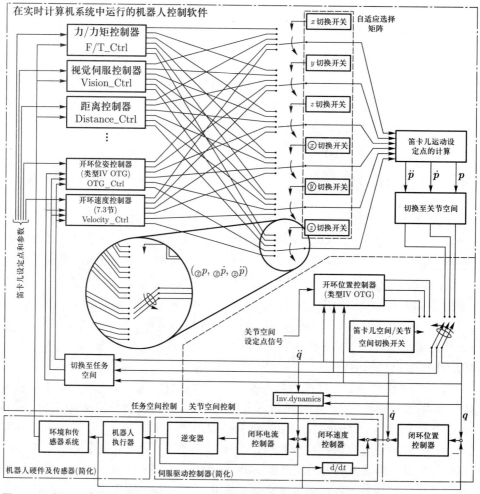

图 7.1 基于混合切换系统的机器人控制架构原理 (第 5 章与第 6 章所述 OTG 算法作为其中的子模块, 此外, 其还用作驱动空间的指令值生成器)

这种任务级控制是使传感器引导的与传感器保护的机器人运动得以执行的基本结构。此时, 可以在任意时刻 (比如传感器相关的) 切换各自由度的控制方式。尤其可以不限时间点地从传感器引导的机器人运动控制切换至轨迹跟踪控制, 这就使得执行传感器保护的运动成为可能 (参见定义 1.1)。其另一个新特性是还提供了参考坐标系任意变换的可能性, 即允许按控制周期来改变参考坐标系的位姿。

2. OTG 作为驱动 (关节) 空间的指令生成器

图 7.1 中第二个 OTG 算法的实例仅限用于串联运动设备的控制, 并联或混合运动设备需采用不同的架构。该实例允许在选定的任意时刻及任意运动状态下将控制从任务空间切换至关节空间。此外, OTG 不仅提供了上述重要特性, 还具有其他一些典型优点:

(1) 当出现不可预见的传感器事件 (比如传感器临近测量范围极限, 或人员进入工作空间, 又或随意地更改任务参数) 时, 可以实现任务空间运动期望或非期望的即时中止, 并切换至关节空间安全、连续地运动。

(2) 可以在传感器失灵时实现任务空间 (传感器引导下) 运动即时的安全中止。

(3) 可以在传感器相关的系统状态下中止任务空间中的某一高性能运动, 并立即切换为在关节空间中继续运动 (不必停止, 也无需连续的运动路径)。

(4) 当传感器引导的运动接近奇异点时, 可以中断笛卡儿运动并安全地切换为在关节空间中继续运动。

无论是在笛卡儿空间内从一个控制器切换至另一个, 还是从笛卡儿空间控制切换至关节空间控制 (反之亦然), 这些切换在任务规格、编程及系统稳定性方面都发挥着基础性作用。为了进一步讨论, 7.2 节将简要介绍操作原语框架。

注 7.1 两个 OTG 实例均可被视为经典过渡窗技术的特例, 该技术常用于连续路径的运动规划 [98,168,205,222,256], 这里 OTG 算法的特殊性在于两个运动段间过渡窗的大小为零。

注 7.2 在早前工作 [85,88,140–142] 中, 仅在实验室环境下采用类型 I OTG 算法实现了上述两个切换特性。类型 I 的性能可理解为驾驶汽车时, 要么全油门, 要么全制动, 或者不踩刹车, 又或不踩油门, 所产生的矩形加速度信号将导致机械部件的高损耗并激发自然振动, 使得机器人系统 (及汽车) 的使用寿命大大减少。本书从实用性出发提出了另一些算法, 尤其是图 7.1 所示的类型 IV OTG 算法具有明显的实用可行性。

7.2 操作原语框架

下述机器人运动控制与机器人运动规范的框架是由 Finkemeyer[85] 于 2004 年提出的, 本节的内容也是基于他的理念、方法与实验, 笔者在此向他致以崇高的敬意。为了论证多传感器集成以及传感器引导的和传感器保护的机器人运动指令执行的可行性, 尤其为了获得可行性的结论, 我们将简要重复此框架中的部分组件以进一步解释图 7.1 中切换的工作原理。①

---

① 请注意, 本章使用了不同的符号, 其含义请参见 "缩略词和符号" 中的详细描述。

操作原语的概念源于 Mason[176]、De Schutter 等 [227-228] 和 Bruyninckx[39-40] 的研究成果。如 2.4.3 节中综述所示，很多研究机构已致力于这项工作的研究。Mosemann 和 Wahl[187-188] 发表了有关这一概念的文献，他们在机器人装配任务中首次使用了技术原语的概念。Finkemeyer 与本书作者 [88,137-139] 在此背景下着重于控制层面并引入了"操作原语 (manipulation primitive, MP)"这一术语。Milighetti 和 Kuntze[182-184] 进一步扩展了 MP 的概念，使控制系统能够在任务执行过程中做出某种基于模糊和/或概率的切换决策。Thomas 等 [259,261] 将 MP 的概念应用于机器人装配任务中，而 Maaß 等 [172-173] 和 Reisinger[220] 又对其进行了变换以适用于并联运动设备。

7.2.1 节、7.2.2 节将介绍 MP 以及混合切换系统控制方案中必要的底层细节。相较于文献 [85]，这里的控制方案有所调整。虽然 MP 的原概念仅能基于位姿或位置工作，会导致非最优的轨迹跟踪行为和非最优的动态特性，但在状态空间中依然采用了相似算法。

7.2.1　操作原语作为混合切换系统的接口

本节将介绍作为混合切换系统的接口的 MP，同时给出其定义形式，这对于下一节中解释 MP 参数是如何一一映射至混合切换系统控制方案中是至关重要的。

在 T_i 时刻，MP 可定义为三元组的形式：

$$\mathcal{MP}_i := \{\mathcal{HM}_i, \tau_i, \lambda_i\} \tag{7.1}$$

式中，$\mathcal{HM}_i$ 为所定义的混合运动；τ_i 为工具指令；λ_i 为停止条件，用于表示 MP 的结束信号。工具指令 τ_i 暂不在本书讨论范围[①]，现就其他两项详述如下。

7.2.1.1　混合运动 $\mathcal{HM}_i$

$\mathcal{HM}_i$ 从任务坐标系形式的意义上定义了混合运动[40]。在经典场景中，运动指令基于任务坐标系给出，并由表征柔性坐标系的六维向量确定[176]。然而，当考虑多传感器时，该向量并不能充分地实现对传感器引导的机器人运动指令的参数化。

例 7.1　当从自由空间转换到某一接触状态时，需要从一个控制器 (如前馈轨迹跟踪控制器) 切换到另一个合适的且任务相关的控制器 (如力/力矩控制器)，这要求在检测到接触的瞬时，从当前控制周期到下一周期的过程内实时地完成，因此该切换过程只能在低控制层内实现 (参见文献 [31][163])。反之亦然，即当从接触性作业的力/力矩控制切换至轨迹跟踪控制时，应满足同样的要求。因此，低控制层应该负责对一系列连续工作的离散控制器进行离散地切换，用户及用户层无须关心，而混合运动指令 $\mathcal{HM}_i$ 就是在低控制层内可自由指定控制行为的对外接口。

此外，这可由 Brogliato[37] 和 Reisinger[220] 提出的接触过渡控制器轻松实现，如图 7.2 所示。

---

① 详见文献 [85][88]。

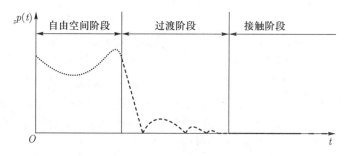

图 7.2　建立外界接触的三个阶段 [37,220] **(见例 7.1)**

为了明确且普适地指定运动指令以满足不同类型、不同数量的传感器, 定义 T_i 时刻的混合运动指令 $\mathcal{HM}_i$ 为

$$\mathcal{HM}_i := \{\mathcal{TF}_i, \mathcal{D}_i\} \tag{7.2}$$

式中,

$$\mathcal{TF}_i := \{\boldsymbol{\theta}_i, \mathrm{RF}_i, \mathrm{ANC}_i, \mathrm{FFC}_i\} \tag{7.3}$$

$$\boldsymbol{\theta}_i = (_x\theta_i, \,_y\theta_i, \,_z\theta_i, \,_{\text{ⓧ}}\theta_i, \,_{\text{ⓨ}}\theta_i, \,_{\text{ⓩ}}\theta_i)^{\mathrm{T}} \in \mathbb{R}^6 \tag{7.4}$$

$$\mathrm{RF}_i, \mathrm{ANC}_i \in \{\mathrm{HF}, \mathrm{WF}, \mathrm{BF}, \mathrm{EF}\} \tag{7.5}$$

$$\mathrm{FFC}_i \in \{\mathrm{WF}, \mathrm{BF}, \mathrm{EF}\} \tag{7.6}$$

$$\mathcal{D}_i := \{_k^l D_i^c = \{_k^l \Psi_i^c, \,_k^l \Phi_i^c\} \mid (k, l, c) \in (\mathcal{K} \times \mathcal{L} \times \mathcal{C}) \wedge$$
$$\forall c \in \mathcal{C}, \exists (w, j) \in \mathcal{K} \times \mathcal{L}\} \tag{7.7}$$

$$\mathcal{K} := \{x, y, z, \text{ⓧ}, \text{ⓨ}, \text{ⓩ}\} \tag{7.8}$$

$$\mathcal{L} := \{0, \cdots, m-1\} \tag{7.9}$$

$$\mathcal{C} := \{0, \cdots, m-1\}$$
$$= \{\mathrm{OTG\_Ctrl}, \mathrm{Velocity\_Ctrl}, \mathrm{F/T\_Ctrl}, \mathrm{Vision\_Ctrl}, \cdots\} \tag{7.10}$$

下面将对式 (7.2) 至式 (7.10) 进行探讨。式 (7.2) 中 $\mathcal{HM}_i$ 是相对于任务坐标系 $\mathcal{TF}_i$ 中一组设定点集 $\mathcal{D}_i$ 所指定的混合运动指令。这里将依次介绍并解释任务坐标系的定义 [式 (7.3) 至式 (7.6)] 与 $\mathcal{D}_i$ 的详细信息 [式 (7.7) 至式 (7.10)]。

1. 相对于不同参考坐标系与锚坐标系的任务坐标系的定义

图 7.3 展示了本书背景下所有相关坐标系的分布情况, 在 T_i $(i \in \mathbb{Z})$ 时刻, 属于各坐标系下的运动状态为

$$^A\boldsymbol{M}_i^B = \left(^A\boldsymbol{P}_i^B, \,^A\boldsymbol{V}_i^B, \,^A\boldsymbol{A}_i^B\right) \tag{7.11}$$

即坐标系 B 相对于坐标系 A 的运动。假定工作单元配备有 n 个不同的传感器, 其中 $\tilde{n}$ 个安装于机器人世界坐标系 (world frame, WF) 中、$\hat{n} - \tilde{n}$ 个安装于机器人

手坐标系 (hand frame, HF) 中、$n - \hat{n}$ 个安装于一些外部坐标系 (external frame, EF) 中[①]。若传感器系统固连于某一系统, 则其相对应的运动状态仅包含位姿值及两个零向量。如果机器人固定在其工作单元中, 那么对于所有 $i \in \mathbb{Z}$, $^{\mathrm{WF}}\boldsymbol{M}_i^{\mathrm{BF}}$ 的速度向量与加速度向量也为零向量。所有坐标系的运动状态在每个控制周期都会更新, 由图 7.1 所示的混合切换系统计算机器人基坐标系 (base frame, BF) 相对于机器人手坐标系 (HF) 的新的运动状态 $^{\mathrm{BF}}\boldsymbol{M}_i^{\mathrm{HF}}$, 再通过逆向运动学公式和雅可比逆矩阵或其伪逆矩阵即可将该运动状态转换至关节空间。

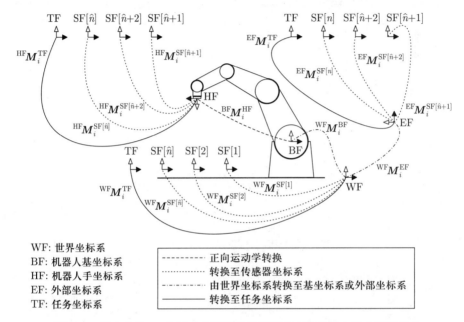

图 7.3 符合文献 [88] 运动方法规范的机器人工作单元中的坐标系分布

式 (7.3) 指定的 T_i 时刻的任务坐标系 $\mathcal{TF}_i$ 可由锚坐标系 (ANC_i) 锚定于机器人的手坐标系 (HF)、世界坐标系 (WF)、外部坐标系 (EF) 中。在单一 MP 执行过程中, $^{\mathrm{ANC}}\boldsymbol{P}_i^{\mathrm{TF}}$ 将保持不变, 向量 $\boldsymbol{\theta}_i$ [式 (7.3)] 决定了单一 MP 执行开始时任务坐标系相对于参考坐标系 RF_i 的位置 $(_x\theta_i, {}_y\theta_i, {}_z\theta_i)$ 与姿态 $(_\circledR\theta_i, {}_\circledP\theta_i, {}_\circledY\theta_i)$, 其中, RF_i 可从系统已知的一系列坐标系中选取 [式 (7.5)]。各坐标系的位姿、速度和加速度在每个控制周期 T^{cycle} 中更新。坐标系 ANC_i 起锚定作用, 使任务坐标系可刚性连接于工作单元中的另一坐标系。当考虑移动式机械臂系统时, 坐标系 FFC_i [式 (7.3) 和式 (7.6)] 通常等于世界坐标系或机器人基坐标系。如果执行的是相对于外部移动坐标系的 (柔顺) 运动, 或当机械臂安装在移动平台上时, 坐标系 FFC_i (即其位姿、速度和加速度) 允许在其内部计算前馈补偿 (feed forward compensation, FFC) 信号, 进而可以采用与静态系统相同的方式在动态系统中执行基于传感器的运动指令 (参见文献 [261])。关于锚坐标系, 简要讨论以下几种不同的情况。

(1) 任务坐标系固连于机器人手坐标系 ($\mathrm{ANC}_i = \mathrm{HF}$)。

---

① 当然, 可以使用多个外部系统, 本例仅介绍单个 EF 以阐述其处理过程。

这种情况相当于经典的柔性坐标系形式 [40,176,227] 和力/位姿混合控制 [217], 这里的任务坐标系等同于柔顺中心, 它随机器人手坐标系的运动而运动。为了实现明确的混合切换系统控制, 应以相对的方式对所有设定点加以解释。因此, 位置与姿态的设定点决定的不是相对于旧任务坐标系的位姿, 而是任务坐标系沿相应自由度的相对位移。若涉及旋转运动, 最终位姿将取决于角速度、角加速度和角加加速度。为了便于理解, 图 7.4 给出了一个三自由度的简单示例。

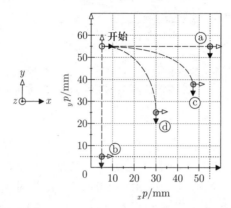

图 7.4　任务坐标系固连于手坐标系 (ANC_i=HF)。基于最大和/或期望角速度 $_{⊚}V_i^{\max}$ 及角加速度 $_{⊚}A_i^{\max}$(本例中令角加加速度具有无限幅值, 即类型 I OTG 算法), 在位姿设定点 $_xP_i^{\text{trgt}} = 50$ mm, $_yP_i^{\text{trgt}} = 0$ mm, $_{⊚}P_i^{\text{trgt}} = 90°$ 下得到以下几种不同的任务坐标系位姿 (其中仅覆盖距离相同): (a) $_{⊚}A_i^{\max} \to 0(°)/\text{s}^2$, $_{⊚}V_i^{\max} \to 0(°)/\text{s}$, $_xA_i^{\max} \to \infty$, $_xV_i^{\max} \to \infty$; (b) $_{⊚}A_i^{\max} \to \infty$, $_{⊚}V_i^{\max} \to \infty$, $_xA_i^{\max} \to 0$ mm/s^2, $_xV_i^{\max} \to 0$ mm/s; (c) 介于 (a) 与 (b) 之间; (d) 同 (c) (参见文献 [88])

(2) 任务坐标系固连于机器人基坐标系 ($\text{ANC}_i = \text{BF}$)。

在 MP 执行过程中, 任务坐标系相对于机器人基坐标系的位姿是不变的, 在该配置下, 存在两种不同的模式:

① 当位姿设定点为绝对位姿时, 且决定了手坐标系的目标位姿。此类任务坐标系的配置可实现经典的机器人运动指令, 但无法实现混合切换系统控制。

② 当位姿设定点为相对位姿时, 可实现混合切换系统控制。图 7.5 中的简单示例说明了两种模式的不同点。当然, 任意时刻都可在两种模式间进行切换。

(3) 任务坐标系固连于世界坐标系 ($\text{ANC}_i = \text{WF}$)。

若机械臂基座固连在其工作单元中, 则控制行为同前一种情况。对于移动式机械臂系统, 运动是相对于静止的任务坐标系执行的, 混合切换系统的控制可采用与 $\text{ANC}_i = \text{BF}$ 相同的方式实现。

(4) 任务坐标系固连于外部坐标系 ($\text{ANC}_i = \text{EF}$)。

外部坐标系 EF 可表示为任意设备的坐标系 (比如传送带、另一个机械臂或移动式机器人), 这与前述情况类似。但此时的锚坐标系 ANC_i 无须强制固定, 即任务坐标系可随 EF 的移动而移动。

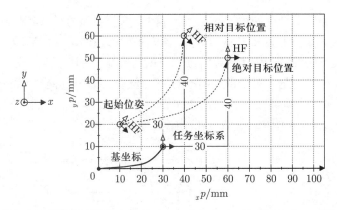

图 7.5 任务坐标系固连于世界坐标系 ($\text{ANC}_i = \text{WF}$): 位姿设定点 $_xP_i^{\text{trgt}} = 30$ mm, $_yP_i^{\text{trgt}} = 40$ mm, $_{\circledcirc}P_i^{\text{trgt}} = 0°$ 分别以相对的方式和绝对的方式解释得到不同的手坐标系位姿 (参见文献 [88])

2. 设定点集 $\mathcal{D}_i$ 的定义

下面讨论式 (7.7) 至式 (7.10)。点集 $\mathcal{D}_i$ [式 (7.7)] 可含多达 $6m$ 个设定点 $_k^lD_i^c$, 其中, l [式 (7.9)] 为控制层, k [式 (7.8)] 为自由度, m 为可用控制器的数量。集合 $\mathcal{C}$ [式 (7.10)] 中各控制器由索引 c 标识, $\mathcal{C}$ 包含有 m 个控制器。由于所使用控制器的数量可多于传感器数量, 因此有

$$n \leqslant m \tag{7.12}$$

控制器 c [式 (7.10)] 所分配的设定点 $_k^lD_i^c$ 由两大属性组成: ① 设定点集 $_k^l\Psi_i^c$; ② (优化) 参数集 $_k^l\Phi_i^c$。

注 7.3 当 $c = \text{OTG\_Ctrl}$, 集合 $_k^l\Psi_i^{\text{OTG\_Ctrl}}(\forall k \in \{x, y, z, \circledcirc, \circledy, \circledz\})$ 将包含期望目标运动状态 M_i^{trgt} 的构成要素, 而参数集 $_k^l\Phi_i^{\text{OTG\_Ctrl}}(\forall k \in \{x, y, z, \circledcirc, \circledy, \circledz\})$ 则包含边界值 B_i 的构成要素 (参见第 3—6 章)。

对于自由度 k 与控制层 l 的每一种组合, 式 (7.7) 保证了控制器分配的唯一性。表 7.1 展示了设定点集 $\mathcal{D}_i$ 的示例, 其列举了可供各自由度选择的设备。当然, 这些设备是可以任意选择的且其数量取决于当前任务, 并由控制层编号 $l \in \{0, \cdots, m-1\}$ 一一表示。其中, $l = 0$ 的设定点 $_k^lD_i^c$ 表示机器人首选期望状态, $l = 1$ 则表示第一备选设定点, 依此类推。本例中, y 方向上选取了期望值为 -15 N 的力/力矩控制 (F/T_Ctrl)。但若因机器人未与外部环境接触等原因导致 F/T_Ctrl 模块不可用, 则相应的自由度将自动地由设定点为 0 mm 的距离控制器 (Distance_Ctrl) 控制。如果又因机器人超出传感器测量范围等原因使得该距离控制器失效, 此时将激活视觉控制器 (Vision_Ctrl)。当再无备选控制器可用时, 将会启用存储缺省值的备用控制器——开环位姿控制器, 即 OTG 算法 (OTG_Ctrl), 将系统安全地引导至设定的运动状态。OTG 开环控制器是唯一可用于任意时刻且可作用于任意输入值的模块 [参见式 (3.17)]。关于这部分安全性与稳定性的进一步讨论请见 7.4 节。

表 **7.1** MP 设定点集 $\mathcal{D}_i$ 的示例列表, 表中物理单位取决于所选控制器。对于每个自由度, 可指定 $m-1$ 个备选控制器以保证其确定性与稳定性 (参见文献 [85])

控制层 l	$_{x}^{l}\Psi_i^c$	控制器 $c_ⓐ$	$_{y}^{l}\Psi_i^c$	控制器 $c_ⓑ$	$_{z}^{l}\Psi_i^c$	控制器 $c_ⓒ$
0	30	OTG_Ctrl (mm)	−15	F/T_Ctrl (N)	20	Distance_Ctrl (mm)
1	—	—	0.0	Distance_Ctrl (mm)	15.0	Velocity_Ctrl (mm/s)
2	—	—	30	Vision_Ctrl (mm)	—	—
...	...	...	...	...	...	...
$m-1$	—	—	—	—	—	—

控制层 l	$_{ⓓ}^{l}\Psi_i^c$	控制器 $c_ⓓ$	$_{ⓔ}^{l}\Psi_i^c$	控制器 $c_ⓔ$	$_{ⓕ}^{l}\Psi_i^c$	控制器 $c_ⓕ$
0	10	Vision_Ctrl (°)	1	F/T_Ctrl (N · m)	2	OTG_Ctrl (°)
1	20	OTG_Ctrl (mm)	10	OTG_Ctrl (mm)	—	—
2	—	—	—	—	—	—
$m-1$	—	—	—	—	—	—

原则上, 控制器与设定点的任意组合都是允许的。通过控制器编号 c 可为每个任务选取最优控制器, 即施加最适合的力/力矩或视觉伺服概念等。其中必要的切换过程由自适应选择矩阵来处理, 请见 7.2.2 节。

相较于常见的控制接口, MP 不仅允许定义期望值以及参数子集, 还可以基于当前系统状态和环境状态实现控制系统的自适应, 以此满足机器人执行任务过程中传感器与控制器指令变化的需要。本例中可以不再仅仅使用单一特定的力/力矩控制方案, 取而代之的是提供一系列具有不同特性的力/力矩控制器的集合, 进而再基于具体任务选取最适当的控制器, 这同样也适用于其他开环和/或闭环控制器类型。因此, 同一传感器信号可配备多个控制器, 即控制器数量 m 可大于传感器数量 n。

7.2.1.2 停止条件 λ_i

在 MP 执行过程中, 任务参数 $\mathcal{MP}_i$ 保持不变。停止条件 λ_i 定义了一种系统状态, 一旦达到该状态, 当前所执行的 MP 将被终止。λ_i 为布尔表达式且被定义为

$$\lambda_i := \mathcal{S} \to \{\text{true}, \text{false}\} \tag{7.13}$$

式中, $\mathcal{S}$ 为可用传感器及其滤波函数的集合。

例 7.2 式 (7.14) 为用户停止条件的示例。若任务坐标系 z 方向上的力的均值持续 20 ms 低于 −15 N, 或者机器人手坐标系的原点相对于世界坐标系的位移在 40 mm 以上, 同时任务坐标系的原点相对于世界坐标系 x 轴的绝对速度大于 75 mm/s, 又或超时 5 s, 都将会停止 MP 的执行。

$$\lambda_i = (\overline{_{z}^{\text{TF}}F}^{20\text{ ms}} < -15\text{ N}) \vee [(_{x}^{\text{WF}}p^{\text{HF}} > 40\text{ mm}) \wedge$$

$$(|_{x}^{\text{WF}}v^{\text{IF}}| > 75\text{ mm/s})] \vee (t \geqslant 5\,000\text{ ms}) \tag{7.14}$$

假设在 T_j $(j \in \mathbb{Z})$ 时刻停止条件成立, 在下一控制周期将会更新任务参数 $\mathcal{MP}_{j+1}$。这种传感器相关的参数变化 [参见式 (7.2) 至式 (7.10)] 同样也会引起图 7.1 所示系统中控制器的切换。

注 7.4 在目前广泛使用的机器人编程范式中，停止运动一般隐式地由移动指令定义。而在 MP 编程范式中，运动指令 $(\mathcal{H}\mathcal{M}_i)$ 的停止是独立于运动描述的，从而可以更加灵活地规范与执行传感器引导的和传感器保护的机器人运动。

7.2.2　操作原语执行的控制方案

前文给出了 MP 的形式化定义，本节将概述相应的控制方案，其中本书所提出的 OTG 算法至关重要。由于所涉及的传感器和控制器会随着自由度与 MP 的变化而变化，因此需要根据给定情境即时地调整控制结构。

图 7.1 所示的控制架构以混合切换系统控制方法 [31,163] 为基础，假设有 5 个控制子模块：力/力矩控制 (F/T_Ctrl)、视觉伺服控制 (Vision_Ctrl)、距离控制 (Distance_Ctrl)、位姿控制 (OTG_Ctrl) 和速度控制 (Velocity_Ctrl)。当然，可以通过更多的物理变量和控制器对该集合 $\mathcal{C}$ (m 个元素) 进行扩展。本章所提出的结构乍看与一般混合切换系统控制结构形似，但事实上是有区别的，在机器人指令过程中本章所提结构的选择矩阵是非静态的：它取决于当前机器人状态与环境状态。下文将 Finkemeyer[85] 提出的这一基本要求作为全部推导的基础。

在机器人系统混合切换系统控制的经典方法中，选择矩阵 $\boldsymbol{S}_i^c$ 用于对每个控制器 c 进行选取，其可由各类控制器的柔性坐标系生成。若控制器作用于状态空间，各控制器 c 会求出六维控制变量向量 $^{\mathrm{pos}}\boldsymbol{o}_i^c$、$^{\mathrm{vel}}\boldsymbol{o}_i^c$ 和 $^{\mathrm{acc}}\boldsymbol{o}_i^c$，所包含的向量值取决于具体控制器，可为绝对形式或相对形式。比如，力/力矩控制器的传递函数生成相对值，而由 OTG 算法引导的轨迹跟踪运动上也可以施加绝对值。

所期望的新运动状态可通过下式计算：

$$^r\boldsymbol{o}_i = \sum_{c=0}^{m-1} \boldsymbol{S}_i^c \, {}^r\boldsymbol{o}_i^c, \quad \forall r \in \{\mathrm{pos}, \mathrm{vel}, \mathrm{acc}\} \tag{7.15}$$

随后被转换至关节空间。这里，还应满足下列条件：

$$\sum_{c=0}^{m-1} \boldsymbol{S}_i^c = \boldsymbol{I} \tag{7.16}$$

式中，$\boldsymbol{I}$ 表示单位矩阵。这保证了为各自由度分配控制器时的唯一性。图 7.6 左部所示为分配样例。

如 7.2.1 节所述，为实现对机器人各自由度稳定、高效的控制，MP 方法允许定义一定数量的备用设定点 [式 (7.1) 至式 (7.10)]，同时，MP 的执行又可以不限传感器的类型与数量。对此，经典的二维选择矩阵已无法满足，需将其扩展至可以表征控制层 l ($l \in \{0, \cdots, m-1\}$) 的三维矩阵以满足备用控制环定义的需求，该三维编绘如图 7.6 右部所示，自由度 x 的控制环可沿双箭头移动变位 (如图 7.6 所示，由力控制切换至视觉伺服控制)。因此，主动控制变量不再由式 (7.15) 中恒定的选择矩阵 $\boldsymbol{S}_i^c$ 决定，而是动态地进行选取，且取决于两个因素：① 当前可用的传感器和控制器以及当前的系统状态；② 每个自由度所分配的控制器和控制层，即 $\mathcal{H}\mathcal{M}_i$。

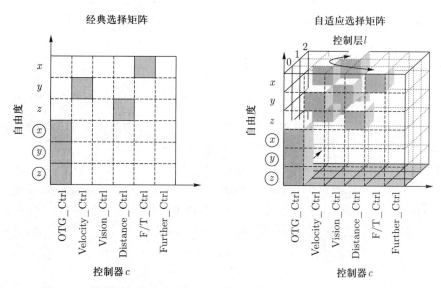

图 7.6　控制器与自由度的经典二维分配 (左) 与自适应三维分配 (右)，
该图严格参照文献 [85] 第 93 页图

图 7.1 中的自适应选择矩阵已由虚线框标出。在形式上, 诸如力/力矩、位姿或速度的控制器 c 其输入为若干个设定点 $_k^l \Psi_i^c$、参数 $_k^l \Phi_i^c$ [式 (7.7)], 任务坐标系参数 [式 (7.3)] 以及由各自由度与控制层组合 (k, l) [式 (7.7)] 所生成的分配矩阵 $\boldsymbol{Z}_i^c$。执行控制器 c 的控制算法后, 其输出提供了如下两项: 可用性矩阵 $\boldsymbol{F}_i^c$ 与包含各被控自由度新运动状态的 3 个控制器输出矩阵 $^{pos}\boldsymbol{O}_i^c$、$^{vel}\boldsymbol{O}_i^c$ 和 $^{acc}\boldsymbol{O}_i^c$。根据控制器的不同, 控制器输出矩阵可为绝对值或相对值 (参见图 7.5)。上述 4 个矩阵是计算控制变量分配矩阵 $\boldsymbol{G}_i^r$ $(r \in \{pos, vel, acc\})$ 和标记分配矩阵 $\boldsymbol{E}_i$ 的基础, 进而可确定 T_i 时刻的自适应选择矩阵 $\boldsymbol{H}_i$。下面将对上述矩阵及其计算步骤进行逐一介绍。

1. 分配矩阵 $\boldsymbol{Z}_i^c$

如 7.2.1 节所述, 可为各设定点确定备选方案。因此, 每个自由度 k 可能包含多个控制层 l, 若要将第 c 个控制器分配至某一控制层 l, 这在形式上可由分配矩阵 $\boldsymbol{Z}_i^c$ 表示:

$$\boldsymbol{Z}_i^c = \begin{pmatrix} _x^0 z_i & _y^0 z_i & \cdots & _②^0 z_i \\ _x^1 z_i & _y^1 z_i & \cdots & _②^1 z_i \\ \vdots & \vdots & \cdots & \vdots \\ _x^l z_i & _y^l z_i & \cdots & _②^l z_i \\ \vdots & \vdots & \cdots & \vdots \\ _x^{m-1} z_i & _y^{m-1} z_i & \cdots & _②^{m-1} z_i \end{pmatrix} \in \mathbb{B}^{m \times 6} \tag{7.17}$$

式中, $\mathbb{B} = \{0, 1\}$。每列对应一个自由度, 每行表示一个控制层, m 为控制层级的最大值。记入 "1" 时则表示将第 c 个控制器的自由度分配给了控制层 l。该矩阵对应于图 7.6 右部所示三维自适应选择矩阵的一个垂直切面。这里 m 个分配矩阵 $\boldsymbol{Z}_i^c$ $(\forall c \in \mathcal{C})$ 都将作为控制子模块的输入矩阵, 且均由设定点集 $\mathcal{D}_i$ 隐式定义。

例 7.3 定义 T_i 时刻的开环速度控制器的分配矩阵 $\boldsymbol{Z}_i^{\mathrm{Velocity\_Ctrl}}$ 为

$$\boldsymbol{Z}_i^{\mathrm{Velocity\_Ctrl}} = \begin{pmatrix} 0 & 1 & 0 & 0 & 0 & 0 \\ 1 & 0 & 1 & 0 & 0 & 0 \\ 0 & 0 & 0 & 0 & 0 & 0 \end{pmatrix} \tag{7.18}$$

由此, 分别在控制层 0 中的 y 方向与控制层 1 中的 x 方向及 z 方向上选取该控制器进行管理控制, 而剩余自由度则由其他控制器控制。

2. 控制器输出矩阵 $^{\mathrm{pos}}\boldsymbol{O}_i^c$、$^{\mathrm{vel}}\boldsymbol{O}_i^c$ 和 $^{\mathrm{acc}}\boldsymbol{O}_i^c$

单个控制器 c 的控制变量最多可归纳为 3 个向量 $^r\boldsymbol{o}_i^c$ ($r \in \{\mathrm{pos, vel, acc}\}$), 其中角标 pos 表示位姿、vel 表示速度、acc 表示加速度。对于不同的控制器 c, 可能同时使用这 3 个输出矩阵, 也可能仅需其中的一部分。为了计算自适应选择矩阵 $\boldsymbol{H}_i$, 这里将控制变量表示为 3 个控制器输出矩阵 $^r\boldsymbol{O}_i^c$ ($r \in \{\mathrm{pos, vel, acc}\}$) 的对角元素, 定义如下:

$$^r\boldsymbol{O}_i^c = \begin{pmatrix} ^r_x o_i^c & 0 & 0 & 0 & 0 & 0 \\ 0 & ^r_y o_i^c & 0 & 0 & 0 & 0 \\ 0 & 0 & ^r_z o_i^c & 0 & 0 & 0 \\ 0 & 0 & 0 & ^r_\circledR o_i^c & 0 & 0 \\ 0 & 0 & 0 & 0 & ^r_\circledP o_i^c & 0 \\ 0 & 0 & 0 & 0 & 0 & ^r_\circledZ o_i^c \end{pmatrix} \in \mathbb{R}^{6 \times 6}, \quad \forall r \in \{\mathrm{pos, vel, acc}\} \tag{7.19}$$

从而, 控制器 c 的控制变量向量 $^r\boldsymbol{o}_i^c$ ($r \in \{\mathrm{pos, vel, acc}\}$) 可由矩阵 $^r\boldsymbol{O}_i^c$ ($r \in \{\mathrm{pos, vel, acc}\}$) 导出:

$$^r\boldsymbol{o}_i^c = \mathrm{diag}(^r\boldsymbol{O}_i^c), \quad \forall r\{\mathrm{pos, vel, acc}\} \tag{7.20}$$

3. 可用性矩阵 $\boldsymbol{F}_i^c$

为了避免使用无效控制回路中的控制变量 (比如自由空间中的力/力矩控制), 这里引入一个标记来表示输出值的有效性, 其值为 1 时表示控制变量有效、为 0 时则表示控制变量无效。可用性矩阵 $\boldsymbol{F}_i^c$ 的元素包含了控制器 c 的上述标记。对于六自由度, 可用性矩阵 $\boldsymbol{F}_i^c$ 给定如下:

$$\boldsymbol{F}_i^c = \begin{pmatrix} _x f_i^c & 0 & 0 & 0 & 0 & 0 \\ 0 & _y f_i^c & 0 & 0 & 0 & 0 \\ 0 & 0 & _z f_i^c & 0 & 0 & 0 \\ 0 & 0 & 0 & _\circledR f_i^c & 0 & 0 \\ 0 & 0 & 0 & 0 & _\circledP f_i^c & 0 \\ 0 & 0 & 0 & 0 & 0 & _\circledZ f_i^c \end{pmatrix} \in \mathbb{B}^{6 \times 6} \tag{7.21}$$

相应地, 控制器 c 的可用性标记向量 $\boldsymbol{f}_i^c$ 可表示为

$$\boldsymbol{f}_i^c = \mathrm{diag}(\boldsymbol{F}_i^c) \tag{7.22}$$

4. 控制变量分配矩阵 $\boldsymbol{G}_i^r$ $(r \in \{\mathrm{pos}, \mathrm{vel}, \mathrm{acc}\})$

在计算指令变量 $^{\mathrm{pos}}\boldsymbol{o}_i$、$^{\mathrm{vel}}\boldsymbol{o}_i$ 和 $^{\mathrm{acc}}\boldsymbol{o}_i$ 以获得新的运动状态时, 需要将所有控制器的控制值映射至相应的自由度 k 与控制层 l, 而式 (7.7) 的定义可以确保每个自由度 k 与控制层 l 的组合仅能选取一个控制器, 因此可满足上述要求。控制值的映射由控制变量分配矩阵 $\boldsymbol{G}_i^r$ $(r \in \{\mathrm{pos}, \mathrm{vel}, \mathrm{acc}\})$ 表示, 计算 $\boldsymbol{G}_i^{\mathrm{pos}}$、$\boldsymbol{G}_i^{\mathrm{vel}}$ 和 $\boldsymbol{G}_i^{\mathrm{acc}}$ 后可推导出式 (7.23):

$$
\boldsymbol{G}_i^r = \sum_{c=0}^{m-1} \boldsymbol{Z}_i^c \, {}^r \boldsymbol{O}_i^c
$$

$$
= \begin{pmatrix}
{}_x^0 g_i^r & {}_y^0 g_i^r & \cdots & {}_{\circledz}^0 g_i^r \\
{}_x^1 g_i^r & {}_y^1 g_i^r & \cdots & {}_{\circledz}^1 g_i^r \\
\vdots & \vdots & \cdots & \vdots \\
{}_x^l g_i^r & {}_y^l g_i^r & \cdots & {}_{\circledz}^l g_i^r \\
\vdots & \vdots & \cdots & \vdots \\
{}_x^{m-1} g_i^r & {}_y^{m-1} g_i^r & \cdots & {}_{\circledz}^{m-1} g_i^r
\end{pmatrix} \in \mathbb{R}^{m \times 6}, \quad \forall r \in \{\mathrm{pos}, \mathrm{vel}, \mathrm{acc}\} \quad (7.23)
$$

式中, 每列对应一个自由度 k, 每行表示一个特定的控制层 l。

5. 自适应选择矩阵 $\boldsymbol{H}_i$

控制值向量 $^r \boldsymbol{o}_i$ $(r \in \{\mathrm{pos}, \mathrm{vel}, \mathrm{acc}\})$ 包含了关节控制器在任务空间中的输入值 (参见图 7.1), 为了求出该向量, 需要在 $\boldsymbol{G}_i^r$ $(r \in \{\mathrm{pos}, \mathrm{vel}, \mathrm{acc}\})$ 中为每个自由度选取正确的行号, 这可由自适应选择矩阵 $\boldsymbol{H}_i$ 实现, 其定义为

$$
\boldsymbol{H}_i = \begin{pmatrix}
{}_x^0 h_i & {}_y^0 h_i & \cdots & {}_{\circledz}^0 h_i \\
{}_x^1 h_i & {}_y^1 h_i & \cdots & {}_{\circledz}^1 h_i \\
\vdots & \vdots & \cdots & \vdots \\
{}_x^l h_i & {}_y^l h_i & \cdots & {}_{\circledz}^l h_i \\
\vdots & \vdots & \cdots & \vdots \\
{}_x^{m-1} h_i & {}_y^{m-1} h_i & \cdots & {}_{\circledz}^{m-1} h_i
\end{pmatrix} \in \mathbb{B}^{m \times 6} \quad (7.24)
$$

式中, 每列对应一个自由度, 每行表示一个控制层。矩阵中的各项可为 "1" 或为 "0", 其中 "1" 表示选取了相应的值。当然, 每一列仅严格存在一个 "1", 因此有

$$
\sum_{l=0}^{m-1} {}_k^l h_i \overset{!}{=} 1, \quad \forall k \in \{x, y, z, \circledx, \circledy, \circledz\} \quad (7.25)
$$

$\boldsymbol{H}_i$ 的转置同 $\boldsymbol{G}_i^r$ $(r \in \{\mathrm{pos}, \mathrm{vel}, \mathrm{acc}\})$ 相乘可得 3 个对称矩阵, 对称矩阵的对角元素即为结果控制值向量 $^r \boldsymbol{o}_i$ $(r \in \{\mathrm{pos}, \mathrm{vel}, \mathrm{acc}\})$, 其可表示为

$$
^r \boldsymbol{o}_i = \mathrm{diag}((\boldsymbol{H}_i)^{\mathrm{T}} \boldsymbol{G}_i^r), \quad \forall r \in \{\mathrm{pos}, \mathrm{vel}, \mathrm{acc}\} \quad (7.26)
$$

注意, 此时尚无法确定 $\boldsymbol{H}_i$ 中的各元素, 为此引入标记分配矩阵 $\boldsymbol{E}_i$。

6. 标记分配矩阵 E_i

H_i 以 m 个控制器的 m 个可用性矩阵 F_i^c $(\forall c \in \mathcal{C})$ 为基础, 利用 m 个分配矩阵 Z_i^c $(\forall c \in \mathcal{C})$, 将它们映射至相应的自由度与控制层, 由此得到标记分配矩阵 E_i, 其可由式 (7.27) 计算得出:

$$
\begin{aligned}
E_i &= \sum_{c=0}^{m-1} Z_i^c F_i^c \\
&= \begin{pmatrix}
{}_x e_i^0 & {}_y e_i^0 & \cdots & {}_\circledz e_i^0 \\
{}_x e_i^1 & {}_y e_i^1 & \cdots & {}_\circledz e_i^1 \\
\vdots & \vdots & \cdots & \vdots \\
{}_x e_i^c & {}_y e_i^c & \cdots & {}_\circledz e_i^c \\
\vdots & \vdots & \cdots & \vdots \\
{}_x e_i^{m-1} & {}_y e_i^{m-1} & \cdots & {}_\circledz e_i^{m-1}
\end{pmatrix} \in \mathbb{B}^{m \times 6}
\end{aligned}
\tag{7.27}
$$

7. 确定 H_i 与 ${}^r o_i$ $(r \in \{\text{pos}, \text{vel}, \text{acc}\})$

E_i 的各列 (自由度) 可以映射到 H_i 的相应列, 每个自由度 $k \in \{x, y, z, \circledx, \circledy, \circledz\}$ 的映射规则如表 7.2[①]所示, 其中 "×" 表示 "不限"。

表 7.2 映 射 规 则

${}_k e_i^0$	${}_k e_i^1$	$\cdots$	${}_k e_i^c$	$\cdots$	${}_k e_i^{m-1}$	${}_k^0 h_i$	${}_k^1 h_i$	$\cdots$	${}_k^l h_i$	$\cdots$	${}_k^{m-1} h_i$
1	×	$\cdots$	×	$\cdots$	×	1	0	$\cdots$	0	$\cdots$	0
0	1	$\cdots$	×	$\cdots$	×	0	1	$\cdots$	0	$\cdots$	0
0	0	$\cdots$	1	$\cdots$	×	0	0	$\cdots$	1	$\cdots$	0
0	0	$\cdots$	0	$\cdots$	1	0	0	$\cdots$	0	$\cdots$	1

由该表可知, 每个自由度仅有一个控制器有效, 符合式 (7.25)。此外, 具有最低控制层编号的可用控制器将被激活。对于所有自由度 $k \in \{x, y, z, \circledx, \circledy, \circledz\}$, 该表可改写为

$$
\begin{cases}
{}_k^0 h_i = {}_k e_i^0 \\
{}_k^1 h_i = \overline{{}_k e_i^0} \wedge {}_k e_i^1 \\
\quad \vdots \\
{}_k^l h_i = \overline{{}_k e_i^0} \wedge \overline{{}_k e_i^1} \wedge \cdots \wedge {}_k e_i^c \\
\quad \vdots \\
{}_k^{m-1} h_i = \overline{{}_k e_i^0} \wedge \overline{{}_k e_i^1} \wedge \cdots \wedge \overline{{}_k e_i^c} \wedge \cdots \wedge {}_k e_i^{m-1}
\end{cases}
\tag{7.28}
$$

从而可得自适应选择矩阵 H_i, 同时利用式 (7.26) 还可以计算出 T_i 时刻控制周期内的输出值:

$$
{}^r o_i = \text{diag}((H_i)^{\mathrm{T}} G_i^r), \quad \forall r \in \{\text{pos}, \text{vel}, \text{acc}\}
$$

---

① 原书该表无序号, 译者补充。——译者注

求得 $^r\boldsymbol{o}_i$ $(r \in \{\text{pos}, \text{vel}, \text{acc}\})$ 后, 即可计算出 T_i 控制周期内所期望的新运动状态: $^{\text{BF}}\boldsymbol{M}_i^{\text{HF}}$。$^r\boldsymbol{o}_i$ $(r \in \{\text{pos}, \text{vel}, \text{acc}\})$ 中的各元素取决于具体控制器, 可为绝对值或为相对值。其中, 绝对值可直接转换至关节空间, 而相对值还需要前一控制周期的运动状态 $^{\text{BF}}\boldsymbol{M}_{i-1}^{\text{HF}}$。如图 7.1 所示, 所得任务空间下新运动状态的指令变量 $^{\text{BF}}\boldsymbol{M}_{i-1}^{\text{HF}}$ 将被转换至驱动空间, 以此可作为低层级关节控制器的输入值。

7.2.3 关于可用性标记向量 $\boldsymbol{f}_i^c$ 的说明

控制器 c 的可用性标记向量 $\boldsymbol{f}_i^c$ 决定了控制子模块当前是否能够处理当前系统状态。为此, 可以构建一个函数将控制器 c 已知和/或检测到的状态变量、传感器信号或 (传感器) 事件映射为布尔值, 以此确定 $\boldsymbol{f}_i^c$ 的各元素。作为控制器 c 的元素之一, T_i 时刻的 $\boldsymbol{f}_i^c$ 可表示为

$$_k f_i^c := \mathcal{S} \to \mathbb{B}, \quad k \in \{x, y, z, \textcircled{x}, \textcircled{y}, \textcircled{z}\} \tag{7.29}$$

式中, $\mathcal{S}$ 为可用传感器信号的集合。该映射函数可针对各控制器独立实现, 可以设计为简单的常量 ($_k f_i^c = 1$), 或是与阈值比较的结果, 或者其他 Grodian 函数。利用该特性可以处理一些关键情境, 比如:

(1) 只要末端执行器不与环境接触, 力/力矩控制子模块就可将该标记置零, 并在检测到接触时立即就绪。

(2) 当出现传感器信号丢失或传感器信号超出其测量范围等控制器内部错误时, 可将该标记置零。

(3) 若切换控制器导致加加速度/加速度/速度指令变量值出现跳变, 可将该标记置零。

(4) 当视觉系统自身无法提供足够的信息时 [96], 也可操作该标记。

(5) 该标记同样适用于因任务坐标系 $\mathcal{TF}_i$ 而禁用某一控制器的情况, 比如当距离传感器的测量方向同任务坐标系中相关轴不共线时, 距离控制器无法正常工作。

OTG 算法的可用性标记向量具有特殊的属性, 其在任意时刻的各元素均为 1:

$$\boldsymbol{f}_i^{\text{OTG\_Ctrl}} \equiv (1,1,1,1,1,1), \quad \forall i \in \mathbb{Z} \tag{7.30}$$

这是因为该算法可以处理任意的输入值 [参见式 (3.17)], 甚至当已无其他控制器可用时, OTG 算法依旧能够为任意运动状态生成连续的指令变量, 以保证系统行为的连续性与稳定性。

7.2.4 关于任务坐标系切换的说明

允许在任意 (如传感器相关的) 时刻切换任务坐标系的重要特性带来了诸多益处, 在单个 MP 执行过程中, 任务坐标系将锚定于世界坐标系、基坐标系、外部坐标系或手坐标系。当 MP 从 $\mathcal{MP}_{i-1}$ 转换至 $\mathcal{MP}_i$, 即从任意控制周期 T_{i-1}(停止条件 λ_{i-1} 成立时的控制周期) 到下一周期 T_i 时, 任务坐标系参数 $\mathcal{TF}_{i-1}$ 也可以任意切换至 $\mathcal{TF}_i$。由此, 图 7.1 中的混合切换系统考虑了两种不同的切换类型。

1. 单操作原语的切换

在单个 MP 执行过程中, 混合切换系统的输入值即设定点集 $\mathcal{D}_i$ 与任务坐标系参数 $\mathcal{TF}_i$ 将保持不变。同时, 由 $\mathcal{D}_i$ 生成的分配矩阵 $\boldsymbol{Z}_i^c$ $(\forall c \in \mathcal{C})$ 在该过程中同样保持恒定。T_i 时刻的自适应选择矩阵 $\boldsymbol{H}_i$ 中的元素为 1 还是 0 仅取决于可用性标记向量 $\boldsymbol{f}_i^c$ $(\forall c \in \mathcal{C})$(参见 7.2.3 节)。

2. 双操作原语的切换

当停止条件 λ_{i-1} 在 T_{i-1} 时刻的控制周期内成立时, $\mathcal{D}_i$ 与 $\mathcal{TF}_i$ 的新值将会在下一控制周期的 T_i 时刻生效。若改变设定点集 $\mathcal{D}_i$ 中的参数, 将会重新计算分配矩阵 $\boldsymbol{Z}_i^c$ $(\forall c \in \mathcal{C})$, 自适应选择矩阵 $\boldsymbol{H}_i$ 中的各元素因此也会发生改变, 但其实与前项行为相当。

然而, 若要改变任务坐标系参数 $\mathcal{TF}_i$, 为了保持连续的控制输出值, 需要对所有 m 个控制子模块即所有控制器的状态进行转换。此外, 若在转换之前和/或之后还对传感器信号进行了滤波处理, 那么滤波状态同样也应转换至新的坐标系下。

滤波器与闭环控制器总是状态相关的, 相较于此, OTG 算法是无状态/无记忆的。因此无须对该模块进行转换, 其仅接收与新任务坐标系相关的输入值。

例 7.4 这里将此类切换过程抽象为一个日常活动, 假想我们正在开车, 仅使用指南针来确定方向。任务坐标系参数从 $\mathcal{TF}_{i-1}$ 切换至 $\mathcal{TF}_i$ 就相当于指南针标度盘的方位突然发生了改变。如果我们想继续朝着一个目标前进, 同时也意识到这种方向变化, 我们就不会调整行驶的方向。当然, 其他控制子模块也必须如此, 以确保控制器连续可行的输出值。

对于诸如力/力矩控制器的闭环控制器, 若其在 T_i 时刻接收到的设定点信号存在跳变, 这些模块依照其传递函数必然会立即响应。而 OTG 算法能够处理任意输入值 (原则上), 使得我们可以甚至在高性能运动过程中自由地切换任务坐标系参数。这还意味着, 可以执行相对于移动任务坐标系的运动, 在任意时刻都可以将其切换至一个固定的坐标系, 同时保证所得运动依旧连续。因此, 当前所执行的运动是传感器引导的运动还是轨迹跟踪运动, 都不受影响。

如 2.4.3 节所述, 正交性问题需要一并讨论。相较于经典方法 [176,227-228], 自适应选择矩阵在原则上总是正交的。这里唯一的问题在于旋转自由度可能会出现奇异 (参见 7.2.1 节), 但可以通过文献 [139] 或 [202] 中的方法绕开这一奇异性问题。

讨论关于任务坐标系的最后一个问题。在所提出的概念中, 我们制定了一个要求: 在单个 MP 执行过程中, 由锚坐标系 ANC_i 到任务坐标系 $\boldsymbol{\theta}_i$ [式 (7.3)] 的转换保持不变。下面简要讨论一下该策略是否有必要。根据机器人任务要求, 设想引入传感器相关的任务坐标系位姿, 即

$$\boldsymbol{\theta}_i = {}^{\mathrm{ANC}}\boldsymbol{P}_i^{\mathrm{TF}} = \boldsymbol{f}(\mathcal{S}) \tag{7.31}$$

从而

$$^{\mathrm{ANC}}\boldsymbol{V}_i^{\mathrm{TF}} = \boldsymbol{f}(\mathcal{S}) \tag{7.32}$$

$$^{\mathrm{ANC}}\boldsymbol{A}_i^{\mathrm{TF}} = \boldsymbol{f}(\mathcal{S}) \tag{7.33}$$

由此可得

$$^{\mathrm{ANC}}\boldsymbol{M}_i^{\mathrm{TF}} = \boldsymbol{f}(\mathcal{S}) \tag{7.34}$$

这里的关键在于, 传感器信号 ($\mathcal{S}$ 子集) 在控制环中可能出现两次, 因此, 整个系统的稳定性将取决于式 (7.31) 至式 (7.34) 中的函数 $\boldsymbol{f}$。综上所述, 传感器相关的任务坐标系位姿 $\boldsymbol{\theta}_i$ 可能导致非期望的控制行为。此外, 还可以设想在单个 MP 执行过程中使用时间函数

$$\boldsymbol{\theta}_i = {}^{\mathrm{ANC}}\boldsymbol{P}_i^{\mathrm{TF}} = \boldsymbol{f}(t) \tag{7.35}$$

来改变任务坐标系的位姿。此时, 控制行为 (及稳定性) 将取决于式 (7.35) 所示的时间函数。这对于某些要用到时变任务坐标系位姿的机器人任务是有益的, 但通常式 (7.35) 中确定的函数 $\boldsymbol{f}$ 无法保证整个系统的稳定性。

7.2.5 关于 OTG 模块的说明

图 7.1 中的类型 IV OTG 控制子模块 OTG_Ctrl 发挥着特殊的作用。若其他所有控制子模块 $\mathcal{C}\backslash\{\text{OTG\_Ctrl}\}$[参见式 (7.10)] 均已求出各自的控制器可用性标记向量:

$$\boldsymbol{f}_i^c, \quad \forall c \in \mathcal{C}\backslash\,\text{OTG\_Ctrl} \tag{7.36}$$

以及输出向量:

$$^r\boldsymbol{o}_i^c, \quad \forall (c,r) \in (\mathcal{C}\backslash\{\text{OTG\_Ctrl}\}) \times \{\text{pos}, \text{vel}, \text{acc}\} \tag{7.37}$$

那么, 可以通过 OTG_Ctrl 的自适应选择矩阵 $\boldsymbol{H}_i$ 的元素来确定选择向量 $\boldsymbol{S}_i$(OTG 算法的输入向量之一)。此外, 运动约束 $\boldsymbol{V}_i^{\max}$、$\boldsymbol{A}_i^{\max}$ 和 $\boldsymbol{J}_i^{\max}$ 可取自 $\mathcal{D}_i$ 中的参数值 ${}_k^l\varPhi^{\text{OTG\_Ctrl}}$, 同时目标运动状态 $\boldsymbol{P}_i^{\text{trgt}}$ 和 $\boldsymbol{V}_i^{\text{trgt}}$ 可由 $\mathcal{D}_i$ 中的设定点 ${}_k^l\varPsi^{\text{OTG\_Ctrl}}$ 确定。至此, 可以将本章与第 3—6 章关联起来, 如图 7.7 所示。再次重申式 (7.30) 的重要性:

$$\boldsymbol{f}_i^{\text{OTG\_Ctrl}} \equiv (1,1,1,1,1,1), \quad \forall i \in \mathbb{Z}$$

其使式 (3.17) 及 3.3 节中的 4 个准则皆成立。

注 7.5 作为 OTG 算法的输入变量, 如何理解和使用当前运动状态 $\boldsymbol{M}_i$ 中的时间索引 i 可视为一个哲学问题:

(1) 可视 $\boldsymbol{M}_i$ 为当前运动状态, 然后计算下一控制周期的运动状态 $\boldsymbol{M}_{i+1}$;

(2) 亦可视 $\boldsymbol{M}_{i-1}$ 为上一控制周期的运动状态, 计算的是当前控制周期的期望的运动状态 $\boldsymbol{M}_i$。

上述两种观点都是正确的。第二种观点在控制工程领域中更为常见, 因此本章采用这一观点。但本书的其他章节均采用第一种观点, 因为其更易于理解。而图 7.7 则搭建了本章与第 3—6 章的桥梁。

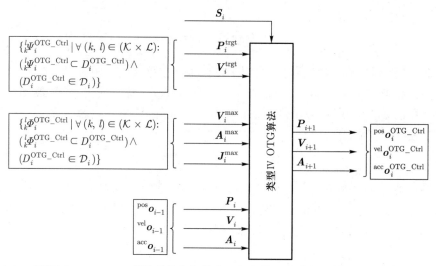

图 7.7 开环 **OTG_Ctrl** 模块的输入与输出 (参见图 **7.1** 中的反馈环), 该图将第 **7** 章与第 **3—6** 章关联了起来, 同时请注意 "注 **7.5**" 中所述

如 7.2.1 节所述以及图 7.5 所示, 应当根据当前执行的操作原语对所得运动设定点是绝对形式还是相对形式进行说明。若 OTG 子模块的输出值为相对形式, 则输入值 P_i 将为零向量, 且 P_i^{trgt} 将会减去相应的 "反馈" 值, 如图 7.8 所示。

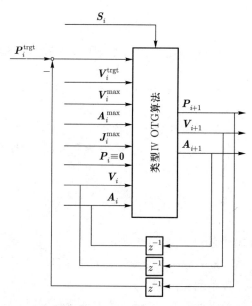

图 7.8 利用 **OTG** 算法生成相对位姿设定点值时的输入与输出 (参见图 **7.5**)

OTG 子模块用于生成所有非传感器引导的运动。此外, 为了保持机器人运动的安全性, 它还将负责在任意时刻甚至后续已无可用控制器 $c \in \mathcal{C}$ 就绪时接管控制权。图 7.1 中还体现了 OTG 子模块更深层次的特性: 其 "反馈环" 是独立于被控对象的, 虽然是开环控制器, 但表现同闭环。

7.3　开环速度控制的在线轨迹规划

开环速度控制器的开发相对简单, 但为了本书论证的完整性, 本节将简要地介绍该模块, 即图 7.1 中的控制子模块 Velocity_Ctrl。

该模块用于将单个自由度 k 从任意的运动状态引导至某一确定的速度 $_kV_i^{\text{trgt}}$。根据表 3.1, 开环速度控制器可视为函数:

$$f : \mathbb{R}^{2\beta} \times \mathbb{B} \to \mathbb{R}^{\beta} \tag{7.38}$$

即, 可以开发三种不同的控制器: 加速度限制型 (表 3.1 中的类型 I—II)、加加速度限制型 (表 3.1 中类型 III—V) 和加加速度一阶导数限制型 (表 3.1 中的类型 VI—IX)。

本节仅介绍类型 III—V OTG 算法对应的开环速度控制模块, 图 7.9 所示为其输入与输出, 图 7.10 则描述了应用于该控制模块的完整决策树。图 7.9 所示的速度控制模块中采用了 6 个独立的输入值, 其中运动状态值同 OTG_Ctrl 模块的 $^{\text{pos}}\boldsymbol{o}_{i-1}$、$^{\text{vel}}\boldsymbol{o}_{i-1}$ 和 $^{\text{acc}}\boldsymbol{o}_{i-1}$(参见图 7.1 与图 7.7)。当自由度 $k \in \{x, y, z, ⓧ, ⓨ, ⓩ\}$ 由开环速度控制器所引导时, 其输入值将由设定点集 $\mathcal{D}_i$ [参见式 (7.7)] 中各自的设定点 $_k^l\varPsi^{\text{Velocity\_Ctrl}}$ 与参数 $_k^l\varPhi^{\text{Velocity\_Ctrl}}$ 组成:

$$\begin{Bmatrix} _k^l\varPsi_i^{\text{Velocity\_Ctrl}} \,|\forall (k,l) \in (\mathcal{K} \times \mathcal{L}) : \\ _k^l\varPsi_i^{\text{Velocity\_Ctrl}} \subset D_i^{\text{Velocity\_Ctrl}} \wedge D_i^{\text{Velocity\_Ctrl}} \in \mathcal{D}_i \end{Bmatrix} \Rightarrow {}_kV_i^{\text{trgt}} \tag{7.39}$$

$$\begin{Bmatrix} _k^l\varPhi_i^{\text{Velocity\_Ctrl}} \,|\forall (k,l) \in (\mathcal{K} \times \mathcal{L}) : \\ _k^l\varPhi_i^{\text{Velocity\_Ctrl}} \subset D_i^{\text{Velocity\_Ctrl}} \wedge D_i^{\text{Velocity\_Ctrl}} \in \mathcal{D}_i \end{Bmatrix} \Rightarrow ({}_kA_i^{\max}, {}_kJ_i^{\max}) \tag{7.40}$$

所得轨迹的组成同第 3—6 章所述, 最多会有 $L = 5$ 段加速度曲线相互连接以期按时间最优的方式实现期望的目标速度 $_kV_i^{\text{trgt}}$。但相较于前几章中的 OTG 算法, 开环速度控制子模块仅为所选取的各自由度生成时间最优的轨迹, 并不保证时间同步。例如, 令 $T_0 = 0$ ms 时刻的输入值为

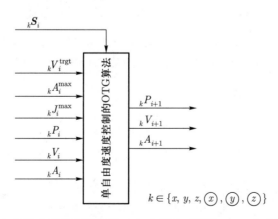

图 7.9　自由度 k 的速度控制的 **OTG** 算法 (类型 **III—V**) 的输入与输出

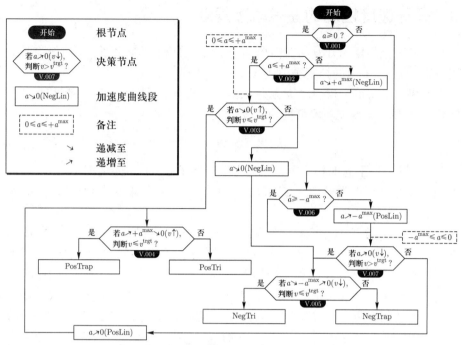

图 7.10　自由度速度控制的完整决策树 (类型 Ⅲ—Ⅴ; 用于图 7.1 中的子模块 Velocity_Ctrl)

$$
\begin{cases}
{}_xP_0 = 500 \text{ mm}, \quad {}_yP_0 = -200 \text{ mm}, \quad {}_zP_0 = 100 \text{ mm} \\
{}_xV_0 = -400 \text{ mm/s}, \quad {}_yV_0 = 400 \text{ mm/s}, \quad {}_zV_0 = 50 \text{ mm/s} \\
{}_xA_0 = 150 \text{ mm/s}^2, \quad {}_yA_0 = -100 \text{ mm/s}^2, \quad {}_zA_0 = -400 \text{ mm/s}^2 \\
{}_xV_0^{\text{trgt}} = -200 \text{ mm/s}, \quad {}_yV_0^{\text{trgt}} = -200 \text{ mm/s}, \quad {}_zV_0^{\text{trgt}} = -200 \text{ mm/s} \\
{}_xA_0^{\max} = 250 \text{ mm/s}^2, \quad {}_yA_0^{\max} = 200 \text{ mm/s}^2, \quad {}_zA_0^{\max} = 500 \text{ mm/s}^2 \\
{}_xJ_0^{\max} = 300 \text{ mm/s}^3, \quad {}_yJ_0^{\max} = 500 \text{ mm/s}^3, \quad {}_zJ_0^{\max} = 200 \text{ mm/s}^3
\end{cases} \tag{7.41}
$$

且当前运动状态

$$
{}_k\boldsymbol{M}_0 = \left({}_kP_0, {}_kV_0, {}_kA_0\right), \quad \forall k \in \{x, y, z\} \tag{7.42}
$$

是任意的。注意, 对于任意选取的自由度, 所采用的算法必须覆盖六维全输入空间 $\mathbb{R}^6$。按上述输入值 [式 (7.41)] 所得的轨迹如图 7.11 所示, 其中 3 个平移自由度达到各自目标速度的时刻为

$$
\begin{cases}
{}_xt_i^{\min} = 1.283 \text{ s} \\
{}_yt_i^{\min} = 3.249 \text{ s} \\
{}_zt_i^{\min} = 3.731 \text{ s}
\end{cases} \tag{7.43}
$$

　　这种指令变量生成的方式对于许多机器人任务非常实用, 比如如果期望机械臂在一个自由度上实施力/力矩控制, 而此时末端执行器并未与环境接触, 那么就可以利用开环速度控制器来引导机器人以一定的接近速度实现接触。

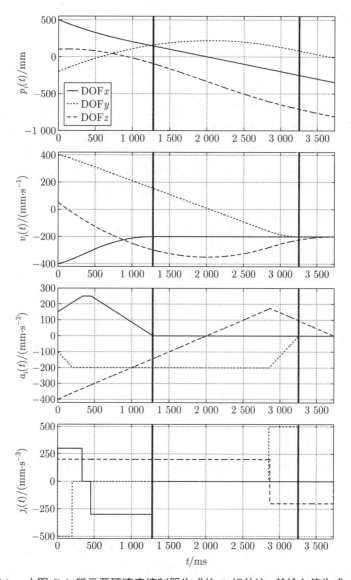

图 7.11　由图 7.9 所示开环速度控制器生成的 3 组轨迹, 其输入值为式 (7.41)

例 7.5　按表 7.1 中的简单示例: 任务坐标系 z 方向上所期望的控制器为距离控制子模块 Distance_Ctrl, 在当传感器信号超出范围 $[_z f_i^{\text{Distance\_Ctrl}} = 0$, 参见式 (7.21) 和式 (7.22)] 导致距离控制器无效时, 开环速度控制子模块 Velocity_Ctrl 可以引导末端执行器以 15 mm/s 的速度朝四周移动, 一旦距离传感器接收到有效信号, 距离控制器将会接管控制权。

　　其实, 该子模块也可以具备时间同步的特性, 但相较于先前介绍的 OTG 算法, 这样并无实际应用意义。因为速度控制器一般仅作为过渡控制器, 一旦期望的闭环控制子模块就绪, 该模块就会被取代。

7.4 稳定性

前文以图 7.1 为展开介绍了混合切换系统控制的概念, 本节将对其进行稳定性分析。

图 7.1 所示的混合切换系统涉及常见的稳定性问题: 即使所有子模块均表现稳定, 但由于不适当的切换次序, 系统也可能变得不稳定。对此, 本书并未给出正式的稳定性证明。关于这类系统的文献中通常会将混合切换系统分成 3 个子群[163]: ① 状态相关的切换系统; ② 时间相关的切换系统; ③ 自主切换系统。

这里就自主切换系统而言: 切换的发生将依赖于混合运动指令 $\mathcal{HM}_i$ 的设定点集 $\mathcal{D}_i$ 与单个操作原语 $\mathcal{MP}_i$ 的停止条件 λ_i。到目前为止, 并未有相关方法可以证明此类系统的稳定性。对于具体的设置、环境和 MP, 可以尝试采用李雅普诺夫函数和李代数稳定性判据, 但这并非通用的解决方案[30-32,163]。

因此, 尚无法取得图 7.1 所示系统的稳定性证明。但为了保证图 7.1 中方案的合理化, 我们依然会研究这一问题。全局稳定性最基本的要求是要证明关节空间下控制器系统的稳定性, 即图 7.1 中右下方虚线中的串级控制, 文献 [135,196,229,246,278] 等已对此进行了深入研究。机器人关节控制方案的设计并非易事, 也不存在所谓的黄金法则, 往往还需要在性能与鲁棒性之间不断地权衡。但关于这方面的处理并不属于本书的探讨范围, 因此不再进一步介绍。

若认定关节空间的控制方案稳定, 那么可以转而关注包含混合切换系统的任务空间控制方案。首先, 应当保证当控制子模块无法对系统中的一个或多个自由度进行稳定控制时, 比如出现传感器故障或其他一切可能导致闭环控制器不稳定的因素时, 系统能够提供一个安全的备用控制器来接管控制权。此时, OTG 算法的优势再次体现, 如第 5 章所述以及由式 (7.30) 可知, 该子模块是唯一可以处理任意运动状态的模块。根据系统的不同, 可以有以下两种不同的方案:

(1) OTG 算法在笛卡儿空间下接管控制权。这意味着在表 7.1 的基础上增加一个附加控制层 m, 从而得到 $m+1$ 个控制层。在此控制层中仅采用 OTG_Ctrl 模块, 其输入参数可以采用最简单的固定值或者一系列在线 (传感器相关) 计算值。

(2) OTG 算法在关节空间下接管控制权。图 7.1 中关节空间控制部分的开环位置控制器模块 (类型 IV OTG) 可以将机器人所有自由度引导至确定的目标位置或运动状态。其目标值既可以是一组预设的输入参数, 也可以是一组在线计算值。

上述两种方案中, OTG 算法在切换时刻具有充足的输入参数是至关重要的。无论采用哪种方案, 混合切换系统都可视为标准的无切换系统, 这样整个系统在设计及参数化的过程中可以利用前述的方法[135,160,196,229,246,278]。我们可以将混合切换系统分析问题转化为轨迹跟踪控制方案的稳定性分析问题。这种分析的挑战性与特殊性在于必须考虑任意运动初始状态: 这依赖于传感器信号且已由控制子模块实现。因此, 分析的结果仅取决于一个参数, 也就是说, 为了获得的稳定性证明, 需要对所允许的运动状态 (即末端执行器的速度与加速度) 进行限制。这些关节空间下的速度与加速度约束也正是用于关节空间控制方案稳定性证明的约束。综上所述, 由关节空间转换功能模块所计算出的速度与加速度必须受限。

再次强调: 这并非正式的稳定性证明, 而仅仅是由一系列逻辑论据得出的具有一定启发性与合理性的结论。当然, 这一结论也完全是由 OTG 算法而起: 该备份模块会在系统失稳前接管笛卡儿空间或关节空间的控制权, 同时为系统在任意运动状态下生成指令变量。

7.5 小结

本章介绍了一种用于机器人操作系统的混合切换系统控制方案, 实现了传感器引导的与传感器保护的机器人运动指令的执行。在该体系结构中, OTG 算法作为控制子模块, 即视为单个或多个笛卡儿自由度的开环位姿控制器, 并用于轨迹生成。此外, 该方案中还用到了 OTG 算法的第二个实例, 它可以在任意运动状态下接管关节空间中所有自由度的控制权。

此外, 本章还正式引入了由 Finkemeyer[85] 提出的操作原语框架, 并对其进行了扩展以适用于状态空间控制。在机器人操作系统领域, 操作原语已成为混合切换系统的接口之一。本文不仅对其进行了详细介绍, 还概括了其与前几章中 OTG 算法的关联。如图 7.1 所示, 这一思想最基本的特性包括:

(1) 轨迹跟踪与传感器引导的机器人运动可以任意组合, 同时还可以在两者间进行传感器相关的切换, 从而实现传感器保护的机器人运动 (参见定义 1.1)。

(2) 尤其还可以实现从传感器保护的机器人运动控制到轨迹跟踪控制的切换。

(3) 在任意运动状态以及未知时刻下, 可以从关节空间控制切换到笛卡儿空间控制, 反之亦然。

(4) 在任意运动状态以及未知时刻下, 任务坐标系的位姿及锚定关系可以发生传感器相关的突变。

(5) 所有提及的切换过程仅在一个控制周期内完成, 因此本体系结构可以实现机器人的反射功能。

本章中 OTG 算法最重要的特征有:

(1) 在混合切换系统中的表现如同闭环控制器, 但其 "反馈" 绕开了被控对象, 因此依旧作为开环控制器为低层级跟踪控制生成指令变量。

(2) 可独立于传感器信号 (及传感器故障)。

(3) 可处理任意运动状态。

(4) 可在无其他控制器就绪时接管控制权。

(5) 既可用于关节空间以引导所有自由度, 也可用于笛卡儿空间以引导一定数量的自由度。

关于上述特性的作用及意义, 可参阅第 8 章所提供的应用示例。

第 8 章 实验结果及应用

回顾本书的章节安排, 第 4—6 章为核心, 第 7 章介绍了基于传感器的机器人运动控制领域在线轨迹规划 (OTG) 的应用案例。在这四章形式化描述及理论的基础上, 本章将探讨一些实验结果, 以期展示 OTG 算法在实践中的易用性以及应用的广泛性。

8.1 对任意运动状态的处理

由简单示例开始, 假设一个具有 4 个自由度 $(K = 4)$ 的系统处于任意运动状态, 类型 IV OTG 算法的函数为 $f : \mathbb{R}^{32} \times \mathbb{B}^4 \longrightarrow \mathbb{R}^{12}$(参见表 3.1), 算法每个控制周期执行一次, 假定机器人控制器的工作频率为 1 kHz, 即每 $T^{\text{cycle}} = 1$ ms 调用一次该算法。令上述任意运动状态的参数 (归一化值, 无单位) 为

$$
\boldsymbol{W}_0 \begin{cases} \boldsymbol{M}_0 \begin{cases} \boldsymbol{P}_0 = (100, -200, 400, -800)^{\text{T}} \\ \boldsymbol{V}_0 = (300, -200, -50, 200)^{\text{T}} \\ \boldsymbol{A}_0 = (-350, -300, -50, 350)^{\text{T}} \end{cases} \\ \boldsymbol{M}_0^{\text{trgt}} \begin{cases} \boldsymbol{P}_0^{\text{trgt}} = (-800, -500, -300, -400)^{\text{T}} \\ \boldsymbol{V}_0^{\text{trgt}} = (-50, -50, -100, -400)^{\text{T}} \end{cases} \\ \boldsymbol{B}_0 \begin{cases} \boldsymbol{V}_0^{\text{max}} = (800, 750, 150, 600)^{\text{T}} \\ \boldsymbol{A}_0^{\text{max}} = (400, 400, 100, 300)^{\text{T}} \\ \boldsymbol{J}_0^{\text{max}} = (200, 400, 100, 600)^{\text{T}} \end{cases} \\ \boldsymbol{S}_0 = (1, 1, 1, 1)^{\text{T}} \end{cases} \tag{8.1}
$$

所得轨迹如图 8.1 所示, 4 个自由度到达期望运动状态 $\boldsymbol{M}_i^{\text{trgt}}$ 的时长相同, 为 $t_i^{\text{sync}} = 5\ 340$ ms, $\forall i \in \{0, \cdots, 5\ 340\}$($N = 5\ 340$, 即执行 5 340 次 OTG 算法)。$t_i^{\text{sync}}$ 由 $_3 t_i^{\text{min}}$ 确定 (自由度 3 达到 $_3 V_i^{\text{max}}$, 其他 3 个自由度与 $_3 t_i^{\text{min}}$ 同步)。所选取的加速度曲线为

$$\begin{cases} {}_1\Psi_i^{\text{Step2}} = & \text{NegTrapZeroPosTri} \\ {}_2\Psi_i^{\text{Step2}} = & \text{PosTriZeroNegTri} \\ {}_3\Psi_i^{\text{Step2}} = & \text{NegTrapZeroPosTri} \\ {}_4\Psi_i^{\text{Step2}} = & \text{PosTrapZeroNegTrap} \end{cases} \tag{8.2}$$

简便起见, 在 T_0 到 T_N 整个执行期间, 输入参数 $\boldsymbol{M}_i^{\text{trgt}}$、$\boldsymbol{B}_i$ 及 $\boldsymbol{S}_i$ 保持不变, 即 $(\boldsymbol{M}_i^{\text{trgt}} = \boldsymbol{M}_0^{\text{trgt}}) \wedge (\boldsymbol{B}_i = \boldsymbol{B}_0) \wedge (\boldsymbol{S}_i = \boldsymbol{S}_0)$, $\forall i \in \{0, \cdots, 5\,340\}$。

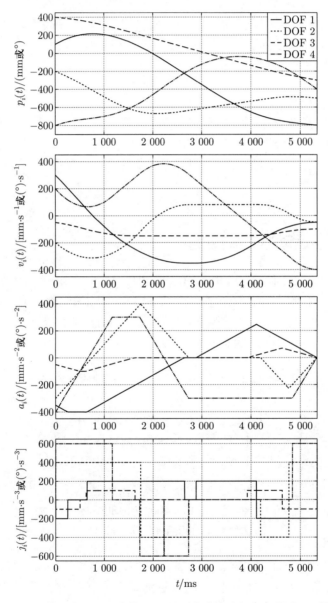

图 8.1 基于式 (8.1) 中输入值 $\boldsymbol{W}_0$ 生成的四自由度类型 IV 轨迹

8.2 对不可预见 (传感器) 事件的瞬时反应

第二个示例阐述了如何将 OTG 应用于传感器保护的运动控制最简情况, 简明起见, 这里仅考虑具有两个自由度的笛卡儿机器人。

图 8.2 所示为简单的点到点运动的几何路径 (虚线), 该机器人的任务是在边界值 $V_0^{\max}$、$A_0^{\max}$ 和 $J_0^{\max}$ 的约束下从起始位置 P_0 运动至目标位置 P_0^{trgt}, 其中包括 $V_0^{\max}$, $A_0^{\max}$ 及 $J_0^{\max}$ 在内的各边界约束值为

$$\begin{cases} P_0 = (100, 200)^{\mathrm{T}} \text{ mm}, & V_0 = (0,0)^{\mathrm{T}} \text{ mm/s} \\ A_0 = (0,0)^{\mathrm{T}} \text{ mm/s}^2, & V_0^{\max} = (300, 200)^{\mathrm{T}} \text{ mm/s} \\ P_0^{\text{trgt}} = (800, 850)^{\mathrm{T}} \text{ mm}, & A_0^{\max} = (200, 300)^{\mathrm{T}} \text{ mm/s}^2 \\ V_0^{\text{trgt}} = (0,0)^{\mathrm{T}} \text{ mm/s}, & J_0^{\max} = (400, 500)^{\mathrm{T}} \text{ mm/s}^3 \end{cases} \tag{8.3}$$

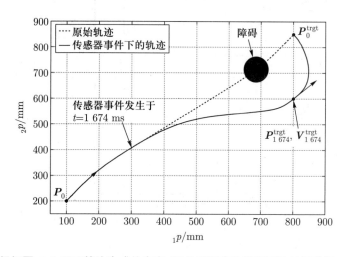

图 8.2　根据图 8.3 所示轨迹生成的在有/无传感器事件情况下的几何路径 XY 坐标图

下面将分析两种情况: 无障碍与有障碍。

1. 无障碍

若无须对传感器事件做出反应, 可以采用如 2.4.2 节所述的离线方法。原始轨迹的位置、速度和加速度曲线如图 8.3 所示 (点虚线和点划线)。由图 8.3 底部图可知, 两个自由度均按梯形加速度曲线到达各目标位置, 两者均以 $t = 4\,518$ ms 时长到达各自目标状态, 且其各自速度分布对称。

2. 有障碍及对传感器事件的反应

若在工作空间中检测到未知的物体/障碍物时, OTG 算法可立即做出反应, 如图 8.2 中实线以及图 8.3 中实线与虚线所示。

系统利用传感器 (如距离传感器或相机) 在 $t = 1\,674$ ms 时 ($_1 P_{1\,674} = 300$ mm, 参见图 8.2 和图 8.3) 检测到不明障碍物。为了避免碰撞, 可以在检测到障碍物的同时立即改变目标位置值, 如改为 $P_{1\,674}^{\text{trgt}} = (800, 600)^{\mathrm{T}}$ mm, 到达 $P_{1\,674}^{\text{trgt}}$ 后, 可再次使用原目标位置 P_0^{trgt}, 以达到原始期望位置。

注意图 8.3 中的速度曲线与加速度曲线, 相较于上述简单的方案, 这里再提供一种更为先进、更加动态的思路: 为了动态地绕过障碍物, 系统在 $\boldsymbol{P}_{1\ 674}^{\mathrm{trgt}} = (800, 600)^{\mathrm{T}}$ mm 位置处指定了中间目标速度向量 $\boldsymbol{V}_{1\ 674}^{\mathrm{trgt}} = (100, 100)^{\mathrm{T}}$ mm/s。一旦按时间最优到达 $\boldsymbol{P}_{1\ 674}^{\mathrm{trgt}}$ 和 $\boldsymbol{V}_{1\ 674}^{\mathrm{trgt}}$ (在 $t = 3\ 879$ ms 时, 参见图 8.3), 将再次 (立即) 切换输入变量, 系统目标变量恢复为原始值 ($\boldsymbol{P}_{3\ 879}^{\mathrm{trgt}} = \boldsymbol{P}_0^{\mathrm{trgt}}$, $\boldsymbol{V}_{3\ 879}^{\mathrm{trgt}} = \boldsymbol{0}$), 并最终于 $t = 6$ s 时全部到达 (参见图 8.3)。

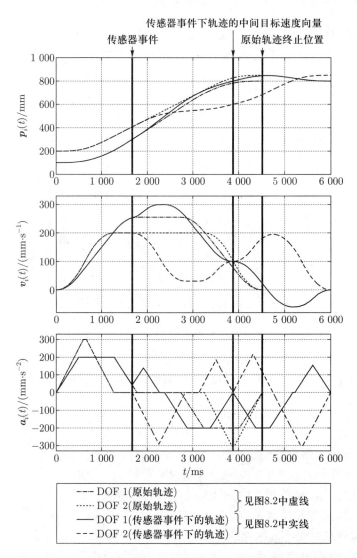

图 8.3 对应于图 **8.2** 所示路径的二自由度类型 **IV** 轨迹的位置、速度和加速度曲线

注 8.1 OTG 算法每毫秒执行一次, 其输出的连续轨迹可时间最优且时间同步地达到各自期望的运动状态。此外, 在整个轨迹执行过程中, 所有边界值 $\boldsymbol{V}_0^{\max}$、$\boldsymbol{A}_0^{\max}$ 和 $\boldsymbol{J}_0^{\max}$ 均保持不变。中间的位置向量与速度向量 (如 $\boldsymbol{P}_{1\ 647}^{\mathrm{trgt}}$ 和 $\boldsymbol{V}_{1\ 647}^{\mathrm{trgt}}$) 的计算则取决于具体的 OTG 系统 (参见 2.5 节中的 "水平视角")。

8.3 位似同构轨迹

本节通过时间同步轨迹与相位同步 (位似同构) 轨迹的对比来展示第 6 章的相关结论。两者的位置、速度、加速度和加加速度曲线分别如图 8.4 与图 8.5 所示,几何路径如图 8.6 所示。与 8.2 节相同,轨迹起始时刻为 $T_0 = 0$ ms,并令周期时间为 $T^{\text{cycle}} = 1$ ms。

本例中,要求从静止状态开始执行以下运动:

$$
\begin{cases}
\boldsymbol{P}_0 = (100, 100)^{\text{T}} \text{ mm}, & \boldsymbol{V}_0^{\max} = (200, 200)^{\text{T}} \text{ mm/s} \\
\boldsymbol{P}_0^{\text{trgt}} = (700, 300)^{\text{T}} \text{ mm}, & \boldsymbol{A}_0^{\max} = (300, 300)^{\text{T}} \text{ mm/s}^2 \\
\boldsymbol{V}_0^{\text{trgt}} = (0, 0)^{\text{T}} \text{ mm/s}, & \boldsymbol{J}_0^{\max} = (400, 400)^{\text{T}} \text{ mm/s}^3
\end{cases} \tag{8.4}
$$

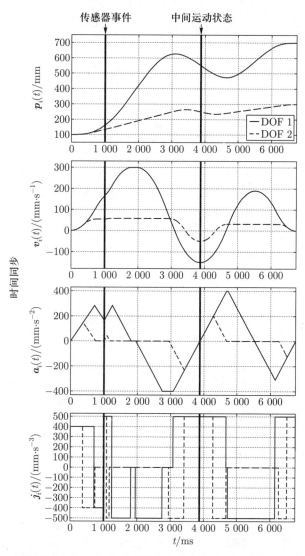

图 8.4　图 8.6 中实线所对应的二自由度时间同步轨迹的位置、速度、加速度和加加速度曲线

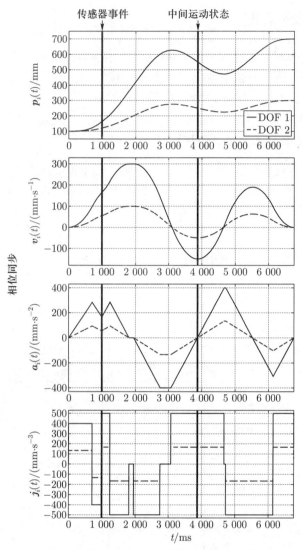

图 8.5　图 8.6 中虚线所对应的二自由度相位同步 (位似同构) 轨迹的位置、
速度、加速度和加加速度曲线

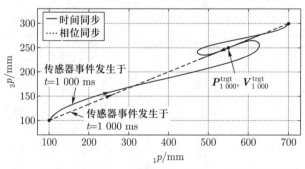

图 8.6　图 8.4、图 8.5 所示轨迹的 **XY** 坐标图：实线对应于时间同步轨迹路径 (图 8.4)，
虚线对应于相位同步轨迹路径 (图 8.5)

并在 1 000 ms 后触发 (不可预见的) 传感器事件, 由此要求以负方向的速度到达前方位置; 此外, 边界值也被任意更改为

$$
\begin{cases}
\boldsymbol{P}_{1\,000}^{\text{trgt}} = (550, 250)^{\text{T}} \text{ mm}, \quad \boldsymbol{V}_{1\,000}^{\max} = (300, 300)^{\text{T}} \text{ mm/s} \\
\boldsymbol{V}_{1\,000}^{\text{trgt}} = (-150, -50)^{\text{T}} \text{ mm/s}, \quad \boldsymbol{A}_{1\,000}^{\max} = (400, 400)^{\text{T}} \text{ mm/s}^2 \\
\boldsymbol{J}_{1\,000}^{\max} = (500, 500)^{\text{T}} \text{ mm/s}^3
\end{cases}
\tag{8.5}
$$

按时间最优的方式, 将在 $t = 3\,873$ ms 时到达期望的运动状态 $\boldsymbol{M}_{1\,000}^{\text{trgt}}$ (参见图 8.4 和图 8.5), 随即再次切换设定点, 以达到原始期望的运动状态 $\boldsymbol{M}_0^{\text{trgt}}$:

$$
\begin{cases}
\boldsymbol{P}_{3\,873}^{\text{trgt}} = \boldsymbol{P}_0^{\text{trgt}} = (700, 300)^{\text{T}} \text{ mm}, \quad \boldsymbol{V}_{3\,873}^{\max} = (300, 300)^{\text{T}} \text{ mm/s} \\
\boldsymbol{V}_{3\,873}^{\text{trgt}} = \boldsymbol{V}_0^{\text{trgt}} = (0, 0)^{\text{T}} \text{ mm/s}, \quad \boldsymbol{A}_{3\,873}^{\max} = (400, 400)^{\text{T}} \text{ mm/s}^2 \\
\boldsymbol{J}_{3\,873}^{\max} = (500, 500)^{\text{T}} \text{ mm/s}^3
\end{cases}
\tag{8.6}
$$

最终, 原始期望状态于 $t = 6\,756$ ms 时到达 (参见图 8.4 和图 8.5)。对于上述三组设定点集, t_i^{sync} 均由自由度 1 确定; 又因两对比轨迹在运动学上都采用了时间最优算法, 因此两者在自由度 1 上的变化一致, 如图 8.4 和图 8.5 所示。在位似同构轨迹中, 自由度 1 为参考自由度 ($\kappa = 1$)。两者在其他剩余自由度上的变化出现了差异, 本例中仅表现为自由度 2。

如图 8.5 所示, 两个自由度的加速度曲线一致: 前 1 000 个周期内 $_\kappa\Psi_0^{\text{Step1}} = \text{PosTriZeroNegTri}$, 随后至 $t = 3\,873$ ms 的过程中 $_\kappa\Psi_{1\,000}^{\text{Step1}} = \text{PosTriZeroNegTrap}$, 在 $t = 6\,756$ ms 时刻到达 $\boldsymbol{M}_{3\,873}^{\text{trgt}}$ 之前保持 $_\kappa\Psi_{3\,873}^{\text{Step1}} = \text{PosTrapNegTri}$。由于位似同构, 因此无须区分是步骤 1 的曲线 $_\kappa\Psi_i^{\text{Step1}}$ 还是步骤 2 的曲线 $_\kappa\Psi_i^{\text{Step2}}$, 两者是一致的且已由步骤 1 中求出 (参见图 6.2)。相位同步性可参见图 8.4 和图 8.5 中的加加速度曲线, 其中, 两个自由度的加加速度在时间同步 (图 8.4) 时为异步变化, 或为零或为 $\boldsymbol{j}_i^{\max}$ ($\forall i \in \{0, \cdots, 6\,756\}$), 而在相位同步轨迹 (图 8.5) 中则采用了各自的自适应值 $\boldsymbol{j}_i^{\max\prime}$ ($\forall i \in \{0, \cdots, 6\,756\}$)。

8.4 参考坐标系的不可预见切换

如 7.2.1 节所述, 机器人控制系统内部涉及多个不同的坐标系, 各坐标系的运动状态每个控制周期 T^{cycle} 更新一次。当由于不可预见的传感器事件而中断相对某一坐标系的运动时, 可能在传感器事件发生后的控制周期内重新指定该运动使其相对于另一坐标系, 即要求控制系统将全部的运动状态 (包括当前涉及的滤波器及闭环控制器等) 从一个参考坐标系转换至另一个参考坐标系 (参见 7.2.4 节), 这会导致内部运动状态值不连续, 但物理运动又必须保持连续。确切地说, 应当保证运动状态的变化是连续的。

图 8.7、图 8.8 和图 8.9 所示为三自由度轨迹, 起初相对于参考坐标系 A 指定其为

$$\begin{cases} {}^{A}\boldsymbol{P}_0 = (100 \text{ mm}, 750 \text{ mm}, -30°)^{\mathrm{T}} \\ {}^{A}\boldsymbol{V}_0 = (0 \text{ mm/s}, 0 \text{ mm/s}, 0°/\text{s})^{\mathrm{T}} \\ {}^{A}\boldsymbol{A}_0 = (0 \text{ mm/s}^2, 0 \text{ mm/s}^2, 0°/\text{s}^2)^{\mathrm{T}} \\ {}^{A}\boldsymbol{P}_0^{\mathrm{trgt}} = (800 \text{ mm}, 200 \text{ mm}, 90°)^{\mathrm{T}} \\ {}^{A}\boldsymbol{V}_0^{\mathrm{trgt}} = (100 \text{ mm/s}, 0 \text{ mm/s}, 0°/\text{s})^{\mathrm{T}} \\ {}^{A}\boldsymbol{V}_0^{\mathrm{max}} = (250 \text{ mm/s}, 400 \text{ mm/s}, 100°/\text{s})^{\mathrm{T}} \\ {}^{A}\boldsymbol{A}_0^{\mathrm{max}} = (150 \text{ mm/s}^2, 250 \text{ mm/s}^2, 100°/\text{s}^2)^{\mathrm{T}} \\ {}^{A}\boldsymbol{J}_0^{\mathrm{max}} = (600 \text{ mm/s}^3, 800 \text{ mm/s}^3, 400°/\text{s}^3)^{\mathrm{T}} \end{cases} \tag{8.7}$$

在 $t = 2\,000$ ms 时发生传感器事件后, 运动将不再相对于参考坐标系 A 而会重新指定新的参考坐标系 B。诸多原因可导致这种变化:

(1) 因转换 ${}^{A}\boldsymbol{T}_B$ 是时变的和/或系统相关的, 编程者或上层系统只能提供相对于坐标系 B 的新的目标运动状态。

(2) 任务坐标系 (参见 7.2.1 节) 的位姿发生了突变 (因传感器事件)。

(3) 坐标系 B 在 T_0 时刻未知。

(4) 是否转换至坐标系 B 取决于传感器事件。

(5) 传感器事件发生前所给定的是坐标系 A 中工具的运动指令, 切换发生后随即要求使用坐标系 B 中的工具, 因此需重新指定运动使其相对于该新的工具。

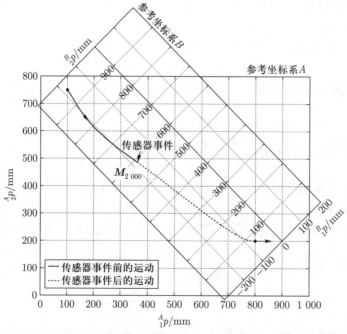

图 8.7　运动控制器分别在参考坐标系 A (实线) 与参考坐标系 B (虚线) 中所执行的轨迹的路径 XY 坐标图, 其中在 $t = 2\,000$ ms 时发生传感器事件后, 参考坐标系由 A 转换至 B

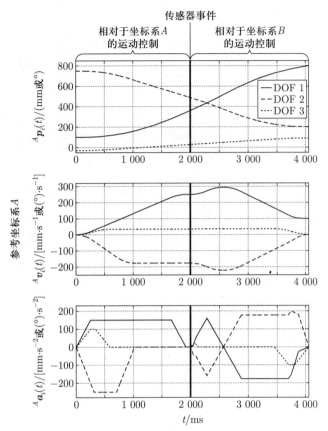

图 8.8　图 8.7 中相对于参考坐标系 A 的三自由度轨迹的位置、速度和加速度曲线，
其中传感器事件发生于 $t = 2\,000$ ms 处

坐标系 B 的原点相对于坐标系 A 的原点的位置为 $(900, 200)$ mm, 相对旋转 $45°$(如图 8.7 所示)。在此示例中, 目标运动状态从 A 转换为 B, 且运动学约束 B_i 的绝对值保持不变 (它们也可以转换):

$$
\begin{cases}
{}^{B}\boldsymbol{P}_{2\,000}^{\text{trgt}} = (-70.7\ \text{mm}, 70.7\ \text{mm}, 45°)^{\mathrm{T}} \\
{}^{B}\boldsymbol{V}_{2\,000}^{\text{trgt}} = (70.7\ \text{mm/s}, -70.7\ \text{mm/s}, 0(°)/\text{s})^{\mathrm{T}} \\
{}^{B}\boldsymbol{V}_{2\,000}^{\max} = {}^{A}\boldsymbol{V}_{0}^{\max} = (250\ \text{mm/s}, 400\ \text{mm/s}, 100(°)/\text{s})^{\mathrm{T}} \\
{}^{B}\boldsymbol{A}_{2\,000}^{\max} = {}^{A}\boldsymbol{A}_{0}^{\max} = (150\ \text{mm/s}^2, 250\ \text{mm/s}^2, 100(°)/\text{s}^2)^{\mathrm{T}} \\
{}^{B}\boldsymbol{J}_{2\,000}^{\max} = {}^{A}\boldsymbol{J}_{0}^{\max} = (600\ \text{mm/s}^3, 800\ \text{mm/s}^3, 400(°)/\text{s}^3)^{\mathrm{T}}
\end{cases}
\tag{8.8}
$$

因此, 从 $t = 2\,000$ ms 起将相对于参考坐标系 B 对机器人进行运动控制, 即在 $T_{2\,000}$ 控制周期内将 (先前未知的) 运动状态 ${}^{A}\boldsymbol{M}_{2\,000}$ 转换到 (先前未知的) 坐标系 B 中。

上述概念同样还可用于由多段轨迹构成的连续运动, 此时的切换并非传感器相关而是预定义的。得益于 OTG, 使得上述这些不可预见的坐标系切换变得实际可行。

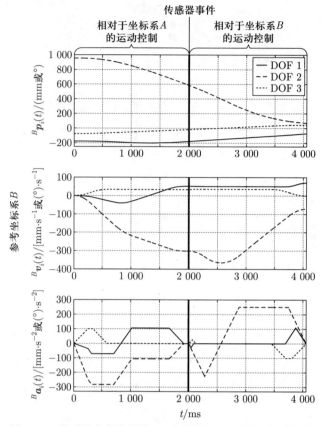

图 8.9　相对于参考坐标系 B 且同图 8.8 所述的相同轨迹

8.5　状态空间的不可预见切换

与 8.4 节所述相类似, 也可能在传感器事件后随即要求执行其他状态空间中的运动指令, 比如先执行欧几里得状态空间中的运动指令, 随即执行关节状态空间中的运动指令 (参见图 7.1), 抑或是欧拉状态空间中的指令紧随着球面坐标系下的指令。为此, 可采用与 8.4 节相同的方法, 但此时要求所有控制值要在单个控制周期 (即传感器事件后的控制周期) 内从一个状态空间非线性地转换至另一个状态空间。

为了便于理解, 这里以简单的二自由度 $r - \varphi$ 机械臂为例进行演示, 如图 8.10 所示。首先要求该系统在笛卡儿状态空间下按如下参数运动:

$$\begin{cases} {}^{\text{Cart}}\boldsymbol{P}_0 = (-200, 200)^{\text{T}} \text{ mm}, & {}^{\text{Cart}}\boldsymbol{V}_0^{\text{max}} = (300, 300)^{\text{T}} \text{ mm/s} \\ {}^{\text{Cart}}\boldsymbol{V}_0^{\text{trgt}} = (100, 500)^{\text{T}} \text{ mm}, & {}^{\text{Cart}}\boldsymbol{A}_0^{\text{max}} = (400, 400)^{\text{T}} \text{ mm/s}^2 \\ {}^{\text{Cart}}\boldsymbol{V}_0^{\text{trgt}} = (0, 0)^{\text{T}} \text{ mm/s}, & {}^{\text{Cart}}\boldsymbol{J}_0^{\text{max}} = (500, 500)^{\text{T}} \text{ mm/s}^3 \end{cases} \tag{8.9}$$

假设传感器事件发生于 $t = 1\,830$ ms, 此时机械手正处于 ${}^{\text{Cart}}\boldsymbol{p} = (50, 450)$ mm, 随即要求执行关节状态空间下的运动指令:

$$\begin{cases} {}^{\mathrm{joint}}\boldsymbol{P}_{1\ 830}^{\mathrm{trgt}} = (400\ \mathrm{mm}, 0°)^{\mathrm{T}}, & {}^{\mathrm{joint}}\boldsymbol{V}_{1\ 830}^{\mathrm{max}} = (150\ \mathrm{mm/s}, 200(°)/\mathrm{s})^{\mathrm{T}} \\ {}^{\mathrm{joint}}\boldsymbol{V}_{1\ 830}^{\mathrm{trgt}} = (0\ \mathrm{mm/s}, -20(°)/\mathrm{s})^{\mathrm{T}}, & {}^{\mathrm{joint}}\boldsymbol{A}_{1\ 830}^{\mathrm{max}} = \left(200\ \mathrm{mm/s}^2, 300(°)/\mathrm{s}^2\right)^{\mathrm{T}} \\ {}^{\mathrm{joint}}\boldsymbol{J}_{1\ 830}^{\mathrm{max}} = \left(800\ \mathrm{mm/s}^3, 600(°)/\mathrm{s}^3\right)^{\mathrm{T}} & \end{cases}$$

$$(8.10)$$

图 8.11 所示为笛卡儿状态空间中相应的位置、速度和加速度曲线, 而在关节

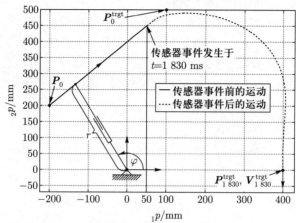

图 8.10 $r - \varphi$ 机械臂, 其所执行的笛卡儿运动指令于 ${}^{\mathrm{Cart}}p = (50, 450)$ mm 处被中断 (实线), 随即转而在关节状态空间下进行控制直至达到目标运动状态 (虚线)

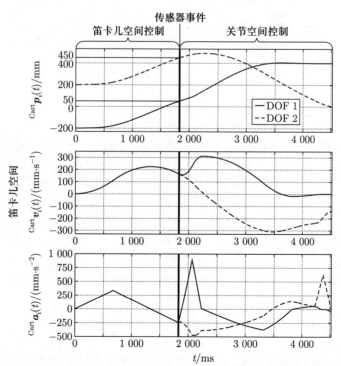

图 8.11 笛卡儿状态空间下, 图 8.10 中二自由度轨迹的位置、速度和加速度曲线 [导致不可预见切换的传感器事件在 $t = 1\ 830$ ms 时刻发生于 ${}^{\mathrm{Cart}}p = (50, 450)$ mm 处]

状态空间中的曲线则如图 8.12 所示。这种可以在任意状态空间中断所执行的运动控制, 突然 (和不可预见) 地切换至另一状态空间, 同时在新状态空间中保持运动连续性的特性, 为机器人运动控制提供了更多的可能性:

(1) 若在当前状态空间下无法继续运动 (如因先前未知的障碍物或奇异点), 切换到另一状态空间可以轻松解决这一问题, 该切换可不限时间、不限运动状态。

(2) 若运动控制参数突然改变 (可能由关节约束等原因造成), 可能导致所期望的运动状态仅能在另一状态空间下到达。

(3) 在传感器相关时刻, 能够从一个状态空间切换至另一个状态空间, 从而自动对不确定性做出反应, 为机器人运动规范提供进一步的便利性与灵活性。

(4) 对于是否要切换状态空间、要切换到哪一个状态空间并不总是明确的, 但由于运动设定点的生成可在一个控制周期内完成, 可以在事件触发后基于传感器对随即的状态空间进行选取, 而无须预先指定。

虽然本例与 8.4 节密切相关, 但两者最大的区别在于, 本例中的切换过程无须是线性的。当然, 所得轨迹在各自状态空间下依然是 (运动学上) 时间最优且时间同步的 (参见图 8.11 和图 8.12)。

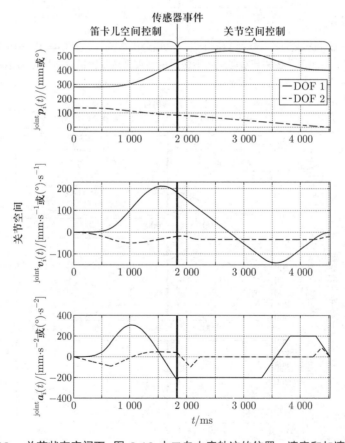

图 8.12　关节状态空间下, 图 8.10 中二自由度轨迹的位置、速度和加速度曲线

8.6 六自由度工业机械臂的混合切换系统控制

本章前几节主要用于演示 OTG 算法各基本功能, 为了将其应用于实践, 本节将介绍工程应用的实际案例。

8.6.1 硬件设置

本例所采用的硬件配置的基本情况如图 8.13 所示。其中, Stäubli RX60 型工业机器臂[250] 的原控制器被替换为一组搭载有 QNX 实时操作系统[216] 的计算机。第一台计算机直接同电力电子设备交互, 并专用于关节空间中的位置控制 (参见图 7.1 中虚线), 第二台计算机用于执行混合切换系统的控制算法, 同时还将作为第三台计算机的操作原语接口, 而第三台计算机则专门服务于用户层。三台计算机之间通过实时中间层解决方案——机器人与过程控制应用的中间层[86](middleware for robotics and process control applications, MiRPA) 进行通信, 该方案由布伦瑞克工业大学机器人与过程控制学院独立开发完成。MiRPA 是处于操作系统与用户进程之间的底层, 用于保证底层进程间通信的实时性。它的使用带来了诸多益处, 不仅使得所有进程仅有一个通信对象, 而且还可以高度模块化地配置系统。MiRPA 的节点数量可基于计算要求自由选取, 若计算量增大, 则可相应地增加节点数量。在下面的实验中, 关节控制器的控制频率为 10 kHz, 而混合切换系统控制器的运行频率为 1 kHz。

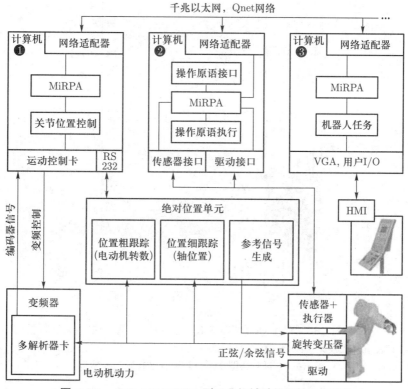

图 8.13　Stäubli RX60 型工业机械臂的硬件体系结构

8.6.2 对不可预见 (传感器) 事件的瞬时反应

为了阐述由传感器引导控制到轨迹跟踪控制的瞬时切换行为, 现将第 1 章中的环路 (参见图 1.4) 闭合, 如图 8.14 所示。$T_0 = 0$ ms 时, 机械臂开始执行其手坐标系下传感器引导的机器人运动指令, 所有 6 个笛卡儿自由度均由零力/力矩控制器 (PID) 控制, 其中, 采用的是 JR3[119]① 力/力矩传感器未经滤波的力/力矩值, 以此展示整个系统 (包括 OTG 算法) 对强噪声传感器数据的响应。在 $t = 586$ ms

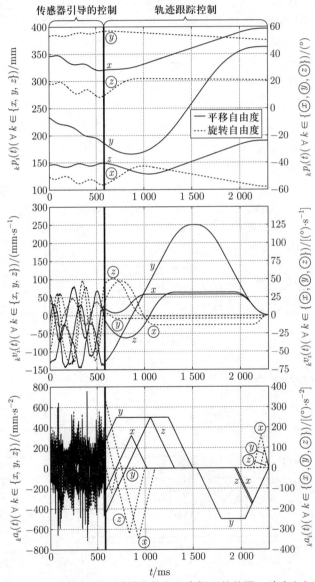

图 8.14 **Stäubli RX60** 型工业机械臂在笛卡儿空间下的位置、速度和加速度曲线。起初, 所有 **6** 个自由度均由反馈控制器 (利用力/力矩传感器信号) 控制; 在 $t = 584$ ms 时, 事件触发, 由 (开环) 类型 **IV** OTG 算法接管控制权

---

① 传感器产品型号为 85M35A–40 200N12, 接收卡工作频率为 8 kHz。

时, (传感器) 事件触发, 系统由传感器引导的机器人运动控制立即切换为轨迹跟踪控制, 随即求出新轨迹 (在事件发生后的控制周期内), 进而机械臂执行平滑且连续的运动。这里的切换是同时作用于全部 6 个自由度 ($\{x,y,z,\textcircled{x},\textcircled{y},\textcircled{z}\}$) 的, 即选择向量由 $S_{585}=0$ 切换为 $S_{585}=1$。当然, 切换也可以仅作用于部分自由度。关联于工业实践中: 假设传感器 (如力/力矩传感器或视觉系统) 在传感器引导的机器人运动控制过程中失效, OTG 算法总是可以在任意时刻、任意运动状态下接管控制, 从而保证运动的平滑性与连续性。此外, 如果由于某种原因而无法达到期望的 (力/力矩或视觉) 设定点, 可在任意时刻中断当前运动, 将各自由度由 OTG 算法引导到安全状态。

8.6.3 由任务空间控制到驱动空间控制的瞬时切换

对 8.6.2 节中实验进行扩展, 现执行由任务空间控制到驱动空间控制的切换, 其结果如图 8.15 和图 8.16 所示。图 8.15 所示为在笛卡儿空间下全部 6 个自由度的轨迹, 而图 8.16 则为关节空间下的轨迹。$T_0=0$ ms 时, 机械臂开始执行其手坐标系下传感器引导的机器人运动指令 [ANC=HF, 参见式 (7.5)], 在任务坐标系中, 3 个平移自由度由简单的零力/力矩控制器 (同 8.6 节所述) 控制, 而 3 个旋转自由度则由 OTG 子模块控制且仅用于保持姿态。在 $t=1\,599$ ms 时, 传感器事件触发 (停止条件 λ_0 成立, 参见 7.2.1 节), 系统由任务空间控制切换至关节空间控制, 这样运行于关节空间的 OTG 算法 (参见图 7.1) 将接管控制权并引导机械臂移动至其起始位置。

8.6.4 一种更为先进的应用

本节介绍一种更具挑战性的应用: 堆叠叠乐 (Jenga)[107]。虽然这并非工业应用, 但它却将力/力矩控制、距离控制、视觉伺服控制以及 OTG 等诸多概念结合起来, 充分体现了多传感器集成的无限潜力。事实上, 叠叠乐是一款由 54 个矩形木块构成的室内游戏, 所有木块按每层 3 个堆叠成塔状。游戏的挑战性在于, 要在塔中找到并取出松动的木块, 再放至塔顶, 以此往复。随着游戏的进行, 塔身将愈发地不稳定, 即使对于人类玩家, 也需要极高的触感敏锐性, 机械臂则要克服自身灵活性等问题来使塔堆得尽可能的高。该机械臂工作单元的配置如图 8.17 所示。在整个游戏过程中, 并未采用一些特别的策略, 而是随机选取所要推出取走的木块。第一步总是先将木块推出塔外几厘米, 这样随即就可以在反方向抓住并拉出。在推出过程中一旦反作用力过大或相机检测到塔在抖动, 机械臂将立即停止并反向退出, 随后再尝试推动下一个随机选取的木块。为了保证抓取过程不对塔造成破坏, 还需要保证在夹具闭合时所抓取的木块不会移动, 即每次抓取必须严格居中。而塔的三维模型空间分辨率在本配置中是由 CCD 相机图像推算得出, 约为 1 mm, 该精度不足以准确计算抓取的位姿, 因而额外配备了三角测距传感器在微米范围内对木块的位姿进行测量, 该距离传感器被固连在机械臂的末端执行器上。为了高精度地测量单

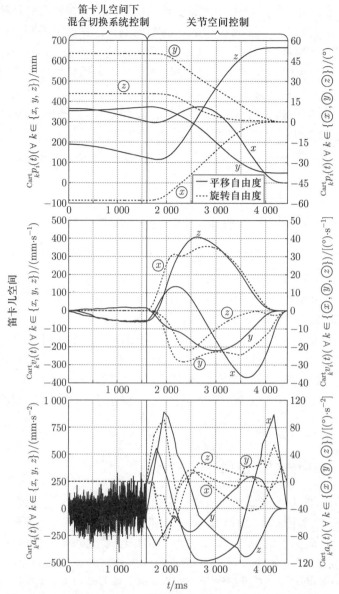

图 8.15　Stäubli RX60 型工业机械臂在笛卡儿空间下的位置、
速度和加速度曲线 (参见图 8.16)

个木块的位姿, 机器臂会沿着该木块移动其末端执行器, 由距离传感器记录距离轮廓, 随即计算出木块的准确位姿。当抓住木块后, 设置了一个力引导的 MP 以便极其小心地将木块拉出塔外, 同时消除所有的横向力及相应力矩。最后一步是要移动木块并放至塔的顶端, 这可由简单的力监控 MP 实现, 即朝着塔顶小心地移动机械臂, 一旦力达到一定阈值, 则表明已接触, 随即运动停止同时夹具张开。关于本应用的进一步细节信息及视频资料请见文献 [115] 和 [142]。

实现这个游戏的大多数机器人运动指令都是传感器保护的运动指令 (参见定义 1.1), 如果没有 OTG 概念, 这些指令是无法执行的。

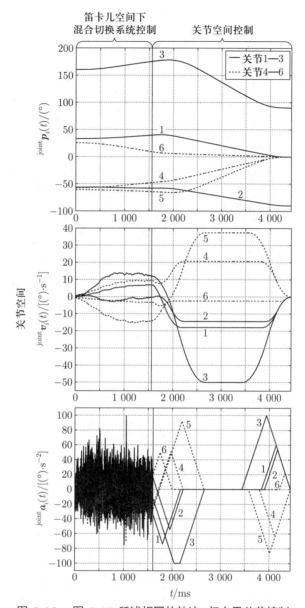

图 8.16　图 8.15 所述相同的轨迹, 但之于关节控制

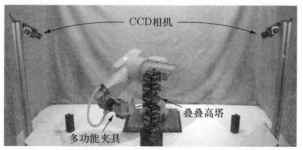

图 8.17　叠叠乐游戏机械臂工作单元的配置[140-142]

第 9 章　进 阶 讨 论

在对本书进行总结之前, 本章将进一步讨论一些值得注意的问题。

9.1　非实时系统的接口——在线轨迹规划

机器人控制系统通常以计算机或基于微控制器的实时系统的形式实现, 因此所有低层级控制算法均以等时间间隔周期性地执行。OTG 算法除了具有第 8 章中提到的优点外, 由于其可在实时条件下执行, 它的输入信号还可充当非实时系统和/或非固定采样间隔系统的接口。因为可以对任意运动控制设定点的变化做出反应, 所以系统可以在任意时刻、任意运动状态 m_i 对新值做出响应。因此, 可以在时变间隔内处理设定点的 M_i^{trgt}、B_i 和 S_i。

例如, 计算机视觉系统通常以图像处理周期 T^{vision} 为工作周期, 该周期比低层级的位姿或者力/力矩控制周期要长。假设图 7.1 所示混合切换系统的采样周期为 T^{cycle}, 则可能每 v 个周期而非每个周期接收到视觉伺服控制子模块的运动控制设定点:

$$T^{\text{vision}} = vT^{\text{cycle}}, \quad v \in \mathbb{N} \setminus \{0\} \tag{9.1}$$

在这种情况下, OTG 模块可以在低层级控制水平上同步运行, 并在每个控制周期 T^{cycle} 为低层级关节控制器提供设定点。为视觉伺服控制选择的自由度的 OTG 输入参数每周期 T^{vision} 仅更新一次。因此, v 不一定是常数。如果计算机视觉算法在非实时平台 (如 Linux 或者 Windows) 上实现, 通常必须考虑或多或少的显著不稳定性, 因此 T^{vision} 不是一个常数。在这种情况下, OTG 模块可以为非实时系统提供非常便利的运动控制接口。

9.2　视觉伺服控制

在 2.4.3 节中已经对视觉伺服控制做了概述, 第 8 章中也指出 OTG 算法适合用作视觉算法和机器人运动控制之间的中间层。

视觉伺服控制方法通常分为基于位置的控制方法和基于图像的控制方法。前者将检测到的图像特征用于估计相机位置; 而后者则是计算来自图像的误差信号, 并将该信号直接映射到执行器的指令变量。Gans 和 Hutchinson[95-97] 将这两种方法结合得到一种混合切换系统, 并证明了它的李雅普诺夫稳定性。尽管两种方法的总目标都是最小化误差函数, 但这往往会导致机器人的运动非常不平滑 (例如由视觉算法的特征丢失或者输出信号的跳变等导致)。为了解决这个问题, 通常在控制方案中加入滤波器, 以便为低层级的控制器提供充足的运动控制信号。

OTG 算法可以取代这些滤波器。该算法可以从图像处理算法接收位姿信号, 并为底层控制结构生成设定点。除了前文提到的优点 (不一定需要视觉系统具备实时能力), 其还有如下优点:

(1) 可以直接指定运动约束 ($\boldsymbol{V}_i^{\max}$, $\boldsymbol{A}_i^{\max}$, $\boldsymbol{J}_i^{\max}$)。

(2) 图像处理算法与 OTG 算法之间的接口可以仅基于位姿 ($\boldsymbol{P}_i^{\text{trgt}}$), 或者是基于位姿和速度 ($\boldsymbol{V}_i^{\text{trgt}}$), 以便视觉系统可以通过 OTG 模块指定空间速度向量。这样有两大优势:

① 如果图像误差函数的当前值超过某个值, 底层 OTG 算法可以自动生成轨迹, 从而可以执行平滑、快速的运动。

② 基于视觉的跟踪应用采用估计的方法 (通常是概率滤波器), 可以通过空间中的速度向量将估计值转发给 OTG 算法, 这样接口将非常简单, 并且产生的运动是连续且运动学时间最优的。

(3) 如果图像处理算法失去了对其特征的跟踪, 并且不能再为 OTG 算法生成足够的指令变量, 则 OTG 可以利用预定义的后备参数, 使视觉系统发生故障的时候也可以保持连续和满足需求的运动 (参见 7.2.5 节和 7.4 节)。

9.3 与高层级运动规划系统的关系

OTG 算法的另一个用例是基于它与更高层级的运动规划系统的关系, 可以取得新的进展。在 2.4.1 节中已经考虑到该方向的一个特殊领域: 实时自适应运动规划 (RAMP[266])。假设机器人必须在动态和/或未知环境中行动, 并配备传感器系统, 以对 (未知的) 静态或动态障碍、事件或任务参数的突变做出反应。

OTG 算法可以作为节点 [266] 或转折点 [280] 的接口, 这些节点或转折点是由更高层级的系统计算得到的。这些节点或转折点是从机器人系统及环境的全局视图生成的。因此, 对环境中不可预见的变化迅速做出反应是非常重要的。此处介绍的 OTG 概念无法满足所有要求, 但是此类高层级运动规划系统的输出值 (即节点和转折点) 可以作为 OTG 算法的输入, 使这些组合系统可以非常好地共生。根据图 1.5 所示的机器人运动控制三层模型, 高层级运动规划系统负责全局规划, 并将轨迹参数 (节点、转折点) 发送到混合切换系统控制器的 OTG 模块, 最终为低层级执行器控制器生成设定点 (参见图 7.1)。基于这样的想法, 机器人系统可以实现基于全局任务的运动规划, 并且不会失去对低层级传感器事件的快速反应能力。

下面通过一个具体、简单、静态的示例来解释此想法。为了便于说明, 图 9.1 描绘了二维空间中的配置空间障碍物。机器人的任务是从 $\boldsymbol{P}_0 = (50, 50)$ mm 运动到 $\boldsymbol{P}_0^{\text{trgt}} = (700, 300)$ mm。为此, 高层级运动规划系统可以计算 H 个中间运动状态:

$$^h\boldsymbol{M}_0^{\text{trgt}} = \left(^h\boldsymbol{P}_0^{\text{trgt}}, \ ^h\boldsymbol{V}_0^{\text{trgt}}, \ ^h\boldsymbol{A}_0^{\text{trgt}}\right), \quad h \in \{1, \cdots, H\} \tag{9.2}$$

这些中间运动状态必须通过 OTG 算法生成的轨迹来传递。H 是对应于节点或转折点的运动状态的数量, 换言之, 式 (9.2) 所描述的运动状态构成了高层级规划系统的接口。当然, 在两个节点之间的运动中, 运动约束 $^h\boldsymbol{B}_i$ 也可以进行调整。在动态环境中, 所有机器人尚未通过的运动状态都可以在任意未来时刻进行调整。

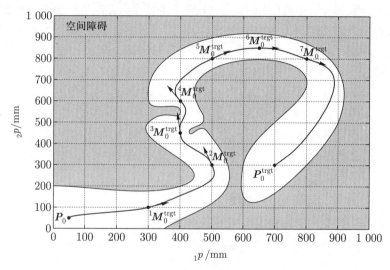

图 9.1 在配置空间中, 高层级运动规划系统可计算中间运动状态 $^h\boldsymbol{M}_0^{\text{trgt}}$ ($\forall h \in \{1, \cdots, 7\}$), 它们通过从 $\boldsymbol{P}_0$ 到 $\boldsymbol{P}_0^{\text{trgt}}$ 的在线生成轨迹来传递

图 9.1 的结果是通过类型 IV OTG 算法实现的, 即 $^h\boldsymbol{A}_0^{\text{trgt}} = \boldsymbol{0}$ ($\forall h \in \{1, \cdots, 7\}$), 因此速度向量可以简单地放入给定的配置空间:

$$\begin{cases} ^1\boldsymbol{P}_0^{\text{trgt}} = (300, 100) \text{ mm}, & ^1\boldsymbol{V}_0^{\text{trgt}} = (80, 30) \text{ mm/s} \\[4pt] ^2\boldsymbol{P}_0^{\text{trgt}} = (500, 300) \text{ mm}, & ^2\boldsymbol{V}_0^{\text{trgt}} = (-30, 100) \text{ mm/s} \\[4pt] ^3\boldsymbol{P}_0^{\text{trgt}} = (400, 450) \text{ mm}, & ^3\boldsymbol{V}_0^{\text{trgt}} = (-10, 100) \text{ mm/s} \\[4pt] ^4\boldsymbol{P}_0^{\text{trgt}} = (400, 600) \text{ mm}, & ^4\boldsymbol{V}_0^{\text{trgt}} = (-50, 80) \text{ mm/s} \\[4pt] ^5\boldsymbol{P}_0^{\text{trgt}} = (500, 800) \text{ mm}, & ^5\boldsymbol{V}_0^{\text{trgt}} = (60, 40) \text{ mm/s} \\[4pt] ^6\boldsymbol{P}_0^{\text{trgt}} = (650, 850) \text{ mm}, & ^6\boldsymbol{V}_0^{\text{trgt}} = (120, 0) \text{ mm/s} \\[4pt] ^7\boldsymbol{P}_0^{\text{trgt}} = (800, 800) \text{ mm}, & ^7\boldsymbol{V}_0^{\text{trgt}} = (150, -70) \text{ mm/s} \end{cases} \tag{9.3}$$

最终到达 $\boldsymbol{P}_0^{\text{trgt}} = (700, 300)$ mm 时的速度为零。

本节介绍了 OTG 是如何被用作高层级运动规划系统的接口的。该用例的主要共生效应是，在更高层级规划系统的指导下，机器人系统可以获得应对未知事件的即时反射运动能力。

9.4 超调问题

在下一节介绍如何将动力学嵌入在线轨迹规划框架之前，先讨论一下到目前为止描述的这个框架所存在的一个客观问题。第 4 章和第 5 章表明系统从当前运动状态 M_i 到目标运动状态 M_i^{trgt} 的时间最优轨迹总是有且仅有一条。

只要 V_i^{trgt}、A_i^{trgt} 和 J_i^{trgt}(类型 IX) 等于零向量，这就是一个充分较好的解决方案。当 OTG 算法作为非实时系统/环境的接口 (参见 9.1 节)、作为视觉伺服控制结构的中间层 (参见 9.2 节)、作为较高层级在线运动规划的接口 (参见 9.3 节)或者用在对系统动力学要求很高的高性能运动中时，需要在空间中指定一组速度向量 V_i^{trgt}(甚至还有加速度向量 A_i^{trgt} 和加加速度向量 J_i^{trgt})，但这可能会导致非期望的轨迹。图 9.2 和图 9.3 举例说明了二自由度系统的此类轨迹 (类型 IV) 及相应的路径。自由度 1 的超调是由于在 P_i^{trgt} 处同时达到 V_i^{trgt}(A_i^{trgt} 和 J_i^{trgt}) 所引起的。为了防止这种情况的发生，P_i^{trgt}、V_i^{trgt}、A_i^{trgt} 和 J_i^{trgt} 必须解耦，即不是到达整个运动状态，而是只到达部分运动状态：

- 仅 P_i^{trgt}、V_i^{trgt} 和 A_i^{trgt}(类型 IX，参见表 3.1)；
- 仅 P_i^{trgt} 和 V_i^{trgt}(类型 V、VII、IX)；
- 仅 P_i^{trgt}(类型 II、IV、V、VII—IX)。

则图 9.2 和图 9.3 所示的超调会被抑制。

从应用的角度来讲，第 4 章和第 5 章中描述的算法的唯一解不一定是期望的解。为了计算抑制超调的期望解，本书中的理论必须在未来的工作中进行扩展。

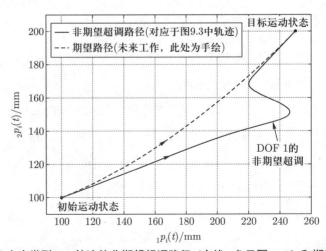

图 9.2 二自由度类型 IV 轨迹的非期望超调路径 (实线，参见图 9.3) 和期望路径 (虚线)

除了 9.1 节至 9.3 节中描述的用例外, 未来还可将应用动力学系统模型进行轨迹优化作为扩展研究的方向之一。

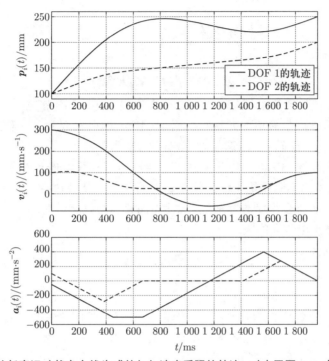

图 9.3 从任意运动状态在线生成的加加速度受限的轨迹, 对应于图 9.2 中实线路径

9.5 机器人动力学的嵌入

正如本书中介绍的那样, 在线轨迹算法只能生成运动学时间最优轨迹 (参见 3.3 节), 因为只考虑了固定的运动学约束。对于许多的应用领域, 特别是低速机器人运动领域, 这已经足够了。但是, 对于需要高性能机器人运动的应用来说, 其需要用考虑系统动力学的轨迹, 这是一个非常重要的缺点。相关内容在 2.4.2 节中进行了介绍, 也有大量利用动力学系统模型的离线轨迹生成概念。大多数方法都源于 Bobrow、Pfeiffer 和 Shin 提出的概念 [27-28,208,238-239]。

机械系统正向动力学模型描述了所产生的轨迹, 特别是所产生的加速度的变化, 其与所施加的驱动力和/或扭矩有关。如果给出了轨迹 (即加速过程), 则基于逆动力学模型可计算得到力/扭矩。与轨迹生成一样, 对刚体系统动力学的描述属于机器人领域的最基本层次。Featherstone [81] 20 世纪 80 年代初期的工作是一个里程碑。相关综述见文献 [82] 和 [83]。接下来, 我们不考虑具体机器人系统的动力学, 而是讨论一种可应用于多数机器人系统的通用方法。

如果对提出的 OTG 算法进行扩展并考虑系统动力学, OTG 的输入 $A_i^{\max}$ 将不再被视为常数。假定在 T_i 时刻的执行力和/或力矩[①]表示为

---

① 平动关节施加力, 转动关节施加力矩。

$$F_i = ({}_1F_i, \cdots, {}_kF_i, \cdots, {}_KF_i) \tag{9.4}$$

对于系统相关 (常数) 的最大值为 $F^{\max}$, 正向动力学可以视为微分方程

$$\ddot{P}_i = f\left(P_i, \dot{P}_i, F_i\right) \quad \Leftrightarrow \quad A_i = f\left(P_i, V_i, F_i\right) \tag{9.5}$$

特别是

$$A_i^{\max} = f\left(P_i, V_i, F^{\max}\right) \tag{9.6}$$

后面的等式可能导致简单但是错误的方法来将式 (9.6) 的向量 $A_i^{\max}$ 作为 OTG 的输入反馈回去。这个简单的想法只适用于 $A_i^{\max}$ 的所有元素是常数或连续增加的情况 (若减小, 由于降低了减速能力, 会导致 P_i^{trgt} 的超调)。

为了结合系统动力学, 必须考虑整个轨迹。相应算法的计算量要比 OTG 算法的高得多, 因此不能在每个低层级控制周期 T^{cycle} 都被执行。正因为如此, 通过 OTG 概念, 永远不会得到时间最优的轨迹, 而只能得到接近时间最优的轨迹。其基本思想是选择一个时间间隔:

$$T^{\mathrm{adapt}} = \lambda \cdot T^{\mathrm{cycle}}, \quad \lambda \in \mathbb{N} \backslash \{0\} \tag{9.7}$$

如图 9.4 所示, 轨迹优化算法每 T^{adapt} 执行一次, 并适应 OTG 算法的输入参数。该图仅展示了这个想法; 基于系统动力学和/或轨迹优化方法的参数自适应模块是未来工作的主要内容。根据任务和所选的轨迹优化方法, 该模块所表示的算法可以自适应 $A_i^{\max}$ 的元素, 但是也可能计算由 $P_i^{\mathrm{trgt}'}$、$V_i^{\mathrm{trgt}'}$ 和 $A_i^{\mathrm{trgt}'}$ 组成的中间运动状态。

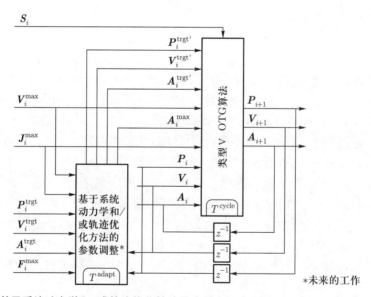

图 9.4　基于系统动力学和/或轨迹优化算法的参数自适应类型 V OTG 方案 (参见图 3.3)。如两个模块所示, 轨迹优化算法每 T^{adapt} 执行一次, 而 OTG 算法的周期为 T^{cycle} $1/\lambda$ 倍

这些自动计算的运动状态 $\boldsymbol{M}_i'$ 被用作实际 OTG 算法的输入值,但必须避免如 9.4 节所讨论的非期望超调。因此,$\boldsymbol{M}_i'$ 的值可以自适应 $\boldsymbol{V}_i^{\text{trgt}}$ 和/或 $\boldsymbol{A}_i^{\text{trgt}}$ 和/或 $\boldsymbol{J}_i^{\text{trgt}}$(参见 9.4 节)。

为了演示该过程,图 9.5 给出了一个简单的二自由度机构的点对点轨迹,其最大加速度值根据系统动力学进行调整。自适应过程的周期为 $T^{\text{adapt}} = 1$ s (这只是一个示例),OTG 算法的周期为 $T^{\text{cycle}} = 1$ ms ($\lambda = 1\,000$)。该例的目标是自适应最大加速度值 $\boldsymbol{A}_i^{\max}$,并且在每个自适应步骤中,必须确保 $\boldsymbol{A}_i^{\max}$ 的各元素值不超过它们各自的最大值。在图 9.5 所示的示例中,为了使系统从 $\boldsymbol{P}_0 = (700, -50)^{\text{T}}$ mm 到达 $\boldsymbol{P}_i^{\text{trgt}} = (180, 490)^{\text{T}}$ mm ($\forall i \in \{0, \cdots, 5\,294\}$),采用了下面的数值:

$$\begin{cases} \boldsymbol{A}_0^{\max} = (99, 50)^{\text{T}} \text{ mm/s}^2, & \boldsymbol{A}_{3000}^{\max} = (87, 159)^{\text{T}} \text{ mm/s}^2 \\ \boldsymbol{A}_{1000}^{\max} = (212, 88)^{\text{T}} \text{ mm/s}^2, & \boldsymbol{A}_{4000}^{\max} = (223, 78)^{\text{T}} \text{ mm/s}^2 \\ \boldsymbol{A}_{2000}^{\max} = (181, 141)^{\text{T}} \text{ mm/s}^2, & \boldsymbol{A}_{5000}^{\max} = (173, 34)^{\text{T}} \text{ mm/s}^2 \end{cases} \tag{9.8}$$

在 $t = 4\,000$ ms 和 $t = 5\,000$ ms 时,当自由度 2 的最大加速度分别从 $_2A_{3\,999}^{\max} = 159$ mm/s^2 跳到 $_2A_{4\,000}^{\max} = 78$ mm/s^2 或从 $_2A_{4\,999}^{\max} = 78$ mm/s^2 跳到 $_2A_{5\,000}^{\max} = 34$ mm/s^2 时,可以识别 OTG 变体 B 的功能,即系统使用的运动状态值超出了给定的最大值。通过图 9.5 所示加速度曲线中的虚线,可以看出自由度 2 的最大加速度值 $_2A_i^{\max}$[其由 $_2F^{\max}$ 得出,参见式 (9.6)] 是考虑了动力学的时间最优执行的极限值。

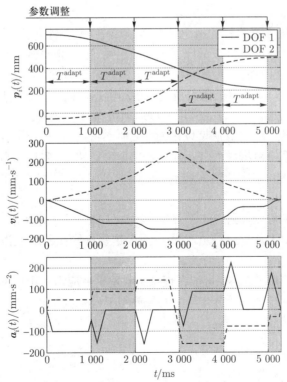

图 9.5　考虑动力学模型以及每秒单参数自适应二自由度系统的运动轨迹,$T^{\text{adapt}} = 1$ s

此例表明, 在执行高性能动力学运动时, 能同时保持对未知事件的即时应对能力。显然, 这些在线生成的轨迹并不优于离线计算得到的轨迹。就最小时间 (或最小能量) 轨迹而言, 离线的方式可以产生更好的轨迹, 但是, 基于本书提出的概念, OTG 可获得在任意时刻中断高性能运动的可能性。

此外, 可以通过离线的方式生成轨迹, 将离线规划作为混合切换系统 (参见图 7.1) 的一个子模块, 并且在不可预见的切换时刻, OTG 可以立即取代离线规划模块。这些内容将在 10.2 节讨论。

9.6　进阶应用

到目前为止, 所提到的应用都是工业机器人系统, 或是一维情况下的伺服驱动系统。这些应用通常仅限于结构合理、环境安全、定义明确的任务, 但是 OTG 的概念还可以应用到其他许多领域。

服务机器人的出现对运动控制的动力学方法提出了需求。服务机器人应直接在人类附近工作, 甚至在非结构化或未知的环境中与人协作。在遇到不可预见的障碍物 (例如人类自身) 时, 能立即利用预先规划的轨迹进行在线修正是极为有益的。

在 2.4.4 节中已经介绍了类人机器人通常具有与服务机器人相同的上述要求。在发生意外时, 要求机器人能够立刻响应。由于 OTG 算法具有反射运动能力, 使得机器人反射变得可行 (参见 1.2 节)。

手术机器人也需要这样的概念。在该领域中, 安全性和冗余性是非常重要的, 并且要求安全应对意外事件或故障。依据应用场景, 手术机器人系统简单、快速的停止不一定正确, 因为机器人速度减至零可能伤害到患者。OTG 算法能够在任何情况下接管控制权, 并引导机器人至安全运动状态。由于其确定性, 该算法可以在冗余控制器上执行, 以冗余方式应用于该运动状态, 进而生成实例。

如 9.1 节所述, OTG 算法可以作为非实时系统的接口, 该特性可以应用在遥操作领域。如果在遥操纵器操作杆端通过传感器进行感知, 则可以自动且实时地执行 8.4 节、8.5 节和 8.6 节中所述的切换, 而无须立即与非实时、通信延迟的操作员进行交互。

加加速度限制可以通过 OTG 算法 (除类型 I、II 外) 来实现, 且在并联运动机构中很重要 (例如 HEXA 运动学 [213], 因为这些机构在原则上需要加加速度受限的轨迹 [220]。

除上述实际应用外, 也有可能在理论上实现扩展应用。由于 OTG 算法可以计算任意运动状态的输出值, 它有可能成为控制工程领域 (尤其是混合切换系统) 稳定性分析的相关算法。

9.7 现有架构的迁移

尽管本书的重要部分 (第 3 章至第 6 章) 具有理论性质, 但是在实践中广泛使用 OTG 算法的步骤只是很小的一步。虽然机器人制造商 [3,60,79,123,153,186,189,194,250] 通常不会透露他们的控制方案及架构的详细信息, 但可以假设使用了类似于图 7.1 虚线下方的关节控制方案。假设关节控制层面的接口存在, 即图 7.1 所示的虚线, 那么可以直接应用类型 Ⅳ OTG 算法, 而无须进行其他工作。它的接口非常简单, 仅由一段 C++ 程序组成[①]:

```
int OTG::GetNextSamplePosition(const OTGDoubleVector &CurrentPosition
                            ,       OTGDoubleVector *NewPosition
                            , const OTGDoubleVector &CurrentVelocity
                            ,       OTGDoubleVector *NewVelocity
                            , const OTGDoubleVector &CurrentAcceleration
                            ,       OTGDoubleVector *NewAcceleration
                            , const OTGDoubleVector &MaxVelocity
                            , const OTGDoubleVector &MaxAcceleration
                            , const OTGDoubleVector &MaxJerk
                            , const OTGDoubleVector &TargetPosition
                            , const OTGDoubleVector &TargetVelocity
                            , const OTGBoolVector   &SelectionVector);
```

此方法的参数不言自明 (参见图 3.3); OTGDoubleVector 是双精度型数组; OTG-BoolVector 是布尔型数组。构造函数如下:

```
OTG(const unsigned int NoOfDOFs, const double CycleTimeInSeconds);
```

它的性质非常简单, 因此 OTG 算法在关节空间中的应用是非常简单的, 并且不需要太大的计算量。向笛卡儿空间的迁移一般不是通用的, 而是取决于现有架构和运动学结构。如果图 7.1 所示的变换算法可用, 那么 OTG 算法可以轻易地用作开环位姿控制器。例如, 该控制器可以与现有的轨迹生成器并行运行, 如果发生系统必须做出反应的不可预见的 (传感器) 事件, 那么 OTG 模块可以取代当前的控制子模块。

9.8 实时性验证

OTG 算法及其实现的设计是具有实时性的, 也就是说, 必须制定该算法最差情况执行时间。根据 OTG 算法的类型, 需要 $2\alpha - 4\beta$ 个决策树 (参见表 3.1)。为了计算算法的最差情况执行时间, 可以用图论的方法建立树 [68], 其结构与原始决策树相同。每个节点都分配相应决策或中间轨迹段的执行时间, 并为每片叶子分配相应运动曲线的计算时间。通过完整的图搜索, 可以确定每棵树计算代价最高的路径; 由此可以指定每棵树的最差情况执行时间。这些时间的总和乘以自由度的数量可以得出 OTG 算法的最差情况执行时间。

---

① 这些代码摘录是当前 OTG 实现的精确副本。

在计算最差情况执行时间时的一个问题是, Anderson–Björck–King 方法 (参见附录 A) 是一种迭代方法, 其执行时间取决于算法的输入值。为了保持鲁棒性, 对算法进行了修改, 以使停止条件步骤 (参见附录 A) 不是取决于达到阈值 ε, 而是取决于使用二分法达到一定相对精度所需的循环周期数, 这样生成的结果是与输入值无关的。

类型 IV OTG 算法的最大执行时间为 90 μs [所用硬件配置: CPU 为 AMD Athlon64 3700+ (2.2 GHz, 1 024 KB 二级缓存), 2 GB DDR–400 内存, 主板为 Gigabyte GA–K8NF9 Ultra F5], 因此六自由度机器人系统在低端单核计算机上的最差情况执行时间是 540 μs。如果算法采用任意值, 即 $\boldsymbol{W}_i$ 的元素采用 $[-1\,000, 1\,000]$ 的随机数时, 六自由度机器人系统的平均执行时间是 135 μs。导致上述情况出现差异是由计算无效时间间隔造成的。在大多数情况下, 并不存在无效时间间隔, 但是在最差情况计算中, 当然要考虑所有自由度的无效时间间隔。

为了提高速度, 可以使用多核计算机运行并行计算, 如图 9.6 所示 (参见图 5.1 和图 6.2)。对于所有 K 个自由度, 可以并行计算步骤 1 和步骤 2 的 $2\alpha - 4\beta - 1$ 个决策树。假定有一个 K 自由度系统及 F 核计算机, 理论性能增益 g 可由下式给出:

$$g = \frac{K}{\lceil K/F \rceil} \tag{9.9}$$

当然, 在实践中, 必须考虑到多核线程调度和相应的上下文切换会导致更高的成本, 因此 g 只是一个理论值; 真正的性能提升取决于所使用的硬件和操作系统, 因此必须进行单独测试。

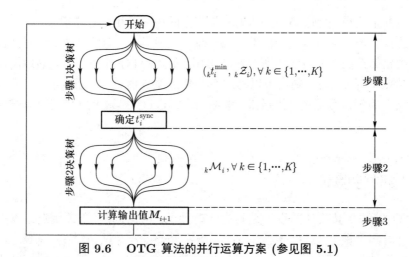

图 9.6　OTG 算法的并行运算方案 (参见图 5.1)

9.9　更高的控制频率

第 8 章中所有结果都是在 1 kHz 的控制频率下实现的。在力/力矩控制领域 (参见 2.4.3 节) 和触觉领域 (例如文献 [9,17]) 可找到许多相关的出版物, 其均认为 1 kHz 的控制频率就足够了。考虑到大多数机器人系统的动力学特性, 这一般是正确的; 特别地, 从这个角度考虑, 串行运动学机构通常不需要更高的控制频率。

然而, 本节的目的是引起人们对更高控制频率的关注。OTG 概念的一个优点是能够实现机器人反射, 因此反应时间是最基本的特征。当然, 对人类来说也是如此: 反应得越快, 人类的反应行为就越灵活。但是机器人系统通常具有更高的刚度, 例如, 当机器人与环境接触时, 力/力矩会急剧增加。因此, 控制频率高于 1 kHz 的次要原因肯定是改善控制行为; 而高控制频率的主要原因是对传感器事件的反应时间。特别是, 刚性机器人系统可以在尽可能短的控制周期内取得最佳结果。

为了进一步阐明, 图 9.7 给出了一个非常简单的实验设置①。工业机器人 Manutec r2[175] 的末端由一块与机器其他部分电气隔离的铝板制成。在该末端执行器上施加了电势, 在一块巨大且坚硬的钢板上施加相应的地电势。机器人的任务是以不同的速度接近钢板:

$$_zV^{\text{approach}} \in \{2.5, 5.0, \cdots, 30\} \text{ mm/s} \tag{9.10}$$

一旦通过测量接触信号的电压检测到与环境接触, 便令机器人尽快离开钢板。根据系统对接触信号的采样速率 (参见图 9.7), 产生的最大接触力差异显著。图 9.8(a) 显示了 1 kHz 的曲线, 图 9.8(b) 显示了 4 kHz 的曲线。

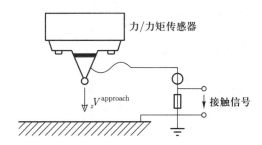

图 9.7　图 9.8 所示接触实验的示意图 (参见文献 [85])

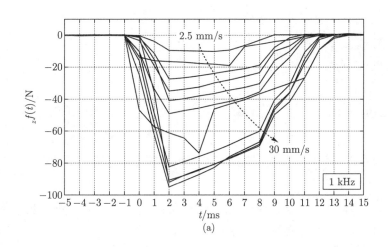

(a)

---

① 该实验已在 Finkemeyer 的论文 [85] 中进行了介绍和讨论, 这里只是对同一主题的简要回顾。

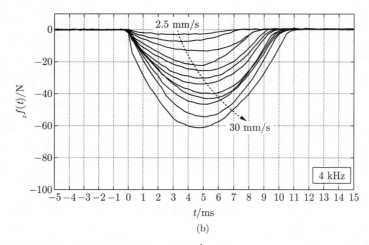

(b)

图 9.8　在接触实验中，以不同接近速度 $_zV^{\text{approach}} \in \{2.5, 5.0, \cdots, 30\}$ mm/s 在 1 kHz 和 4 kHz 采样频率下测量接触力 [参见式 (9.10)、图 9.7 和文献 [85]]

由于这个事实，软件工程的问题 [参见式 (9.9) 和图 9.6] 变得越来越重要，以期提高控制频率。例如，已出版的有关机器人技术领域实时软件工程的著作包括文献 [19, 86, 197, 219, 225]。

9.10　决策树开发的几个方面

在 "注 5.2" 中已经讨论如下问题：如何开发决策树以实现在线轨迹生成？决策树是所有 OTG 算法的核心，因为决策树必须保证式 (4.13)：

$$\bigcup_{r=1}^{R} {}^r\mathcal{D}_{\text{Step1}} \equiv \mathbb{R}^{\alpha}$$

式 (5.18)：

$$\bigcup_{s=1}^{S} {}^s\mathcal{D}_{\text{Step2}} = \mathbb{R}^{\alpha+1} \backslash \mathcal{H}$$

以及式 (5.19)：

$$\mathcal{S} = \bigcup_{s=1}^{S} \{ {}^s\mathcal{D}_{\text{Step2}} \cap {}^u\mathcal{D}_{\text{Step2}}, \quad \forall u \in \{1, \cdots, S\} \mid u \neq s \}$$

在实践中成立，并且必须保证满足 3.3 节介绍的 4 个准则。这些问题只能靠人工解决和保证，即决策树的开发者 (参见图 4.4、图 4.8、图 5.6、图 5.7 和图 5.8) 必须非常小心才能不忽略任何情况。由于它们的复杂性，人们自然会想找到一种能自动开发这些决策树的方法，但这是一个难题，在下文中将对此进行阐释。

当开始开发决策树时, 运动曲线集 $\mathcal{P}_{\text{Step1}}$ 和 $\mathcal{P}_{\text{Step2}}$ 是未知的。这两个集合必须彼此完全适配, 以使上述三式成立。这些集合的设计只能在 $2\alpha - 4\beta$ 个决策树 (参见表 3.1) 的开发过程中进行, 因为在知道所有可能的情况之前, 无法知道这些曲线的样子。简要总结如下:

(1) 如果知道某具体 OTG 类型的运动曲线集 $\mathcal{P}_{\text{Step1}}$ 和 $\mathcal{P}_{\text{Step2}}$ [及其所有的输入域 $^r\mathcal{D}_{\text{Step1}}$ $(\forall r \in \{1, \cdots, R\})$ 和 $^s\mathcal{D}_{\text{Step2}}$ $(\forall s \in \{1, \cdots, S\})$], 也许可以自动生成决策树。

(2) 如果知道某具体 OTG 类型的 $2\alpha - 4\beta$ 个决策树, 那么确定运动曲线集 $\mathcal{P}_{\text{Step1}}$ 和 $\mathcal{P}_{\text{Step2}}$ 是可能的。

但是, 由于预先既不知道具体类型的 $\mathcal{P}_{\text{Step1}}$ 或 $\mathcal{P}_{\text{Step2}}$, 也不知道决策树, 因此无法自动生成 OTG 算法。

此外, 因为每个决策都有其目的, 所以不可能为决策树的开发制定一般规律。当然, 有些决策的工作原理非常相似, 但始终存在细微差别。开发者可以影响的属性是决策树的大小。其取决于决策的顺序, 总有一种顺序可使决策数量最少。文献 [146] 中类型 I OTG 算法的决策树相对比较大, 因为其决策的顺序是非最优的。

9.11 决策树的完整性分析

所有决策树都是手动生成的, 且必须考虑如何确保所有 $2\alpha - 4\beta$ 个决策树都是完整的, 从而使式 (4.13)、式 (5.18) 和式 (5.19) 成立。为了验证所有树的完整性, 为每一条边指定一个布尔变量①。

最初, 将所有决策树的所有边指定为 0。然后, 将 α 个随机生成的数重复应用于该算法, 如果算法通过其中一条边, 则将其值设置为 1。重复此过程, 直到为所有边被设置 1。在此过程中, 任何错误都不能发生, 即所选运动曲线方程组必须在任何情况下都是可解的。如果只有一种情况下方程组不可解, 则可能出现以下两种错误之一:

(1) $2\alpha - 4\beta$ 个决策树中有个或多个树存在错误。

(2) $\mathcal{P}_{\text{Step1}}$ 和/或 $\mathcal{P}_{\text{Step2}}$ 不完整或存在错误。

对于类型 IV OTG 算法而言, 执行此评估是一项艰巨的任务。只有所有决策树的所有边都至少通过了一次, 并且所有涉及的方程组都是可解的, 才能证明决策树的完整性。

注 9.1 在类型 IV OTG 算法成功通过测试后, 将随机数重复应用于该算法, 以获得附加信息, 以表明该算法是完整的且在数值上是稳定的。经过超 300 亿次的无错误循环后, 作者中止了测试。

---

① 图 4.4、图 4.8、图 5.6、图 5.7 和图 5.8 所示的决策树以压缩的方式呈现, 正如本书中所呈现的形式。因此, 单个节点 (或单个边) 在详尽绘制的时候被多次使用, 则决策树看起来像图形, 尽管它们本身是决策树。在本节中, 边指的是能够详尽绘制的决策树的边。

9.12 类型 V—IX OTG 算法

正如之前已经提到的不同类型 OTG 算法 (3.4 节) 那样, 作者开发的 OTG 算法的最高类型是类型 IV OTG 算法。当然, 进一步的开发也可以按照与类型 IV 相同的方式进行, 但是工作量会增加, 因为根据表 3.1, 输入和/或输出空间的维度增加了。

如果能指定目标加速度向量 A_i^{trgt}(类型 V), 则可以通过预先指定的变换来执行从一个状态到另一状态空间的运动转换。

例 9.1 图 9.9 所示为一个运动的二维路径, 首先相对于笛卡儿坐标进行控制 (点虚线) 在到达 $^{\text{Cart}}M_i^{\text{trgt}}$ 后的那刻起, 相对于柱坐标 (虚线) 进行控制。这种从笛卡儿坐标到柱坐标的转换使得机器人从切换的那一刻起就可以沿着一条圆形路径继续运动, 因为可以指定目标加速度向量 $^{\text{Cart}}A_i^{\text{trgt}}$。8.5 节 (图 8.10、图 8.11 和图 8.12) 已给出了类型 IV OTG 算法的一个相似示例。

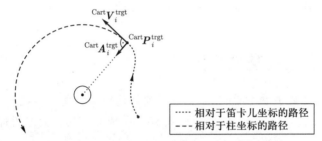

图 9.9 通过指定相应目标运动状态 $^{\text{Cart}}M_i^{\text{trgt}}$, 可以从笛卡儿坐标变换到柱坐标, 这种变换可以利用类型 **V** OTG 算法实现

类型 V OTG 算法的另一个优势是, 在将来的工作中可以将动力学模型应用于机器人运动轨迹的在线生成。这个特点在 9.5 节中已经进行过讨论。

类型 VI 以及更高型的 OTG 算法的开发将比类型 V OTG 算法的开发要求更高, 因为运动曲线 (即加加速度曲线) 的多样性大大增加。输入域细分的子空间数量 [参见式 (4.13)] 与算法步骤 2 中输入域的子空间数量 [参见式 (5.18)] 也都显著增加了。类型 VI—IX OTG 算法相对于类型 III—V OTG 算法的优势在于, 轨迹平滑度更高, 并且通过使用适当的运动学约束来避免运动系统的高阶动力学激励的效果得到增强, 因此可以实现更敏捷的任务, 例如将一个装满水的玻璃杯从初始位姿运输到目标位姿, 并且使洒出的水最少。

9.13 其他变体

第 3—7 章中提出的 OTG 算法类型的缺点是, 在正方向和负方向使用相同的边界值 V_i^{max}、A_i^{max}、J_i^{max} 和 D_i^{max}。根据机器人和控制结构, 对正、负方向使用

不同的边界值可能更合理, 从而式 (3.17) 扩展为

$$M_{i+1} = f(W_i), \quad f : \mathbb{R}^{(\alpha+\beta)K} \times \mathbb{B}^K \to \mathbb{R}^{\beta K} \tag{9.11}$$

与更高型的 OTG 实现相反, 这种扩展的实现和集成可以在不开发进一步的决策树的情况下完成。决策树的结构保持不变, 但是树的决策节点和叶子必须适应 βK 个进一步的输入变量。

如果将 OTG 算法应用于移动机器人领域, 则正方向和负方向使用不同的运动约束是有意义的。例如, 汽车的减速度通常比加速度大得多, 而且汽车在前进方向的行驶速度通常比在后退方向的行驶速度快得多。

9.14 论自然法则的优雅

自然法则通常具有某种优雅或美感 [80]。当然, 本书介绍的算法类型不是自然定律, 但是其也具有一种优雅的特点。

在有关类型 Ⅳ 决策树的开发中, 以八维与九维空间为例, 作者在实际开发中常常觉得自己是一个小小的三维生物在八维、九维空间中寻找未知的东西。很少有人清楚地知道, 在这些空间中应该走哪条路, 决策应该是什么样子, 以及在线轨迹生成的基本思想是否会奏效。但过了一段时间, 会逐渐深入这些空间并发现一种美、一种优雅。不幸的是, 在本书中无法表达这种优雅, 这也是写这一节的原因。

式 (4.13)、式 (5.18) 和式 (5.19) 是本观点的基础。如 "注 5.2" 所示, 即使以最小化的方式, 单一类型 OTG 算法的决策树也很复杂, 因为它由数百个单独的决策组成。但是最后, 在用几平方米的纸写下决策树之后, 一切都完美地契合在一起——就像一个奇妙的数学谜题。

第 10 章　总结、未来工作和结论

本章对本书的每一章都作了简要的总结, 并对今后的工作提出设想, 最后得出本书的结论。

10.1　总结

10.1.1　文献综述与动机

除了在线与离线路径规划和轨迹生成方法外, 第 2 章还对机器人运动控制和混合切换系统控制领域进行了文献综述。此外, 讨论了最常见的传感器引导的机器人运动控制方式——力/力矩控制和视觉伺服控制。通过文献综述总结了本书工作的动机:

"大多数调研的离线和在线运动生成都会沿着指定的路径产生运动。但这真的是个好方法吗? 仅用于位置/位姿和/或轨迹跟踪控制运动的话, 这当然是个好方法, 而且没有任何限制! 但是, 当执行传感器引导的运动 (例如力/力矩控制或视觉伺服控制) 时, 不会有预定的路径, 因为机器人的运动直接取决于传感器的信号。在基于传感器的运动控制过程中, 必须忽略路径! 一旦嵌入了传感器引导或传感器保护的运动, 就不再会有预定的路径了。尤其是, 我们必须告别沿着先前指定的路径的轨迹规划和参考轨迹。没有一条路径可以被精准地跟踪, 因为一切都可能取决于传感器, 而传感器的信号无法预知。"

10.1.2　不同类型 OTG 算法的介绍

第 3 章介绍了类型 I 至类型 IX 9 种类型的 OTG 算法。所有类型都会为具有一个或多个自由度的机械系统生成动力学上时间最优和时间同步的轨迹。根据不同类型指定算法的输入和输出值。在线轨迹生成算法的类型可以依据加速度限制、加加速度限制或者加加速度的导数限制为特征进行区分。此外, 可以根据算法类型指定不同的目标运动状态参数。最简单的情况仅允许指定目标位姿/位置, 并且对

145

于更复杂的类型, 可以指定目标速度、目标加速度和/或目标加加速度。作者实现的最高类型是类型 Ⅳ OTG 算法: 该算法生成加加速度受限轨迹, 并允许指定目标速度矢量。

10.1.3 单自由度系统的在线轨迹规划

多自由度系统的算法包括三个步骤, 第一步的一部分可以应用到单自由度系统。在单自由度系统中, 该算法将系统从任意初始运动状态时间最优地传递到指定的目标运动状态。在对该概念进行一般描述之后, 对类型 Ⅳ OTG 算法的具体解决方案作了详细介绍。其基本思想是存在有限数量的运动曲线, 其中一个曲线可得到时间最优解。该曲线可由决策树选择, 随后可建立并求解相应的方程组。该解决方案包含所有所需的轨迹参数, 以便可以计算输出值, 即当前控制周期的运动状态。在求解这些方程的过程中, 出现了一些数值问题, 因此开发了结合使用 Anderson–Björck–King 方法和简单二分法的过程。此过程可确保算法的鲁棒性, 并且可以计算任意输入值的确定性解决方案。

10.1.4 多自由度系统的在线轨迹规划

本部分的主要工作是提出一种多自由度机器人系统的在线轨迹生成算法。该算法包括 3 个步骤:

(1) 计算最小同步时间。

(2) 将所有自由度与步骤 (1) 的同步时间同步, 并计算所有轨迹参数。

(3) 根据步骤 (2) 获得的参数计算当前控制周期的所有输出值。

针对单自由度系统提出的算法被用于计算所有自由度的最小可能执行时间。最小同步时间不能小于所有先前计算的时间的最大值。根据 OTG 的类型, 每个自由度最多可能出现 3 个无效的时间间隔。必须在算法的第一步中计算这些时间间隔, 以保证所有自由度都可以在同步时间指定的时刻准确到达其目标运动状态。

该算法的步骤 (2) 计算所有自由度的全部轨迹参数, 以便它们同步达到其目标运动状态, 而步骤 (3) 计算当前控制周期的输出值, 这些值随后用作较低层级的控制指令变量。

该过程实现了多自由度系统时间同步轨迹的生成。第 6 章将这种算法扩展应用于相位同步的轨迹, 即多维空间中的直线轨迹的生成。

10.1.5 混合切换系统控制

这种新算法可以实现的主要用途进步是基于传感器的机器人运动控制。在第 7 章中, 提出了一种混合切换控制系统。该系统由多个传感器以及开环和闭环控制器组成, 且可以进行离散切换。操作原语 (MP) 指定了如何选择控制信号, 构成了更高层级应用的接口。正式定义了此编程范例, 以确定能用非常开放的方式同时执行传感器引导的和传感器保护的机器人运动命令的可能性, 从而主要解决由于任何种类和数量的传感器而引起的不可预见事件。由于采用了 OTG 算法, 该系统能够在任意 (与传感器相关的) 时刻在不同的参考坐标系间切换。此外, 由于 OTG 算法能够从任意运动状态接管控制, 因此从任务空间控制到执行器空间控制 (反之亦然) 的切换变得可行, 从而可以实现安全、鲁棒的控制系统。此功能非常实用且具有很高的相关性, 因为如果传感器发生意外故障, 在线轨迹生成算法也可以接管控制和/或取代其他控制器。

10.1.6 实验结果

在第 3—7 章介绍了在线轨迹生成的理论概念之后, 第 8 章给出了实验结果。这些实验包含:

1. 对任意运动状态的处理

具有多个自由度的系统从任意运动状态转移到期望的目标运动状态。

2. 对不可预见 (传感器) 事件的瞬时反应

一个简单的二自由度机器人执行一个动作; 在运动过程中意外检测到障碍物, OTG 算法立即生成时间最佳轨迹, 以防止碰撞并绕过障碍物。

3. 位似同构轨迹

在执行直线轨迹期间, 发生传感器事件, OTG 算法立即生成新的直线轨迹。

4. 参考坐标系的不可预见切换

相对于参考坐标系 (通常是任务坐标系) 执行的运动由于传感器事件而中断, 并且控制系统在控制周期内切换到另一个控制坐标系, 从而保持连续运动。

5. 状态空间的不可预见切换

通过一个平面的 $r\text{-}\varphi$ 机器臂, 显示了控制系统如何在任意时刻和任意运动状态下从笛卡儿空间控制切换至关节空间控制。

6. 六自由度工业机械臂混合切换系统控制

本书最后一个实验结果用 Stäubli RX60 工业机械臂, 在某些任务空间自由度内执行力控运动, 在任意时刻, 控制系统可以切换到关节空间控制并且 OTG 算法可以接管控制。

10.1.7 与高层级运动规划系统的关系

所提方法的设计目标是在低层级执行器控制和高层级运动规划之间充当开环姿态位姿控制单元。算例表明, OTG 算法从一类高阶系统接收笛卡儿空间的一组速度向量, 并生成用于低层级控制的指令变量。

10.1.8 机器人动力学的嵌入

所提出的算法仅能产生运动学时间最优轨迹, 即不考虑动力学系统模型。动力学的嵌入属于未来工作的主题 (参见 10.2 节)。给出一个简单的示例, 用所提出的 OTG 算法采用最大加速度曲线来生成轨迹。

10.2　局限性和未来工作

所提出的机器人运动轨迹在线生成的概念是一个非常基本的问题, 所提出的算法是否会随着时间的推移进入日常实践是一个有趣的问题。除了 10.1 节中介绍的潜力和优势外, 还有一些局限性和开放性问题。

9.5 节提出了一个非常重要的问题, 即考虑对机器人动力学的考虑, 因为生成的轨迹仅仅是运动学时间最优的, 这是仅考虑恒定的运动学运动约束的重大缺陷。图 9.4 提出了一种嵌入机器人动力学模型的方案; 但基于系统动力学和/或轨迹优化方法的参数自适应模块仍然是未来工作的一部分。像经典的离线轨迹生成概念那样, 只有将机器人的动力学行为结合起来, 才能安全地实现高性能的运动。

另一个待解决的问题是开发更高型的 OTG 算法。作者开发了类型 IV 算法, 描述了各种在线轨迹生成器的基本概念。但是, 正如在 9.13 节讨论的一样, 类型 V 和 VI 算法将为进一步的功能开发打开大门。例如, 类型 V 与嵌入系统动力学是相关的, 类型 VI 将使轨迹具有更好的平滑性。

7.4 节讨论了使用 OTG 算法 (即开环位姿控制器) 作为一个控制子模块的混合切换控制系统的稳定性问题。本书仅包含一系列论点的推导。有关混合切换系统的稳定性证明超出了本书的范围, 将在未来的工作中讨论。

10.3　结论

本书引入了一种机器人系统在线轨迹规划方法。所提出的在线轨迹生成算法与低层级运动控制器并行执行, 使得使用它的系统能够立即对不可预见的 (传感器) 事件做出反应。该算法填补了一个重要的空白: 在任何时间和任何运动状态下, 都可以从传感器引导的机器运动切换到轨迹跟随的运动。由此, (多) 传感器集成得到大大简化, 并且使机器人运动控制系统能够执行轨迹跟随的运动、传感器引导的运动和传感器保护的运动。所提出的 OTG 算法可以作为开环位姿控制器, 并且可以在任意时刻接管控制, 这样即使传感器出现故障, 也可以保证安全、连续的运动。

与绪论中介绍的人类神经生理系统作简要比较, 本书所提出的算法使机器人系统能够执行一种机器人反射。此功能为机器人运动控制和编程提供了新的基本可能性, 并且为基于传感器的机器人应用的新领域打开了大门。该概念非常基础且自成体系, 因此几乎可以应用于机器人技术的所有领域以及控制工程的许多领域。由于该算法的接口非常简单, 因此可以直接应用于实际应用中; 它具有工作稳定、实时性强的特点。

本书所提出的算法旨在推进机器人在各个领域的运动控制系统, 例如服务机器人、机械手控制系统、移动机器人和操作、机器人手术——简言之, 传感器集成在所有领域发挥着基础性作用。该算法可以看作中间层, 是连接低层级机器人运动控制与高层级 (基于传感器的) 运动规划的重要桥梁。

　　本书的基本思想很简单，所用到的数学知识也是非常基础的。在在线轨迹规划理论的整个发展过程中以及在本书的撰写过程中，笔者的意图始终是使所有内容尽可能简单。为了将本书的最后一句话与前言联系起来，笔者以达·芬奇的著名语录结束这部作品："至繁归于至简"。

附录 A 改进的 Anderson–Björck–King 方法

如 4.2.1 节所述, 本部分应用了经过 King[131] 改进后的 Anderson–Björck [12] 方法。为了提高算法的鲁棒性 (以牺牲一定的效率为代价), 本节将对这种结合了二分法的方法进行描述。

Anderson–Björck–King 方法是 regular falsi 试位法 [70,71] 的一种演变, 是基于 Pegasus 方法的改进。假设函数 f 在闭区间 $[a,b]$ 内是连续的, 且 $f(a)f(b) < 0$, 由此可知, 在区间 $[a,b]$ 内至少有一个奇数阶的根。Anderson–Björck–King 方法是通过重复计算包含区间内的最小根来得到这些零点中的一个; 如果最初 $f(a)f(b) < 0$, 那么它总是收敛的。

在 OTG 背景下我们考虑的函数 f 具有非常不同的特性。基于恒定的 T_i, 函数 f 依赖于恒定的输入值 T_i。尽管我们总是可以确定一个包含指定根 x_0 的区间 $[a,b]$, 但是 (相对于区间的宽度) 有可能相当大部分的函数是平行于横轴的。这些平行于横轴的函数在应用 Anderson–Björck–King 方法时会出现低效的问题, 在最坏情况下, 这种方法的收敛速度非常缓慢, 而我们无法明确算法在此类情况下的执行时间。为避开此类问题, 改善鲁棒性, 并明确所需迭代的最大次数以加强实时性, 我们将 Anderson–Björck–King 方法与简单的二分法相结合。以下算法的前三步属于二分法, 后续步骤均属于 Anderson–Björck–King 方法。

已知: $f : [a, b] \xrightarrow{\text{cont}} \mathbb{R}, f(a)f(b) < 0$, 误差极值 $\varepsilon > 0$ 且 $\varepsilon \in \mathbb{R}$。

目标: 求一个根 $x_0 \in [a,b]$ 的近似解, 使最后两个迭代值的差小于误差阈值 ε。

开始: 以 $x_1 = a$, $x_2 = b$ 为初值, 计算 $f_1 = f(x_1)$, $f_2 = f(x_2)$。

迭代包括以下 7 个步骤:

(1) 求中点

$$x_3 = \frac{x_1 + x_2}{2} \tag{A.1}$$

(2) 计算步骤 I

$$f_3 = f(x_3) \tag{A.2}$$

若 $f_3 = 0$, 则令 $x_0 = x_3$, 完成计算。

(3) 区间确定步骤 I

确定一个新的含根区间: 若 $f_3 f_2 < 0$, 则 x_0 位于 x_2 和 x_3 之间, 令

$$x_1 = x_2 \tag{A.3}$$

$$x_2 = x_3 \tag{A.4}$$

$$f_1 = f_2 \tag{A.5}$$

$$f_2 = f_3 \tag{A.6}$$

若 $f_3 f_2 > 0 \, (x_0$ 在 x_1 和 x_3 之间), 设

$$x_2 = x_3 \tag{A.7}$$

$$f_2 = f_3 \tag{A.8}$$

(4) 正割步骤

计算从点 (x_1, f_1) 到点 (x_2, f_2) 连接线的斜率:

$$s_{12} = \frac{f_2 - f_3}{x_1 - x_2} \tag{A.9}$$

之后, 令

$$x_3 = x_2 - \frac{f_2}{x_{12}} \tag{A.10}$$

(5) 计算步骤 II

$$f_3 = f(x_3) \tag{A.11}$$

若 $f_3 = 0$, 则有 $x_0 = x_3$, 完成计算。

(6) 区间确定步骤 II

定义一个新的含根区间: 若 $f_3 f_2 < 0$, 则 x_0 位于 x_2 和 x_3 之间, 然后令

$$x_2 = x_3 \tag{A.12}$$

$$x_1 = x_2 \tag{A.13}$$

$$f_1 = f_2 \tag{A.14}$$

$$f_2 = f_3 \tag{A.15}$$

若 $f_3 f_2 > 0$ (x_0 位于 x_1 和 x_3 之间), 在 x_1 处分配一个新的函数值:
若 $1 - \frac{f_3}{f_2} \leqslant 0$, 取

$$g = 0.5 \tag{A.16}$$

否则取

$$g = 1 - \frac{f_3}{f_2} \qquad (A.17)$$

于是令

$$x_2 = x_3 \qquad (A.18)$$

$$f_1 = g f_1 \qquad (A.19)$$

$$f_2 = f_3 \qquad (A.20)$$

(7) 停止条件

若 $|x_2 - x_3| \leqslant \varepsilon$, 停止迭代。[①] 若 $|f_2| \leqslant |f_1|$, 则令

$$x_0 = x_2 \qquad (A.21)$$

否则

$$x_0 = x_1 \qquad (A.22)$$

若 $|x_2 - x_1| > \varepsilon$, 代入步骤 (6) 中的新值 x_1、x_2、f_1 和 f_2 并从步骤 (1) 开始迭代。

关于 Anderson–Björck–King 方法的详细说明和几何解释可以查阅 Engeln-Müllges 和 Uhlig 的书 [73], 以及文献 [12, 131]。根据 Traub 的效率指数 [264], 原版的 Anderson–Björck–King 方法是最有效的数值包含方法。

---

① 实际计算时, 取误差阈值 $\varepsilon = 10^{-12}$。

附录 B 关于 PosTriNegTri 加速度曲线的详细讲解 (步骤 1)

B.1 位置误差函数

步骤 1 中 PosTriNegTri 加速度曲线的位置误差函数的书面表达形式:

$$
{}^{\text{PosTriNegTri}} p_i^{\text{err1}}(a_i^{\text{peak1}})
$$

$$
= \frac{1}{12(J_i^{\max})^2} \bigg\{ 4A_i^3 - 12A_i J_i^{\max} V_i - 3A_i^2 \cdot
$$

$$
\left[4a_i^{\text{peak1}} + \sqrt{-2A_i^2 + 4(a_i^{\text{peak1}})^2 + 4J_i^{\max}(V_i - V_i^{\text{trgt}})} \right] + 6 \bigg\{ 2(a_i^{\text{peak1}})^3 +
$$

$$
4a_i^{\text{peak1}} J_i^{\max} V_i + J_i^{\max} \left[2J_i^{\max}(P_i - P_i^{\text{trgt}}) + (V_i + V_i^{\text{trgt}}) \cdot \right.
$$

$$
\left. \sqrt{-2A_i^2 + 4(a_i^{\text{peak1}})^2 + 4J_i^{\max}(V_i - V_i^{\text{trgt}})} \right] +
$$

$$
(a_i^{\text{peak1}})^2 \sqrt{-2A_i^2 + 4 \left[(a_i^{\text{peak1}})^2 + J_i^{\max}(V_i - V_i^{\text{trgt}}) \right]} \bigg\} \bigg\}
$$

B.2 位置误差函数的导数

PosTriNegTri 加速度曲线位置误差函数导数的书面表达形式:

$$
{}^{\text{PosTriNegTri}} p_i^{\text{err1}\prime}(a_i^{\text{peak1}})
$$

$$
= \bigg\{ 6(a_i^{\text{peak1}})^3 + 6a_i^{\text{peak1}} J_i^{\max} V_i - 2a_i^{\text{peak1}} J_i^{\max} V_i^{\text{trgt}} +
$$

$$
3(a_i^{\text{peak1}})^2 \sqrt{-2A_i^2 + 4(a_i^{\text{peak1}})^2 + 4J_i^{\max}(V_i - V_i^{\text{trgt}})} +
$$

$$2J_i^{\max}V_i\sqrt{-2A_i^2+4(a_i^{\text{peak1}})^2+4J_i^{\max}(V_i-V_i^{\text{trgt}})}+$$

$$A_i^2\left[-3a_i^{\text{peak1}}-\sqrt{-A_i^2+4(a_i^{\text{peak1}})^2+4J_i^{\max}(V_i-V_i^{\text{trgt}})}\right]\Bigg\}\Bigg/$$

$$\left[(J_i^{\max})^2\sqrt{-2A_i^2+4\left(a_i^{\text{peak1}}\right)^2+4J_i^{\max}\left(V_i-V_i^{\text{trgt}}\right)}\right]$$

B.3 设置 $\mathcal{M}_i$ 的参数

本部分详细介绍 4.2.1 节 $\mathcal{M}_i$ 的参数计算过程。首先重复得到式 (4.21) 至式 (4.32)，用来作为下面计算的基础。$t_i^{\min}$、${}^2t_i$、${}^3t_i$、${}^4t_i$、${}^2v_i$、${}^3v_i$、${}^4v_i$、${}^2p_i$、${}^3p_i$、${}^4p_i$、a_i^{peak1} 和 a_i^{peak2} 是未知的参量。

$$^2t_i - T_i = \frac{a_i^{\text{peak1}} - A_i}{J_i^{\max}} \tag{B.1}$$

$$^3t_i - {}^2t_i = \frac{a_i^{\text{peak1}}}{J_i^{\max}} \tag{B.2}$$

$$^4t_i - {}^3t_i = \frac{a_i^{\text{peak2}}}{J_i^{\max}} \tag{B.3}$$

$$t_i^{\min} - {}^4t_i = \frac{a_i^{\text{peak2}}}{J_i^{\max}} \tag{B.4}$$

$$^2v_i - V_i = \frac{1}{2}\left({}^2t_i - T_i\right)\left(A_i + a^{\text{peak1}}\right) \tag{B.5}$$

$$^3v_i - {}^2v_i = \frac{1}{2}\left({}^3t_i - {}^2t_i\right)a^{\text{peak1}} \tag{B.6}$$

$$^4v_i - {}^3v_i = \frac{1}{2}\left({}^4t_i - {}^3t_i\right)a^{\text{peak2}} \tag{B.7}$$

$$V_i^{\text{trgt}} - {}^4v_i = \frac{1}{2}\left(t_i^{\min} - {}^4t_i\right)a^{\text{peak2}} \tag{B.8}$$

$$^2p_i - P_i = V_i\left({}^2t_i - T_i\right) + \frac{1}{2}A_i\left({}^2t_i - T_i\right)^2 + \frac{1}{6}J_i^{\max}\left({}^2t_i - T_i\right)^3 \tag{B.9}$$

$$^3p_i - {}^2p_i = {}^2v_i\left({}^3t_i - {}^2t_i\right) + \frac{1}{2}a^{\text{peak1}}\left({}^3t_i - {}^2t_i\right)^2 - \frac{1}{6}J_i^{\max}\left({}^3t_i - {}^2t_i\right)^3 \tag{B.10}$$

$$^4p_i - {}^3p_i = {}^3v_i\left({}^4t_i - {}^3t_i\right) - \frac{1}{6}J_i^{\max}\left({}^4t_i - {}^3t_i\right)^3 \tag{B.11}$$

$$P_i^{\text{trgt}} - {}^4p_i = {}^4v_i\left(t_i^{\min} - {}^4t_i\right) + \frac{1}{2}a^{\text{peak2}}\left(t_i^{\min} - {}^4t_i\right)^2 + \frac{1}{6}J_i^{\max}\left(t_i^{\min} - {}^4t_i\right)^3 \tag{B.12}$$

如 4.2.1 节中所述，通过应用改进的 Anderson–Björck–King 方法 (参见附录 A) 得到 a_i^{peak1} 的值，把这个方程组求解转化为一个寻根问题。后续的计算步骤都很简单, 但出于完整性的原因, 在下面展示出详细过程。其他 11 个未知参量的值依次推导计算得出, 由此得到 $\mathcal{M}_i$ 的轨迹参数, 即 $^l\boldsymbol{m}_i(t)$ 和 $^l\vartheta_i$ ($l \in \{1, \cdots, 4\}$)。

$$^2t_i = T_i + \frac{a_i^{\text{peak1}} - A_i}{J_i^{\max}} \tag{B.13}$$

$$^3t_i = {}^2t_i + \frac{a_i^{\text{peak1}}}{J_i^{\max}} \tag{B.14}$$

$$^2v_i = \left(\frac{1}{2}A_i - a_i^{\text{peak1}}\right)\left({}^2t_i - T_i\right) + 2V_i \tag{B.15}$$

$$^3v_i = \frac{1}{2}a_i^{\text{peak1}}\left({}^3t_i - {}^2t_i\right) + {}^2v_i \tag{B.16}$$

$$^2p_i = V_i\left({}^2t_i - T_i\right) + \frac{1}{2}A_i\left({}^2t_i - T_i\right)^2 + \frac{1}{6}J_i^{\max}\left({}^2t_i - T_i\right)^3 + P_i \tag{B.17}$$

$$^3p_i = {}^2p_i + {}^2v_i\left({}^3t_i - {}^2t_i\right) + \frac{1}{2}a_i^{\text{peak1}}\left({}^3t_i - {}^2t_i\right)^2 - \frac{1}{6}J_i^{\max}\left({}^3t_i - {}^2t_i\right)^3 \tag{B.18}$$

$$a_i^{\text{peak2}} = -\sqrt{J_i^{\max}\left(V_i^{\text{trgt}} - {}^3v_i\right)} \tag{B.19}$$

$$^4t_i = {}^3t_i - \frac{a_i^{\text{peak2}}}{J_i^{\max}} \tag{B.20}$$

$$t_i^{\min} = {}^4t_i - \frac{a_i^{\text{peak2}}}{J_i^{\max}} \tag{B.21}$$

$$^4v_i = \frac{1}{2}a_i^{\text{peak2}}\left({}^4t_i - {}^3t_i\right) + {}^3v_i \tag{B.22}$$

$$^4p_i = {}^3p_i + {}^3v_i\left({}^4t_i - {}^3t_i\right) - \frac{1}{6}J_i^{\max}\left({}^4t_i - {}^3t_i\right)^3 \tag{B.23}$$

至此, 得到方程组的完全唯一解, 这样就得到了正确的且期望的时间最优轨迹。最后一步, 必须参数化 $\mathcal{M}_i$ 的元素。

$$^2\vartheta_i = \left[{}^2t_i, {}^3t_i\right] \tag{B.24}$$

$$^1\vartheta_i = \left[T_i, {}^2t_i\right] \tag{B.25}$$

$$^3\vartheta_i = \left[{}^3t_i, {}^4t_i\right] \tag{B.26}$$

$$^4\vartheta_i = \left[{}^4t_i, t_i^{\min}\right] \tag{B.27}$$

$$^1\mathcal{V}_i = \left\{{}^1\vartheta_i\right\} \tag{B.28}$$

$$^2\mathcal{V}_i = \left\{{}^2\vartheta_i\right\} \tag{B.29}$$

$$^3\mathcal{V}_i = \left\{{}^3\vartheta_i\right\} \tag{B.30}$$

$$^4\mathcal{V}_i = \left\{{}^4\vartheta_i\right\} \tag{B.31}$$

$$^1j_i(t) = J_i^{\max} \tag{B.32}$$

$$^2j_i(t) = -J_i^{\max} \tag{B.33}$$

$$^3j_i(t) = -J_i^{\max} \tag{B.34}$$

$$^4j_i(t) = J_i^{\max} \tag{B.35}$$

$$^1a_i(t) = A_i + J_i^{\max}(t - T_i) \tag{B.36}$$

$$^2a_i(t) = a_i^{\mathrm{peak1}} - J_i^{\max}(t - {}^2t_i) \tag{B.37}$$

$$^3a_i(t) = -J_i^{\max}(t - {}^3t_i) \tag{B.38}$$

$$^4a_i(t) = a_i^{\mathrm{peak2}} + J_i^{\max}(t - {}^4t_i) \tag{B.39}$$

$$^1v_i(t) = V_i + A_i(t - T_i) + \frac{1}{2}J_i^{\max}(t - T_i)^2 \tag{B.40}$$

$$^2v_i(t) = {}^1v_i({}^2t_i) + a_i^{\mathrm{peak1}}(t - {}^2t_i) - \frac{1}{2}J_i^{\max}(t - {}^2t_i)^2 \tag{B.41}$$

$$^3v_i(t) = {}^2v_i({}^3t_i) - \frac{1}{2}J_i^{\max}\left(t - {}^3t_i\right)^2 \tag{B.42}$$

$$^4v_i(t) = {}^3v_i\left({}^4t_i\right) + a_i^{\mathrm{peak\ 2}}\left(t - {}^4t_i\right) + \frac{1}{2}J_i^{\max}\left(t - {}^4t_i\right)^2 \tag{B.43}$$

$$^1p_i(t) = P_i + V_i\left(t - T_i\right) + \frac{1}{2}A_i\left(t - T_i\right)^2 + \frac{1}{6}J_i^{\max}\left(t - T_i\right)^3 \tag{B.44}$$

$$^2p_i(t) = {}^1p_i\left({}^2t_i\right) + {}^1v_i\left({}^2t_i\right)\left(t - {}^2t_i\right) + \frac{1}{2}a_i^{\mathrm{peak\ 1}}\left(t - {}^2t_i\right)^2 -$$
$$\frac{1}{6}J_i^{\max}\left(t - {}^2t_i\right)^3 \tag{B.45}$$

$$^3p_i(t) = {}^2p_i\left({}^3t_i\right) + {}^2v_i\left({}^3t_i\right)\left(t - {}^3t_i\right) - \frac{1}{6}J_i^{\max}\left(t - {}^3t_i\right)^3 \tag{B.46}$$

$$^4p_i(t) = {}^3p_i\left({}^4t_i\right) + {}^3v_i\left({}^4t_i\right)\left(t - {}^4t_i\right) + \frac{1}{2}a_i^{\mathrm{peak2}}\left(t - {}^4t_i\right)^2 +$$
$$\frac{1}{6}J_i^{\max}\left(t - {}^4t_i\right)^3 \tag{B.47}$$

$$^l\boldsymbol{m}_i(t) = \left({}^lp_i(t), {}^lv_i(t), {}^la_i(t), {}^lj_i(t)\right), \quad \forall l \in \{1, \cdots, 4\} \tag{B.48}$$

一维类型 IV 变体 A T_i 时刻的轨迹 $\mathcal{M}_i$ 可描述为 [参见式 (3.10)]:

$$\mathcal{M}_i(t) = \left\{\left({}^1\boldsymbol{m}_i(t), {}^1\mathcal{V}_i\right), \left({}^2\boldsymbol{m}_i(t), {}^2\mathcal{V}_i\right), \left({}^3\boldsymbol{m}_i(t), {}^3\mathcal{V}_i\right), \left({}^4\boldsymbol{m}_i(t), {}^4\mathcal{V}_i\right)\right\} \tag{B.49}$$

附录 C 关于 PosTriZeroNegTri 加速度曲线的详细讲解 (步骤 2)

C.1 位置误差函数

步骤 2 中 PosTriZeroNegTri 加速度曲线的位置误差函数的书面表达形式:

$$
{}^{\text{PosTriZeroNegTri}}p_i^{\text{err2}}\left(a_i^{\text{peak1}}\right)
$$

$$
= \frac{1}{48\left({}_kJ_i^{\max}\right)^3}\Bigg\{ -8{}_kA_i^3\,{}_kJ_i^{\max} + 48{}_kA_i\left({}_ka_i^{\text{peak1}}\right)^2{}_kJ_i^{\max} +
$$

$$
30\left({}_kA_i\right)^2\Bigg\{ -80\left(t_i^{\text{sync}}\right)\left({}_kJ_i^{\max}\right)^2 + \sqrt{18}\left({}_kJ_i^{\max}\right)\cdot
$$

$$
\Bigg[\sqrt{-\left({}_kA_i\right)^2 + 2\left({}_ka_i^{\text{peak1}}\right)^2 + 2{}_kJ_i^{\max}\left({}_kV_i - {}_kV_i^{\text{trgt}}\right)} +
$$

$$
\sqrt{-2\left({}_kA_i\right)^2 + 4\left({}_ka_i^{\text{peak1}}\right)^2 + 4{}_kJ_i^{\max}\left({}_kV_i - V_i^{\text{trgt}}\right)}\Bigg]\Bigg\} - 6\Bigg\{8\left({}_ka_i^{\text{peak1}}\right)^3\cdot
$$

$$
{}_kJ_i^{\max} + {}_kJ_i^{\max}\Bigg[-8\left({}_kJ_i^{\max}\right)^2\left({}_kP_i - {}_kP_i^{\text{trgt}} + t_i^{\text{sync}}\,{}_kV_i\right) + {}_kJ_i^{\max}\cdot
$$

$$
\left({}_kV_i - {}_kV_i^{\text{trgt}}\right)\sqrt{-2\left({}_kA_i\right)^2 + 4\left({}_ka_i^{\text{peak1}}\right)^2 + 4{}_kJ_i^{\max}\left({}_kV_i - {}_kV_i^{\text{trgt}}\right)} + \sqrt{18}\cdot
$$

$$
\left({}_kV_i - {}_kV_i^{\text{trgt}}\right){}_kJ_i^{\max}\sqrt{-\left({}_kA_i\right)^2 + 2\left({}_ka_i^{\text{peak1}}\right)^2 + 2{}_kJ_i^{\max}\left({}_kV_i - V_i^{\text{trgt}}\right)}\Bigg] +
$$

$$
\left({}_ka_i^{\text{peak1}}\right)^2\Bigg\{ -8t_i^{\text{sync}}\left({}_kJ_i^{\max}\right)^2 + \sqrt{18}{}_kJ_i^{\max}\cdot
$$

$$\left[\sqrt{-\left(_kA_i\right)^2 + 2\left(a_i^{\mathrm{peak1}}\right)^2 + 2_kJ_i^{\max}\left(_kV_i - {_kV_i^{\mathrm{trgt}}}\right)} + \right.$$

$$\left.\left.\left.\left.\sqrt{-2\left(_kA_i\right)^2 + 4\left(_ka_i^{\mathrm{peak1}}\right)^2 + 4_kJ_i^{\max}\left(_kV_i - {_kV_i^{\mathrm{trgt}}}\right)}\right]\right\}\right\}\right\}$$

C.2 设置 $\mathcal{M}_i$ 的参数

为了完整地描述类型 IV OTG 算法实现的推导过程, 本部分对式 (5.29) 至式 (5.42) 中的未知变量进行了计算。然后, 针对自由度 k, 计算出 T_i 时刻的最终轨迹 $\mathcal{M}_i$ 的所有参数。

与附录 B.3 中类似, 重复用式 (5.29) 至式 (5.42) 表示的相应方程组。

$$_k^2t_i - T_i = \frac{\left(_ka^{\mathrm{peak1}} - {_kA_i}\right)}{_kJ_i^{\max}} \tag{C.1}$$

$$_k^3t_i - {_k^2t_i} = \frac{_ka^{\mathrm{peak1}}}{_kJ_i^{\max}} \tag{C.2}$$

$$_k^5t_i - {_k^4t_i} = -\frac{_ka^{\mathrm{peak2}}}{_kJ_i^{\max}} \tag{C.3}$$

$$t_i^{\mathrm{sync}} - {_k^5t_i} = -\frac{_ka^{\mathrm{peak2}}}{_kJ_i^{\max}} \tag{C.4}$$

$$_k^2v_i - V_i = \frac{1}{2}\left(_k^2t_i - T_i\right)\left(_kA_i + {_ka^{\mathrm{peak1}}}\right) \tag{C.5}$$

$$_k^3v_i - {_k^2v_i} = \frac{1}{2}\left(_k^3t_i - {_k^2t_i}\right) {_ka^{\mathrm{peak1}}} \tag{C.6}$$

$$_k^4v_i - {_k^3v_i} = 0 \tag{C.7}$$

$$_k^5v_i - {_k^4v_i} = \frac{1}{2}\left(_k^5t_i - {_k^4t_i}\right) {_ka^{\mathrm{peak2}}} \tag{C.8}$$

$$_kV_i^{\mathrm{trgt}} - {_k^5v_i} = \frac{1}{2}\left(t_i^{\mathrm{sync}} - {_k^5t_i}\right) {_ka^{\mathrm{peak2}}} \tag{C.9}$$

$$_k^2p_i - {_k^2p_i} = {_kV_i}\left(_k^2t_i - T_i\right) + \frac{1}{2}{_kA_i}\left(_k^2t_i - T_i\right)^2 + \frac{1}{6}{_kJ_i^{\max}}\left(_k^2t_i - T_i\right)^3 \tag{C.10}$$

$$_k^3p_i - {_k^2p_i} = {_k^2v_i}\left(_k^3t_i - {_k^2t_i}\right) + \frac{1}{2}{_ka_i^{\mathrm{peak1}}}\left(_k^3t_i - {_k^2t_i}\right)^2 - \frac{1}{6}{_kJ_i^{\max}}\left(_k^3t_i - {_k^2t_i}\right)^3 \tag{C.11}$$

$$_k^4p_i - {_k^3p_i} = {_k^3v_i}\left(_k^4t_i - {_k^3t_i}\right) \tag{C.12}$$

$$_k^5p_i - {_k^4p_i} = {_k^4v_i}\left(_k^5t_i - {_k^4t_i}\right) - \frac{1}{6}{_kJ_i^{\max}}\left(_k^5t_i - {_k^4t_i}\right)^3 \tag{C.13}$$

$$_kp_i^{\text{trgt}} - {}_k^5p_i = {}_k^5v_i\left(t_i^{\text{sync}} - {}_k^5t_i\right) + \frac{1}{2}\,_ka_i^{\text{peak2}}\left(t_i^{\text{sync}} - {}_k^5t_i\right)^2 + \frac{1}{6}\,_kJ_i^{\max}\left(t_i^{\text{sync}} - {}_k^5t_i\right)^3$$

$$(C.14)$$

这 14 个等式包含 14 个未知变量: ${}_k^2t_i$、${}_k^3t_i$、${}_k^4t_i$、${}_k^5t_i$、${}_k^2v_i$、${}_k^3v_i$、${}_k^4v_i$、${}_k^5v_i$、${}_k^2p_i$、${}_k^3p_i$、${}_k^4p_i$、${}_k^5p_i$、$_ka_i^{\text{peak1}}$ 和 $_ka_i^{\text{peak2}}$。5.3.1 节已经描述了未知变量 $_ka_i^{\text{peak1}}$ 的计算。在附录 B.3 中,其他 13 个未知变量的计算可以依次推导获得:

$$_k^2t_i = T_i + \frac{_ka^{\text{peak1}} - {}_kA_i}{_kJ_i^{\max}}$$

$$(C.15)$$

$$_k^3t_i = {}_k^2t_i + \frac{_ka_i^{\text{peak1}}}{_kJ_i^{\max}}$$

$$(C.16)$$

$$_k^2v_i = \left(\frac{1}{2}\,_kA_i - {}_ka_i^{\text{peak1}}\right)\left(_k^2t_i - T_i\right) + 2\,_kV_i$$

$$(C.17)$$

$$_k^3v_i = \frac{1}{2}\,_ka_i^{\text{peak1}}\left(_k^3t_i - {}_k^2t_i\right) + {}_k^2v_i$$

$$(C.18)$$

$$_k^2p_i = {}_kV_i\left(_k^2t_i - T_i\right) + \frac{1}{2}\,_kA_i\left(_k^2t_i - T_i\right)^2 + \frac{1}{6}\,_kJ_i^{\max}\left(_k^2t_i - T_i\right)^3 + {}_kp_i$$

$$(C.19)$$

$$_k^3p_i = {}_k^2p_i + {}_k^2v_i\left(_k^3t_i - {}_k^2t_i\right) + \frac{1}{2}\,_ka_i^{\text{peak1}}\left(_k^3t_i - {}_k^2t_i\right)^2 - \frac{1}{6}\,_kJ_i^{\max}\left(_k^3t_i - {}_k^2t_i\right)^3$$

$$(C.20)$$

$$_ka_i^{\text{peak2}} = -\sqrt{_kJ_i^{\max}\left(_kV_i^{\text{trgt}} - {}_k^3v_i\right)}$$

$$(C.21)$$

$$_k^5t_i = t_i^{\text{sync}} + \frac{_ka_i^{\text{peak2}}}{_kJ_i^{\max}}$$

$$(C.22)$$

$$_k^5v_i = {}_kV_i^{\text{trgt}} - \frac{1}{2}\,_ka_i^{\text{peak2}}\left(t_i^{\text{sync}} - {}_k^5t_i\right)$$

$$(C.23)$$

$$_k^5p_i = {}_kp_i^{\text{trgt}} - {}_k^5v_i\left(t_i^{\text{sync}} - {}_k^5t_i\right) - \frac{1}{2}\,_ka_i^{\text{peak2}}\left(t_i^{\text{sync}} - {}_k^5t_i\right)^2$$
$$- \frac{1}{6}\,_kJ_i^{\max}\left(t_i^{\text{sync}} - {}_k^5t_i\right)^3$$

$$(C.24)$$

$$_k^4t_i = {}_k^5t_i + \frac{_ka_i^{\text{peak2}}}{_kJ_i^{\max}}$$

$$(C.25)$$

$$_k^4v_i = {}_k^3v_i$$

$$(C.26)$$

$$_k^4p_i = {}_k^5p_i - {}_k^4v_i\left(_k^5t_i - {}_k^4t_i\right) + \frac{1}{6}\,_kJ_i^{\max}\left(_k^5t_i - {}_k^4t_i\right)^3$$

$$(C.27)$$

由此,我们解出了式 (C.1) 至式 (C.14) 的完全唯一解,这样就可以通过设置 $\mathcal{M}_i$ 的轨迹参数来描述自由度 k 的运动。

$$_k^1\vartheta_i = \left[T_i, {}_k^2t_i\right]$$

$$(C.28)$$

$$_k^2\vartheta_i = \left[_k^2t_i, _k^3t_i\right] \tag{C.29}$$

$$_k^3\vartheta_i = \left[_k^3t_i, _k^4t_i\right] \tag{C.30}$$

$$_k^4\vartheta_i = \left[_k^4t_i, _k^5t_i\right] \tag{C.31}$$

$$_k^5\vartheta_i = \left[_k^5t_i, t_i^{\mathrm{sync}}\right] \tag{C.32}$$

$$_k^1j_i(t) = {_kJ_i^{\max}} \tag{C.33}$$

$$_k^2j_i(t) = -{_kJ_i^{\max}} \tag{C.34}$$

$$_k^3j_i(t) = 0 \tag{C.35}$$

$$_k^4j_i(t) = -{_kJ_i^{\max}} \tag{C.36}$$

$$_k^5j_i(t) = {_kJ_i^{\max}} \tag{C.37}$$

$$_k^1a_i(t) = {_kA_i} + {_kJ_i^{\max}}(t - T_i) \tag{C.38}$$

$$_k^2a_i(t) = {_ka_i^{\mathrm{peak1}}} - {_kJ_i^{\max}}(t - {_k^2t_i}) \tag{C.39}$$

$$_k^3a_i(t) = 0 \tag{C.40}$$

$$_k^4a_i(t) = -{_kJ_i^{\max}}(t - {_k^4t_i}) \tag{C.41}$$

$$_k^5a_i(t) = {_ka_i^{\mathrm{peak2}}} + {_kJ_i^{\max}}(t - {_k^5t_i}) \tag{C.42}$$

$$_k^1v_i(t) = {_kv_i} + {_kA_i}(t - T_i) + \frac{1}{2}{_kJ_i^{\max}}(t - T_i)^2 \tag{C.43}$$

$$_k^2v_i(t) = {_k^1v_i}({_k^2t_i}) + {_ka_i^{\mathrm{peak1}}}(t - {_k^2t_i}) - \frac{1}{2}{_kJ_i^{\max}}(t - {_k^2t_i})^2 \tag{C.44}$$

$$_k^3v_i(t) = {_k^3v_i} \tag{C.45}$$

$$_k^4v_i(t) = {_k^3v_i}({_k^4t_i}) - \frac{1}{2}{_kJ_i^{\max}}(t - {_k^4t_i})^2 \tag{C.46}$$

$$_k^5v_i(t) = {_k^4v_i}({_k^5t_i}) + {_ka_i^{\mathrm{peak2}}}(t - {_k^5t_i}) + \frac{1}{2}{_kJ_i^{\max}}(t - {_k^5t_i})^2 \tag{C.47}$$

$$_k^1p_i(t) = {_kp_i} + {_kV_i}(t - T_i) + \frac{1}{2}{_kA_i}(t - T_i)^2 + \frac{1}{6}{_kJ_i^{\max}}(t - T_i)^3 \tag{C.48}$$

$$_k^2p_i(t) = {_k^1p_i}({_k^2t_i}) + {_k^1V_i}({_k^2t_i})(t - {_k^2t_i}) + \frac{1}{2}{_ka_i^{\mathrm{peak1}}}(t - {_k^2t_i})^2 - \frac{1}{6}{_kJ_i^{\max}}(t - {_k^2t_i})^3 \tag{C.49}$$

$$_k^3p_i(t) = {_k^2p_i}({_k^3t_i}) + {_k^3v_i}({_k^3t_i})(t - {_k^3t_i}) \tag{C.50}$$

$$_k^4p_i(t) = {_k^3p_i}({_k^4t_i}) + {_k^3v_i}({_k^4t_i})(t - {_k^4t_i}) - \frac{1}{6}{_kJ_i^{\max}}(t - {_k^4t_i})^3 \tag{C.51}$$

$$
{}_{k}^{5}p_i(t) = {}_{k}^{4}p_i({}_{k}^{5}t_i) + {}_{k}^{4}v_i({}_{k}^{5}t_i)(t - {}_{k}^{5}t_i) + \frac{1}{2}{}_{k}a_i^{\text{peak2}}(t - {}_{k}^{5}t_i)^2 + \frac{1}{6}{}_{k}J_i^{\max}(t - {}_{k}^{5}t_i)^3
$$
$$(C.52)$$

通过式 (C.28) 至式 (C.52) 的结果, 最终可以建立单自由度 k 在 T_i 时刻的所有轨迹参数。

$$
{}^{l}\boldsymbol{m}_i(t) = \left({}^{l}p_i(t), {}^{l}v_i(t), {}^{l}a_i(t), {}^{l}j_i(t)\right), \quad \forall l \in \{1, \cdots, 5\} \tag{C.53}
$$

$$
{}_{k}^{l}\vartheta_i \in {}^{l}\mathcal{V}_i, \quad \forall l \in \{1, \cdots, 5\} \tag{C.54}
$$

式 (C.53) 和式 (C.54) 表示 $\mathcal{M}_i$ 中的自由度 k [参见式 (3.9) 和式 (3.10)]。

附录 D　类型 IV OTG 算法的简单示例

本附录的目的是通过一个非常简单的示例, 以更具隐喻性和描述性的方式来描述类型 IV OTG 算法。本节不包含新信息, 只是以简明全面的方式来说明本书的一部分内容。

D.1　火箭小车的示例

从图形比喻的意义上做一个类比, 我们可以考虑用图 D.1 所示的火箭小车来表示由在线轨迹生成器控制的单自由度系统。假设这是一辆理想化的小车, 没有质量, 没有任何摩擦, 只能通过转动操纵杆来控制小车, 如图 D.1 所示。如果操纵杆位于最右侧位置, 则右侧火箭将以全功率运行, 这对应于 $-A_i^{\max}$ 的加速度, 即 T_i 时刻的最大可用加速度值。如果操纵杆精确居中, 则两个火箭都将关闭, 并且小车不会向任何方向加速。类似地, 如果控制杆位于最左侧位置, 则小车将以 $A_i = A_i^{\max}$ 加速。$A_i^{\max}$ 是火箭发动机的动力。乍一听, 这很容易, 但是还有一个额外的限制: 小车具有最大的操纵杆转动速度 $J_i^{\max}$, 也就是说, 不允许随意摇动操纵杆。这使得小车的加速过程平缓, 并且小车的加加速度受到了限制。

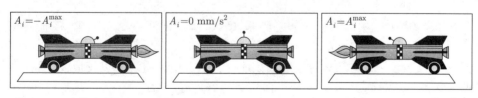

图 D.1　火箭小车处于三种不同加速状态下的示意图: $A_i = -A_i^{\max}$、$A_i = 0 \text{ mm/s}^2$ 和 $A_i = A_i^{\max}$

D.2　单自由度系统的类型 IV 在线轨迹规划

本部分为第 4 章中的类型 IV 在线轨迹规划提出了一种解决方法。首先，将一维情形下的问题描述转移到火箭小车的例子上。假设以时间宽度 T^{cycle} 来离散[①]，即从一个时间节点 T_i 到下一个时间节点 T_{i+1} 的时间间隔是 T^{cycle}。在 T_i 时刻，算法获得输入值 W_i 如图 D.2 所示。简单地说，即小车位于初始位置 P_i，以速度 V_i、加速度 A_i 行进，这是当前的运动状态 M_i。我们的任务是在尽可能短的时间内到达目标位置 P_i^{trgt}。而且，希望以一个合适的目标速度 V_i^{trgt} 行驶至目标位置 P_i^{trgt}。以上两个参数——P_i^{trgt} 和 V_i^{trgt} 构成了目标运动状态 M_i^{trgt}。目标加速度被定义为 0。我们的目标是以尽可能短的时间 t_i^{min}，将当前运动状态 M_i 转移到目标运动状态 M_i^{trgt}。此处，必须注意一些运动约束条件：小车的最大速度为 V_i^{max}，其发动机的功率限制其最大加速度为 A_i^{max}，以及发动机控制的最大操纵杆转动速度为 J_i^{max}。这三个边界值储存于向量 B_i 中。

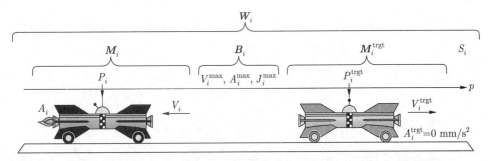

图 D.2　以火箭小车为例说明：在 T_i 时刻，一维度情况下，类型 IV OTG 算法的输入值 W_i

因此，此处的问题在于：如何计算生成一条轨迹，使得小车能够在尽可能短的时间内到达目标运动状态 M_i^{trgt}？出于我们希望对各种未知情况做出即时反应的考虑，例如，一个思路是，我们只需要考虑单个时间片段 T_i。这就意味着，即使必须计算小车达到目标运动状态 M_i^{trgt} 的全运动轨迹，也只需要考虑 T_{i+1} 时刻的运动状态 M_{i+1}。最后一个需要考虑的参数为 S_i，可以将 S_i 比作在线轨迹规划算法的电源开/关按钮：当 S_i 的值为 1 时，必须计算 M_{i+1} 的值；当 S_i 的值为 0 时，不需要进行任何运算。在下一个时间片段 T_{i+1}，再次执行算法计算运动状态 M_{i+2} 而无须依据前一时间片段的信息，因为输入值可能发生未知的变化。

在 3.2.2 节中，我们还区分了类型 IV OTG 算法的变体 A 和变体 B 的区别。如果把这种区别转换到火箭小车上，可以认为变体 A 算法可以在边界值 B_i 不变的情况下一直运行。这意味着系统最大速度、小车电动机功率以及最大操纵杆转动速度无法随着时间改变。而变体 B 可以更好地随着 B_i 变化，即随着时间的改变，小车的电动机——火箭发动机的功率、最大速度以及最大操纵杆转动速度都可能发生改变。

---

① T^{cycle} 是一个典型值，为 1 ms。

在 4.2 节中, 该算法解决了变体 A 以及变体 B 方案的问题, 并讨论了相关的细节与细微差别。

D.3　多自由度系统的类型 IV 在线轨迹规划

现在对上一节中火箭小车的例子进行扩展, 以便将类型 IV OTG 算法应用于具有多个自由度的系统, 例如具有多个关节的机器人。我们继续使用上一节中的方法。

事实上, 我们要解决的问题与图 D.2 中一维情况下的问题几乎相同, 但不能仅仅考虑只有一个火箭小车的情况, 需将问题推广至有 K 个独立的火箭小车, 如图 D.3 所示。

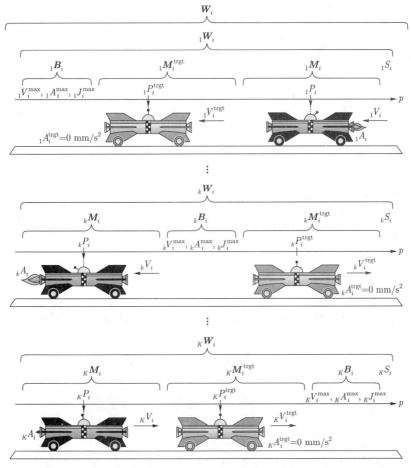

图 D.3　以火箭小车为例说明: 在 T_i 时刻, 有 K 个独立自由度的系统类型 IV OTG 算法的输入值 W_i

每辆小车都由参数 k 标识, 并且假定每辆车处于运动状态 $_kM_i$, 即带有标识 k 的小车位于位置 $_kP_i$, 以速度 $_kV_i$ 运动, 并且加速度为 $_kA_i$。与一维情况类似, 每辆小车的目标运动状态和运动限制分别为 $_kM_i^{\text{trgt}}$ 与 $_kB_i$。毫无疑问, 类型 IV 在线轨迹规划的目标是引导每辆小车从它的初始运动状态以尽可能短的时间运动到目标运动状态。但额外的挑战是如何指定一种算法, 让所有的 K 辆车在最小可能同步时间 t_i^{sync} 同时运动至它们的目标运动状态。因此, 此时需要解决的问题是: 如何计算 K 条轨迹, 以使所有 K 辆车在最小可能同步时间运动到它们的目标运动状态?

如 D.2 节中所述, 每辆小车可由以下向量控制其开启或关闭状态:

$$S_i = (_1S_i, \cdots, _kS_i, \cdots, _KS_i) \tag{D.1}$$

其元素包含 0 或 1。因此, 只有当火箭小车对应的向量 S_i 中的元素等于 1 时才考虑该火箭小车。如果对应的 $_kS_i$ 的值为零, 则该小车将不会被算法引导。

为了更简洁地体现所有数据, 在图 D.3 顶部引入矩阵 W_i, 其包含类型 IV OTG 算法的所有必要输入变量。

该算法在每个时间片段上执行一次, 同样用 T_i 表示; 在每个时间片段上执行三个基本步骤:

(1) 基于输入值 W_i, 计算出最小可能同步时间 t_i^{sync}。这个时间不能低于火箭小车的最长行驶时间。

(2) 计算出每辆选定小车的完整轨迹, 并且确保所有选定小车都将准确地在时间 t_i^{sync} 到达其目标运动状态。

(3) 算法的输出是根据步骤 (2) 的结果计算的, 并且只包含当前时间片段的运动状态。

因此, 能够在检测到突发意外事件 (例如前面的汽车突然减速) 后立即做出反应。反应时间不大于 T^{cycle}。

在下一个时间片段 T_{i+1}, 再次执行相同的无记忆算法。如果什么都没有发生, 那么先前计算的值 $_1M_{i+1}, \cdots, _kM_{i+1}, \cdots, _KM_{i+1}$ 将作为 T_{i+1} 时间片段的新的输入值。

变体 A 与变体 B 的区别与一维情况完全相同, 即变体 B 是变体 A 的扩展, 因此能处理 $_1B_i, \cdots, _kB_i, \cdots, _KB_i$ 值的变化。

在 5.3 节中详细解释了上述控制算法。

注 D.1 如果按照 5.3 节的方法来写, 所有火箭小车当前的运动状态可以简单地记为

$$M_i = (_1M_i, \cdots, _kM_i, \cdots, _KM_i)^{\text{T}} \tag{D.2}$$

同样, 目标运动状态和运动约束可以简记为

$$M_i^{\text{trgt}} = (_1M_i^{\text{trgt}}, \cdots, _kM_i^{\text{trgt}}, \cdots, _KM_i^{\text{trgt}})^{\text{T}} \tag{D.3}$$

$$B_i = (_1B_i, \cdots, _kB_i, \cdots, _KB_i)^{\text{T}} \tag{D.4}$$

最后, 可以用下式来表示所有输入值 W_i:

$$W_i = (_1W_i, \cdots, _kW_i, \cdots, _KW_i)^{\text{T}}$$

$$= (M_i M_i^{\text{trgt}} B_i S_i) \tag{D.5}$$

参 考 文 献

[1] ABB AB Robotics Products, SE-721 68 Västerås, Sweden. *Product Specification, Controller IRC5 with FlexPendant, RobotWare RW 5.11*, 2008. 3HAC021785-001, Revision L.

[2] ABB AB Robotics Products, SE-721 68 Västerås, Sweden. *Product Specification, Controller Software IRC5, RobotWare 5.11*, 2008. 3HAC022349-001, Revision J.

[3] ABB AB Robotics Products, SE-721 68 Västerås, Sweden. (accessed: Dec. 15, 2008). Internet, 2008.

[4] ABB Automation Technologies AB Robotics, SE-721 68 Västerås, Sweden. *Product Specification PickMaster*, 2008. 3HAC 5842-10, Version 3.20.

[5] K. Ahn, W. K. Chung, and Y. Yourn. Arbitrary states polynomial-like trajectory (AS-POT) generation. In *Proc. of the 30th Annual Conference of IEEE Industrial Electronics Society*, volume 1, pages 123–128, Busan, South Korea, November 2004.

[6] A. Albu-Schäffer, C.Ott, and G. Hirzinger. A unified passivity-based control framework for position, torque and impedance control of flexible joint robots. *The International Journal of Robotics Research*, 26(1):23–39, January 2007.

[7] A. Albu-Schäffer and G. Hirzinger. Cartesian impedance control techniques for torque controlled light-weight robots. In *Proc. of the IEEE International Conference on Robotics and Automation*, volume 1, pages 657–663, Washington, D.C., USA, May 2002.

[8] A. Albu-Schäffer, C. Ott, U. Frese, and G. Hirzinger. Cartesian impedance control of redundant robots: Recent results with the DLR-light-weight-arms. In *Proc. of the IEEE International Conference on Robotics and Automation*, volume 3, pages 3704–3709, Taipei, Taiwan, September 2003.

[9] T. Amemiya and T. Maeda. Asymmetric oscillation distorts the perceived heaviness of handheld objects. *IEEE Trans. on Haptics*, 1(1):9–18, January 2008.

[10] C. H. An, C. G. Atkeson, and J. M. Hollerbach. Experimental determination of the effect of feedforward control on trajectory tracking errors. In *Proc. of the IEEE International Conference on Robotics and Automation*, volume 3, pages 55–60, San Francisco, CA, USA, April 1986.

[11] C. H. An, C. G. Atkeson, and J. M. Hollerbach. *Model-Based Control of Robot Manipulator*. MIT Press, 1988.

[12] N. Anderson and Å. Björck. A new high order method of regula falsi type for computing a root of an equation. *BIT Numerical Mathematics*, 13(3): 253-264, September 1973.

[13] R. L. Andersson. *A Robot Ping-Pong Player: Experiment in Real-Time Intelligent Control*. MIT Press, Cambridge, MA, USA, March 1988.

[14] R. L. Andersson. Aggressive trajectory generator for a robot ping-pong player. *IEEE Control Systems Magazine*, 9(2): 15-21, February 1989.

[15] ATI Industrial Automation, Inc., 1031 Goodworth Dr. Apex, NC, 27539, USA. (accessed: Dec. 15, 2008). Internet, 2008.

[16] J. Baeten and J. De Schutter. *Integrated Visual Servoing and Force Control*, volume 8 of *Springer Tracts in Advanced Robotics*. Springer, 2004.

[17] J. Barbic and D. L. James. Six-dof haptic rendering of contact between geometrically complex reduced deformable models. *IEEE Trans. on Haptics*, 1(1):39-52, January 2008.

[18] Battenberg ROBOTIC GmbH & Co.KG, Zum Stempel 11, D-35043 Marburg, Germany. (accessed: Dec. 15, 2008). Internet, 2008.

[19] B. Bäuml and G. Hirzinger. Agile robot development (aRD): A pragmatic approach to robotic software. In *Proc. of the IEEE/RSJ International Conference on Intelligent Robots and Systems*, pages 3741-3748, Beijing, China, October 2006.

[20] S. A. Bazaz and B. Tondu. On-line computing of a robotic manipulator joint trajectory with velocity and acceleration constraints. In *Proc. of the IEEE International Symposium on Assembly and Task Planning*, pages 1-6, Marina del Rey, CA, USA, August 1997.

[21] S. A. Bazaz and B. Tondu. Minimum time on-line joint trajectory generator based on low order spline method for industrial manipulators. *Robotics and Autonomous Systems*, 29(4):3-17, December 1999.

[22] Bernecker + Rainer Industrie Elektronik Ges.m.b.H., B&R Straße 1, D-5142 Eggelsberg, Germany. (accessed: Dec. 15, 2008). Internet, 2008.

[23] Y. Bestaoui. On-line motion generation with velocity and acceleration constraints. *Robotics and Autonomous Systems*, 5(3):279-288, November 1989.

[24] L. Biagiotti and C. Melchiorri. *Trajectory Planning for Automatic Machines and Robots*. Springer, Berlin, Heidelberg, Germany, first edition, 2008.

[25] L. Biagiotti and C. Melchiorri. *Trajectory Planning for Automatic Machines and Robots*, chapter 3, Composition of Elementary Trajectories, pages 59-150. Springer, Berlin, Heidelberg, Germany, first edition, 2008.

[26] C. G. L. Bianco and A. Piazzi. Minimum-time trajectory planning of mechanical manipulators under dynamic constraints. *International Journal of Control*, 75(13):967-980, 2002.

[27] J. E. Bobrow. Optimal robot path planning using the minimum-time criterion. *IEEE Trans. on Robotics and Automation*, 4(4):443-450, August 1988.

[28] J. E. Bobrow, S. Dubowsky, and J. S. Gibson. Time-optimal control of robotic manipulators along specified paths. *The International Journal of Robotics Research*, 4(3):3-17, Fall 1985.

[29] M. Brady. Trajectory planning. In M. Brady, J. M. Hollerbach, T. L. Johnson, T. Lozano-Pérez, and M. T. Mason, editors. *Robot Motion: Planning and Control*, chapter 4, pages 221-243. MIT Press, 1982.

[30] M. S. Branicky. *Studies in Hybrid Systems: Modeling, Analysis, and Control.* PhD thesis, Electrical Engineering and Computer Science Dept., Massachusetts Institute of Technology, (accessed: Dec. 15, 2008), 1995.

[31] M. S. Branicky. Multiple Lyapunov functions and other analysis tools for switched and hybrid systems. *IEEE Trans. on Automatic Control,* 43(4):475-482, April 1998.

[32] M. S. Branicky. Stability of hybrid systems: State of the art. In *Proc. of the IEEE Conference on Decision and Control,* volume 1, pages 120-125, San Diego, CA, USA, December 1999.

[33] O. Brock. *Generation of Robot Motion: The Integration of Planning and Execution.* PhD thesis, Department of Computer Science, Stanford University, 1999.

[34] O. Brock and L. E. Kavraki. Decomposition-based motion planning: A framework for real-time motion planning in high-dimensional configuration spaces. In *Proc. of the IEEE International Conference on Robotics and Automation,* pages 1469-1474, Seoul, South Korea, May 2001.

[35] O. Brock and O. Khatib. Elastic strips: A framework for motion generation in human environments. *The International Journal of Robotics Research,* 21(12):1031-1052, December 2002.

[36] O. Brock, J. Kuffner, and J. Xiao. Manipulation for robot tasks. In B. Siciliano and O. Khatib, editors, *Springer Handbook of Robotics,* chapter 26, pages 615-645. Springer, Berlin, Heidelberg, Germany, first edition, 2008.

[37] B. Brogliato. *Nonsmooth Mechanics.* Communications and Control Engineering. Springer, London, UK, 1999.

[38] X. Broquère, D. Sidobre, and I. Herrera-Aguilar. Soft motion trajectory planner for service manipulator robot. In *Proc. of the IEEE/RSJ International Conference on Intelligent Robots and Systems,* pages 2808-2813, Nice, France, September 2008.

[39] H. Bruyninckx. *Kinematic Models for Robot Compliant Motion with Identification of Uncertainities.* PhD thesis, KU Leuven, Department of Mechanical Engineering, 1995.

[40] H. Bruyninckx and J. De Schutter. Specification of force-controlled actions in the task frame formalism—A synthesis. *IEEE Trans. on Robotics and Automation,* 12(4):581-589, August 1996.

[41] B. Cao, G. I. Dodds, and G. W. Irwin. Time-optimal and smooth constrained path planning for robot manipulators. In *Proc. of the IEEE International Conference on Robotics and Automation,* volume 3, pages 1853-1858, San Diego, CA, USA, May 1994.

[42] B. Cao, G. I. Dodds, and G. W. Irwin. A practical approach to near time-optimal inspection-task-sequence planning for two cooperative industrial robot arms. *The International Journal of Robotics Research,* 17(8):858-867, August 1998.

[43] R. H. Castain and R. P. Paul. An on-line dynamic trajectory generator. *The International Journal of Robotics Research,* 3(1):68-72, March 1984.

[44] S. Chand and K. L. Doty. On-line polynomial trajectories for robot manipulators. *The International Journal of Robotics Research,* 4(2):38-48, Summer 1985.

[45] F. Chaumentte and S. A. Hutchinson. Visual servo control. Part I: Basic approaches. *IEEE Robotics and Automation Magazine,* 4(13):82-90, December 2006.

[46] F. Chaumentte and S. A. Hutchinson. Visual servo control. Part II: Advanced approaches. *IEEE Robotics and Automation Magazine,* 1(14):109-118, March 2007.

[47] F. Chaumentte and S. A. Hutchinson. Visual servoing and visual tracking. In B. Siciliano and O. Khatib, editors, *Springer Handbook of Robotics*, chapter 24, pages 563-583. Springer, Berlin, Heidelberg, Germany, first edition, 2008.

[48] C.-Y. Chen, P.-S. Liao, C.-C. Cheng, and G.-F. Jong. Design and implementation of real-time nurbs interpolator for motion control. In *Proc. of the second IEEE Conference Industrial Electronics and Applications*, pages 426-431, Harbin, China, May 2007.

[49] Y. Chen and A. A. Desrochers. Structure of minimum-time control law for robotic manipulators with constrained paths. In *Proc. of the IEEE International Conference on Robotics and Automation*, volume 2, pages 971-976, Scottsdale, AZ, USA, May 1989.

[50] Y. Chen and A. A. Desrochers. A proof of the structure of the minimum-time control law of robotic manipulators using a hamiltonian formulation. *IEEE Trans. on Robotics and Automation*, 6(3):388-393, June 1990.

[51] Y. Chen and A. A. Desrochers. Minimum-time control laws for robotic manipulators. *International Journal of Control*, 57(1):1-27, January 1993.

[52] M.-Y. Cheng, M.-C. Tsai, and J.-C. Kuo. Real-time NURBS command generators for CNC servo controllers. *International Journal of Machine Tools and Manufacture*, 42(7):801-813, May 2002.

[53] S. Chiaverini and L. Sciavicco. The parallel approach to force/position control of robotic manipulators. *IEEE Trans. on Robotics and Automation*, 9(4):361-373, August 1993.

[54] H.-Y. Chuang and K.-H. Chien. A real-time NURBS motion interpolator for position control of a slide equilateral triangle parallel manipulator. *The International Journal of Advanced Manufacturing Technology*, 34(7):724-735, October 2007.

[55] W. Chung, L.-C. Fu, and S.-H. Hsu. Motion control. In B. Siciliano and O. Khatib, editors, *Springer Handbook of Robotics*, chapter 6, pages 133-159. Springer, Berlin, Heidelberg, Germany, first edition, 2008.

[56] D. Chwa, J. Kang, and J. Y. Choi. Online trajectory planning of robot arms for interception of fast maneuvering object under torque and velocity constraints. *IEEE Trans. on Systems, Man, and Cybernetics, Part A: Systems and Humans*, 35(6):831-843, November 2005.

[57] COMAU S.p.A. Robotics, Via Rivalta, 30, 10095, Grugliasco (Turin), Italy. *C4G Instruction Handbook Motion Programming, System Software Rel. 3.1x*, 2008. CR00757507-en-01/0208.

[58] COMAU S.p.A. Robotics, Via Rivalta, 30, 10095, Grugliasco (Turin), Italy. *C4G OPEN Instruction Handbook, System Software Rel. 3.1x*, 2008. CR00757550-en-03/0908.

[59] COMAU S.p.A. Robotics, Via Rivalta, 30, 10095, Grugliasco (Turin), Italy. *C4G Open, the Industrial Robots Open Control System for Universities and SMEs (Product Brochure)*, 2008.

[60] COMAU S.p.A. Robotics, Via Rivalta, 30, 10095, Grugliasco (Turin), Italy. (accessed: Dec. 15, 2008). Internet, 2008.

[61] D. Constantinescu and E. A. Croft. Smooth and time-optimal trajectory planning for industrial manipulators along specified paths. *Journal of Robotic Systems*, 17(5):233-249, May 2000.

[62] J. J. Craig. *Introduction to Robotics: Mechanics and Control*. Prentice Hall, third edition, 2003.

[63] O. Dahl. Path-constrained robot control with limited torques—Experimental evaluation. *IEEE Trans. on Robotics and Automation*, 10(5):658-669, October 1994.

[64] O. Dahl and L. Nielsen. Torque limited path following by on-line trajectory time scaling. In *Proc. of the IEEE International Conference on Robotics and Automation*, volume 2, pages 1122-1128, Scottsdale, AZ, USA, May 1989.

[65] W. C. Davidon. Variable metric method for minimization. Argonne National Laboratory Research and Development Report 5990, May 1959. Republished in: SIAM Journal of Optimization, 1(1):1-17, Febuary 1991.

[66] W. P. Dayawansa and C. F. Martin. A converse Lyapunov theorem for a class of dynamical systems which undergo switching. *IEEE Trans. on Automatic Control*, 44(4):751-760, April 1999.

[67] R. A. DeCarlo, M. S. Branicky, S. Pettersson, and B. Lennartson. Perspectives and results on the stability and stabilizability of hybrid systems. *Proc. of the IEEE*, 88(7):1069-1082, July 2000.

[68] R. Diestel. *Graph Theory*, volume 173 of *Graduate Texts in Mathematics*. Springer, Heidelberg, Germany, thrid edition, 2005.

[69] J. Dong, P. M. Ferreira, and J. A. Stori. Feed-rate optimization with jerk constraints for generating minimum-time trajectories. *International Journal of Machine Tools and Manufacture*, 47(12-13):1941-1955, 2007.

[70] M. Dowell and P. Jarratt. A modified regula falsi method for computing the root of an equation. *BIT Numerical Mathematics*, 11(2):168-174, June 1971.

[71] M. Dowell and P. Jarratt. The "Pegasus" method for computing the root of an equation. *BIT Numerical Mathematics*, 12(4):503-508, December 1972.

[72] J. Duffy. The fallacy of modern hybrid control theory that is based on "orthogonal complements" of twist and wrench spaces. *Journal of Robotic Systems*, 7(2):139-144, April 1990.

[73] G. Engeln-Müllges and F. Uhlig. *Numerical Algorithms with C*. Springer, 1996.

[74] EtherCAT Technology Group, Ostendstraße 196, D-90482 Nuremberg, Germany. (accessed: Dec. 15, 2008). Internet, 2008.

[75] European Robotics Research Network (EURON). (accessed: Dec. 15, 2008). Internet, 2008.

[76] FANUC Robotics Deutschland GmbH, Bernhäuser Straße 36, D-73765 Neuhausen a. d. F., Germany. *FANUC Force Sensor FS-10iA data sheet*, 2008.

[77] FANUC Robotics Deutschland GmbH, Bernhäuser Straße 36, D-73765 Neuhausen a. d. F., Germany. *FANUC iRVISION data sheet*, 2008.

[78] FANUC Robotics Deutschland GmbH, Bernhäuser Straße 36, D-73765 Neuhausen a. d. F., Germany.*FANUC Roboterserie, R-30iA Mate Steuerung, Bedienungshandbuch*, 2008. B-82724GE-1/01.

[79] FANUC Robotics Deutschland GmbH, Bernhäuser Straße 36, D-73765 Neuhausen a. d. F., Germany. (accessed: Dec. 15, 2008). Internet, 2008.

[80] G. Farmelo, editor. *It Must Be Beautiful: Great Equations of Modern Science*. Granta Publications, London, UK, 2002.

[81] R. Featherstone. The calculation of robot dynamics using articulated-body inertias. *The International Journal of Robotics Research*, 2(1):13-30, 1983.

[82] R. Featherstone. *Rigid Body Dynamics Algorithms*. Springer, New York, NY, USA, first edition, 2007.

[83] R. Featherstone and D. E. Orin. Dynamics. In B. Siciliano and O. Khatib, editors, *Springer Handbook of Robotics*, chapter 2, pages 35-65. Springer, Berlin, Heidelberg, Germany, first edition, 2008.

[84] J. T. Feddema and O. R. Mitchell. Vision-guided servoing with feature-based trajectory generation. *IEEE Trans. on Robotics and Automation*, 5(5):691-700, 1989.

[85] B. Finkemeyer. *Robotersteuerungsarchitektur auf der Basis von Aktionsprimitiven (in German)*. Shaker Verlag, Aachen, Germany, 2004.

[86] B. Finkemeyer, T. Kröger, D. Kubus, M. Olschewski, and F. M. Wahl. MiRPA: Middleware for robotic and process control applications. In *Workshop on Measures and Procedures for the Evaluation of Robot Architectures and Middleware at the IEEE/RSJ International Conference on Intellegent Robots and Systems*, pages 78-93, San Diego, CA, USA, October 2007.

[87] B. Finkemeyer, T. Kröger, and F. M. Wahl. Placing of objects in unknown environments. In *Proc. of the IEEE International Conference on Methods and Models in Automation and Robotics*, pages 975-980, Miedzyzdroje, Poland, August 2003.

[88] B. Finkemeyer, T. Kröger, and F. M. Wahl. Executing assembly tasks specified by manipulation primitive nets. *Advanced Robotics*, 19(5):591-611, June 2005.

[89] P. Fiorini and Z. Shiller. Time optimal trajectory planning in dynamic environments. In *Proc. of the IEEE International Conference on Robotics and Automation*, volume 2, pages 1553-1558, Minneapolis, MN, USA, April 1996.

[90] T. Flash and E. Henis. Arm trajectory modifications during reaching towards visual targets. *Journal of Cognitive Neuroscience*, 3(3):220-230, Summer 1991.

[91] T. Flash and N. Hogan. The coordination of arm movements: An experimentally confirmed mathematical model. *Journal of Neuroscience*, 5:1688-1703, Summer 1985.

[92] R. Fletcher and M. J. D. Powell. A rapidly convergent descent method for minimization. *The Computer Journal*, 6(2):163-168, Summer 1963.

[93] D. A. Forsyth and J. Ponce. *Computer Vision A Modern Approach*. Pearson Education, 2003.

[94] K. S. Fu, R. C. Gonzalez, and C. S. G. Lee. *Robotics: Control, Sensing, Vision and Intelligence*. McGraw-Hill, Singapore, second edition, 1988.

[95] N. R. Gans. *Hybrid Switched System Visual Servo Control*. PhD thesis, Department of General Engineering, University of Illinois at Urbana- Champaign, 2005.

[96] N. R. Gans and S. A. Hutchinson. A switching approach to visual servo control. In *Proc. of the IEEE International Symposium on Intelligent Control*, pages 770-776, Vancouver, Canada, October 2002.

[97] N. R. Gans and S. A. Hutchinson. Stable visual servoing through hybrid switched-system control. *IEEE Trans. on Robotics*, 23(3):530-540, June 2007.

[98] T. Gat-Falik and T. Flash. A technique for time-jerk optimal planning of robot trajectories. *IEEE Trans. on Systems, Man, and Cybernetics, Part B: Cybernetics*, 29(1):83-95, February 1999.

[99] H. Geering, L. Guzzella, S. Hepner, and C. Onder. Time-optimal motions of robots in assembly tasks. *IEEE Trans. on Automatic Control*, 31(6):512-518, June 1986.

[100] GNU Scientific Library. (accessed: Dec. 15, 2008). Internet, 2008.

[101] H. H. González-Baños, D. Hsu, and J.-C. Latombe. Motion planning: Recent developments. In S. S. Ge and F. L. Lewis, editors, *Autonomous Mobile Robots: Sensing, Control, Decision-Making, and Applications*, chapter 10, pages 36-54. CRC Press, Boca Raton, 2006.

[102] D. M. Gorinevsky, A. M. Formalsky, and A. Y. Schneider. *Force Control of Robotics Systems*. CRC Press, Boca Raton, FL, USA, 1997.

[103] S. Haddadin, A. Albu-Schäffer, and G. Hirzinger. Safety evaluation of physical human-robot interaction via crash-testing. In *Proc. of Robotics: Science and Systems*, Atlanta, GA, USA, September 2007.

[104] S. Haddadin, A. Albu-Schäffer, and G. Hirzinger. The role of the robot mass and velocity in physical human-robot interaction - part I: Non-constrained blunt impacts. In *Proc. of the IEEE International Conference on Robotics and Automation*, pages 1331-1338, Passadena, CA, USA, May 2008.

[105] S. Haddadin, A. Albu-Schäffer, and G. Hirzinger. The role of the robot mass and velocity in physical human-robot interaction - part II: Constrained blunt impacts. In *Proc. of the IEEE International Conference on Robotics and Automation*, pages 1339-1345, Passadena, CA, USA, May 2008.

[106] S. Haddadin, A. Albu-Schäffer, A. De Luca, and G. Hirzinger. Collision detection and reaction: A contribution to safe physical human-robot interaction. In *Proc. of the IEEE/RSJ International Conference on Intelligent Robots and Systems*, pages 3356-3363, Nice, France, September 2008.

[107] Hasbro Inc., 1027 Newport Avenue, Mailstop A906, Pawtucket, RI 02861, USA. (accessed: Dec. 15, 2008). Internet, 2008.

[108] R. Haschke, E. Weitnauer, and H. Ritter. On-line planning of time-optimal, jerk-limited trajectories. In *Proc. of the IEEE/RSJ International Conference on Intelligent Robots and Systems*, pages 3248-3253, Nice, France, September 2008.

[109] A. Heim and O. von Stryk. Trajectory optimization of industrial robots with application to computer-aided robotics and robot controllers. *Optimization*, 47:407-420, 2000.

[110] E. A. Henis and T. Flash. Mechanisms underlying the generation of averaged modified trajectories. *Biological Cybernetics*, 72(5):407-419, April 1995.

[111] Don Herbison-Evans. Finding real roots of quartics. Technical report, Sydney University of Technology, Department of Software Engineering, Sydney, Australia, 2005.

[112] G. Hirzinger, N. Sporer, A. Albu-Schäffer, M. Hähnle, R. Krenn, A. Pascucci, and M. Schedl. DLR's torque-controlled light weight robot III—Are we reaching the technological limits now? In *Proc. of the IEEE International Conference on Robotics and Automation*, volume 2, pages 1710-1716, Washington, D.C., USA, May 2002.

[113] N. Hogan. Impedance control: An approach to manipulation. Part I: Theory. Part II: Implementation. Part III: Applications. *ASME Journal of Dynamic Systems, Measurment, and Control*, 107:1-24, March 1985.

[114] J. M. Hollerbach. Dynamic scaling of manipulator trajectories. *ASME Journal on Dynamic Systems, Measurement, and Control*, 106(1):102-106, 1984.

[115] Institut für Robotik und Prozessinformatik at the Technische Universität Carolo-Wilhelmina zu Braunschweig, Mühlenpfordtstr. 23, D-38106 Braunschweig, Germany. (accessed: Dec. 15, 2008). Internet, 2008.

[116] International Federation of Robotics (IFR). Hompepage. (accessed: Dec. 15, 2008). Internet, 2008.

[117] International Organisation for Standardisation. ISO 8373: Manipulating industrial robots—Vocabulary. International Standard, 1994.

[118] L. Jaillet and T. Siméon. A PRM-based motion planner for dynamically changing environments. In *Proc. of the IEEE/RSJ International Conference on Intelligent Robots and Systems*, volume 2, pages 1606-1611, Sendai, Japan, September 2004.

[119] JR3, Inc., 22 Harter Ave, Woodland, CA 95776, USA. (accessed: Dec. 15, 2008). Internet, 2008.

[120] M. E. Kahn and B. Roth. The near-minimum-time control of open-loop articulated kinematic chains. *ASME Journal of Dynamic Systems, Measurement, and Control*, 93:164-172, September 1971.

[121] C.-G. Kang. Online trajectory planning for a PUMA robot. *International Journal of Precision Engineering and Manufacturing*, 8(4):51-56, October 2007.

[122] L. E. Kavraki and S. M. LaValle. Motion planning. In B. Siciliano and O. Khatib, editors, *Springer Handbook of Robotics*, chapter 5, pages 109‑131. Springer, Berlin, Heidelberg, Germany, first edition, 2008.

[123] Kawasaki Heavy Industries, Ltd., World Trade Center Bldg., 4-1, Hamamatsu-cho 2-chome, Minato-ku, Tokyo 105-6116, Japan. (accessed: Dec. 15, 2008). Internet, 2008.

[124] Kawasaki Robotics GmbH, Sperberweg 29, D-41468 Neuss, Germany. *Kawasaki Robot Controller der Serie D, Bedienungshandbuch (in German)*, 2002. 90209-1017DGB.

[125] Kawasaki Robotics GmbH, Sperberweg 29, D-41468 Neuss, Germany. *Kawasaki Robot Controller Serie D, Referenzhandbuch AS-Sprache (in German)*, 2002. 90209-1083DGE.

[126] W. Khalil and E. Dombre. *Modeling, Identification and Control of Robots*, chapter 13, Trajectory Generation, pages 313-345. Hermes Penton, Ltd., London, UK, first edition, 2002.

[127] W. Khalil and E. Dombre. *Modeling, Identification and Control of Robots*, chapter 14, Motion Control, pages 347-376. Hermes Penton, Ltd., London, UK, first edition, 2002.

[128] W. Khalil and E. Dombre. *Modeling, Identification and Control of Robots*. Hermes Penton, Ltd., London, UK, 2002.

[129] O. Khatib. A unified approach for motion and force control of robot manipulators: The operational space formulation. *IEEE Journal of Robotics and Automation*, RA-3(1):43-53, February 1987.

[130] J.-Y. Kim, D.-H. Kim, and S.-R. Kim. On-line minimum-time trajectory planning for industrial manipulators. In *Proc. of the International Conference on Control, Automation, and Systems*, pages 36-40, Seoul, South Korea, October 2007.

[131] R. King. An improved pegasus method for root finding. *BIT Numerical Mathematics*, 13(4):423-427, December 1973.

[132] B. Koninckx and H. van Brussel. Real-time NURBS interpolator for distributed motion control. *CIRP Annals*.

[133] Y. Koren. Control of machine tools. *Journal of Manufacturing Science and Engineering*, 119(4B):749-755, November 1997.

[134] A. I. Kostrikin, Y. I. Manin, and M. E. Alferieff. *Linear Algebra and Geometry*, chapter 3, Projective Groups and Projections. Taylor and Francis, Ltd., first edition, 1997.

[135] K. Kozlowski. *Modelling and Identification in Robotics*. Springer, London, UK, 1998.

[136] T. Kröger, B. Finkemeyer, M. Heuck, and F. M. Wahl. Adaptive implicit hybrid force/pose control of industrial manipulators: Compliant motion experiments. In *Proc. of the IEEE/RSJ International Conference on Intelligent Robots and Systems*, pages 816-821, Sendai, Japan, September 2004.

[137] T. Kröger, B. Finkemeyer, U. Thomas, and F. M. Wahl. Compliant motion programming: The task frame formalism revisited. In *Mechatronics and Robotics*, pages 1029-1034, Aachen, Germany, September 2004.

[138] T. Kröger, B. Finkemeyer, and F. M. Wahl. Manipulation primitives as interface between task programming and execution. In *Workshop on Issues and Approaches to Task Level Control at the IEEE/RSJ International Conference on Intellegent Robots and Systems*, Sendai, Japan, September 2004.

[139] T. Kröger, B. Finkemeyer, and F. M. Wahl. A task frame formalism for practical implementations. In *Proc. of the IEEE International Conference on Robotics and Automation*, pages 5218-5223, New Orleans, LA, USA, April 2004.

[140] T. Kröger, B. Finkemeyer, S. Winkelbach, S. Molkenstruck, L.-O. Eble, and F. M. Wahl. Demonstration of multi-sensor integration in industrial manipulation (poster). In *Proc. of the IEEE International Conference on Robotics and Automation*, pages 4282-4284, Orlando, FL, USA, May 2006.

[141] T. Kröger, B. Finkemeyer, S. Winkelbach, S. Molkenstruck, L.-O. Eble, and F. M. Wahl. Demonstration of multi-sensor integration in industrial manipulation (video). In *Proc. of the IEEE International Conference on Robotics and Automation*, Orlando, FL, USA, May 2006.

[142] T. Kröger, B. Finkemeyer, S. Winkelbach, S. Molkenstruck, L.-O. Eble, and F. M. Wahl. A manipulator plays Jenga. *IEEE Robotics and Automation Magazine*, 15(3):79-84, September 2008.

[143] T. Kröger, D. Kubus, and F. M. Wahl. 6D force and acceleration sensor fusion for compliant manipulation control. In *Proc. of the IEEE/RSJ International Conference on Intelligent Robots and Systems*, pages 2626-2631, Beijing, China, October 2006.

[144] T. Kröger, D. Kubus, and F.M.Wahl. Force and acceleration sensor fusion for compliant manipulation control in six degrees of freedom. *Advanced Robotics*, 21(14):1603-1616, November 2007.

[145] T. Kröger, D. Kubus, and F. M. Wahl. 12d force and acceleration sensing: A helpful experience report on sensor characteristics. In *Proc. of the IEEE International Conference on Robotics and Automation*, pages 3455-3462, Pasadena, CA, USA, May 2008.

[146] T. Kröger, A. Tomiczek, and F. M. Wahl. Towards on-line trajectory computation. In *Proc. of the IEEE/RSJ International Conference on Intelligent Robots and Systems*, pages 736-741, Beijing, China, October 2006.

[147] D. Kubus, T. Kröger, and F. M. Wahl. On-line rigid object recognition and pose estimation based on inertial parameters. In *Proc. of the IEEE/RSJ International Conference on Intelligent Robots and Systems*, pages 1402-1408, San Diego, CA, USA, October 2007.

[148] D. Kubus, T. Kröger, and F. M. Wahl. Improving force control performance by computational elimination of non-contact forces/torques. In *Proc. of the IEEE International*

Conference on Robotics and Automation, pages 2617–2622, Pasadena, CA, USA, May 2008.

[149] A. Kugi, C. Ott A. Albu-Schäffer, and G. Hirzinger. On the passivitybased impedance control of flexible joint robots. *IEEE Trans. on Robotics*, 24(2):416–429, April 2008.

[150] KUKA Roboter GmbH, Zugspitzstraße 140, D-86165 Augsburg, Germany. *KUKA. Occubot VI V2.0 für KUKA System Software (KSS) V5.2 (in German)*, 2006. V0.1 24.01.2006 KST-AD-Occubot20 de.

[151] KUKA Roboter GmbH, Zugspitzstraße 140, D-86165 Augsburg, Germany. *KUKA System Software 5.2, 5.3, 5.4, Bedien- und Programmieranleitung für Systemintegratoren (in German)*, 2007. V1.1 05.07.2007 KSS-AD-SI-5x de.

[152] KUKA Roboter GmbH, Zugspitzstraße 140, D-86165 Augsburg, Germany. *KUKA KRC2 Brochure: Control and software*, 2008. WM-Nr. 841706/E/8/05.04.

[153] KUKA Roboter GmbH, Zugspitzstraße 140, D-86165 Augsburg, Germany. (accessed: Dec. 15, 2008). Internet, 2008.

[154] K. J. Kyriakopoulos and G. N. Sridis. Minimum jerk path generation. In *Proc. of the IEEE International Conference on Robotics and Automation*, volume 1, pages 364–369, Philadelphia, PA, USA, April 1988.

[155] P. Lambrechts, M. Boerlage, and M. Steinbuch. Trajectory planning and feedforward design for high performance motion systems. In *Proc. of the American Control Conference*, volume 5, pages 4637–4642, Boston, MA, USA, June 2004.

[156] S. M. LaValle. *Planning Algorithms*. Cambridge University Press, Cambridge, UK, 2006.

[157] W. T. Lei, M. P. Sung, L. Y. Lin, and J. J. Huang. Fast real-time NURBS for CNC machine tools. *International Journal of Machine Tools and Manufacture*, 47(10):1530–1541, 2007.

[158] Lenze AG, Hans-Lenze-Straße 1, D-31855 Aerzen, Germany. *Software manual, L-force Servo Drives 9400 StateLine, E94AxSExxxx, parameter setting*, 2008. DMS 3.0 EN - 07/2008.

[159] Lenze AG, Hans-Lenze-Straße 1, D-31855 Aerzen, Germany. (accessed: Dec. 15, 2008). Internet, 2008.

[160] W. Leonhard. *Control of Electrical Drives*. Springer, third edition, 2001.

[161] T. Y. Li and J.-C. Latombe. On-line manipulation planning for two robot arms in a dynamic environment. In *Proc. of the IEEE International Conference on Robotics and Automation*, volume 1, pages 1048–1055, Nagoya, Japan, May 1995.

[162] T. Y. Li and J.-C. Latombe. On-line manipulation planning for two robot arms in a dynamic environment. *The International Journal of Robotics Research*, 16(2):144–167, April 1997.

[163] D. Liberzon. *Switching in Systems and Control*. Systems and Control: Foundations and Applications. Birkhäuser, Boston, MA, USA, 2003.

[164] D. Liberzon and A. S. Morse. Basic problems in stability and design of switched systems. *IEEE Control Systems Magazine*, 19(5):59–70, October 1999.

[165] C.-S. Lin, P.-R. Chang, and J. Y. S. Luh. Formulation and optimization of cubic polynomial joint trajectories for industrial robots. *IEEE Trans. on Automatic Control*, 28(12):1066–1074, December 1983.

[166] S. Lindemann and S. LaValle. Current issues in sampling-based motion planning. In P. Dario and R. Chatila, editors, *Proc. of the Eighth Int. Symp. on Robotics Research*, pages 36-54. Springer, Berlin, Germany, 2004.

[167] S. Liu. An on-line reference-trajectory generator for smooth motion of impulse-controlled industrial manipulators. In *Proc. of the seventh International Workshop on Advanced Motion Control*, pages 365-370, Maribor, Slovenia, July 2002.

[168] J. Lloyd and V. Hayward. Trajectory generation for sensor-driven and timevarying tasks. *The International Journal of Robotics Research*, 12(4):380-393, August 1993.

[169] T. Lozano-Pérez. Automatic planning of manipulator transfer movements. In M. Brady, J. M. Hollerbach, T. L. Johnson, T. Lozano-Pérez, and M. T. Mason, editors, *Robot Motion: Planning and Control*, chapter 6, pages 499-535. MIT Press, 1982.

[170] A. De Luca, A. Albu-Schäffer, S. Haddadin, and G. Hirzinger. Collision detection and safe reaction with the DLR-III lightweight manipulator arm. In *Proc. of the IEEE/RSJ International Conference on Intelligent Robots and Systems*, pages 1623-1630, Beijing, China, October 2006.

[171] Y. Ma, S. Soatto, J. Košecká, and S. S. Sastry. *An Invitation to 3-D Vision*. Springer, New York, NY, USA, 2003.

[172] J. Maaß, S. Molkenstruck, U. Thomas, J. Hesselbach, F. M. Wahl, and A. Raatz. Definition and execution of a generic assembly programming paradigm. *Assembly Automation*, 28(1):61-68, 2008.

[173] J. Maaß, J. Steiner, A. Raatz, J. Hesselbach, U. Goltz, and A. Amado. Selfmanagement in a control architecture for parallel kinematic robots. In *Proc. of the 27th ASME Computers and Information in Engineering Conference*, New York, NY, USA, August 2008.

[174] S. Macfarlane and E. A. Croft. Jerk-bounded manipulator trajectory planning: Design for real-time applications. *IEEE Trans. on Robotics and Automation*, 19(1):42-52, February 2003.

[175] manutec VaWe Robotersystem GmbH, Benno-Strauß-Straße 5, D-90763 Fürth, Germany. (accessed: Dec. 15, 2008). Internet, 2008.

[176] M. T. Mason. Compliance and force control for computer controlled manipulators. *IEEE Trans. on Systems, Man, and Cybernetics*, 11:418-432, June 1981.

[177] J. B. Mbede, L. Zhang, S. Ma, Y. Toure, and V. Graefe. Robust neurofuzzy manipulator among navigation of mobile dynamic obstacles. In *Proc. of the IEEE International Conference on Robotics and Automation*, pages 5051-5057, New Orleans, LA, USA, April 2004.

[178] J. M. McCarthy and J. E. Bobrow. The number of saturated actuators and constraint forces during time-optimal movement of a general robotic system. *IEEE Trans. on Robotics and Automation*, 8(3):407-409, June 1992.

[179] N. H. McClamroch and I. Kolmanobsky. Performance benefits of hybrid control design for linear and nonlinear systems. *Proc. of the IEEE*, 88(7):1083-1096, July 2000.

[180] E. A. Merchán-Cruz and A. S. Morris. Fuzzy-GA-based trajectory planner for robot manipulators sharing a common workspace. *IEEE Trans. on Robotics and Automation*, 22(4):613-624, August 2006.

[181] G. Michaletzky and L. Gerencsér. BIBO stability of linear switching systems. *IEEE Trans. on Automatic Control*, 47(11):1895-1898, November 2002.

[182] G. Milighetti and H.-B. Kuntze. On a primitive skill-based supervisory robot control architecture. In *Proc. of the IEEE International Conference on Advanced Robotics*, pages 141-147, Seattle, WA, USA, July 2005.

[183] G. Milighetti and H.-B. Kuntze. On the discrete-continuous control of basic skills for humanoid robots. In *Proc. of the IEEE/RSJ International Conference on Intelligent Robots and Systems*, pages 3474-3479, Beijing, China, October 2006.

[184] G. Milighetti and H.-B. Kuntze. Fuzzy based decision making for the discretecontinuous control of humanoid robots. In *Proc. of the IEEE/RSJ International Conference on Intelligent Robots and Systems*, pages 3580-3585, San Diego, CA, USA, October 2007.

[185] Mitsubishi Heavy Industries Industrial Machinery Co., Ltd., 1- Takamichi, Iwatsuka-cho, Nakamura-ku, Nagoya, Japan. (accessed: Dec. 15, 2008). Internet, 2008.

[186] Mitsubishi Heavy Industries, Ltd., Mitsubishijuko Yokohama Bldg., 3-1, Minatomirai 3-chome, Nishi-ku, Yokohama, 220-8401, Japan. (accessed: Dec. 15, 2008). Internet, 2008.

[187] H. Mosemann. *Beiträge zur Planung, Dekomposition und Ausführung von automatisch generierten Roboteraufgaben (in German)*. Shaker Verlag, Aachen, Germany, 2000.

[188] H. Mosemann and F. M. Wahl. Automatic decomposition of planned assembly sequences into skill primitives. *IEEE Trans. on Robotics and Automation*, 17(5):709-718, October 2001.

[189] MOTOMAN, Inc., 805 Liberty Lane, West Carrollton, Ohio 45449, USA. (accessed: Dec. 15, 2008). Internet, 2008.

[190] MOTOMAN robotec GmbH, Kammerfeldstraße 1, D-85391 Allershausen, Germany. *System-Setup MOTOMAN NX100, Betriebsanleitung*, 2004. MRS6101GB.0.U.

[191] MOTOMAN robotec GmbH, Kammerfeldstraße 1, D-85391 Allershausen, Germany. *Betriebsanleitung Grundprogrammierung*, 2008. MRS60000.

[192] Neuronics AG, Technoparkstrasse 1, CH-8005 Zürich, Switzerland. *Data sheet Kantana —Automation made easy*, 2008.

[193] Neuronics AG, Technoparkstrasse 1, CH-8005 Zürich, Switzerland. *Katana- NativeInterface Reference Manual, Version 3.9.x*, 2008.

[194] Neuronics AG, Technoparkstrasse 1, CH-8005 Zürich, Switzerland. (accessed: Dec. 15, 2008). Internet, 2008.

[195] P. Ögren, M. Egerstedt, and X. Hu. Reactive mobile manipulation using dynamic trajectory tracking. In *Proc. of the IEEE International Conference on Robotics and Automation*, pages 3473-3478, San Francisco, CA, USA, April 2000.

[196] J. Olomski. *Bahnplanung und Bahnführung von Industrierobotern (in German)*. Vieweg Verlag, Braunschweig, Germany, 1989.

[197] OROCOS Homepage. Open robot control software. (accessed: Dec. 15, 2008). Internet, 2002.

[198] R. Osypiuk, T. Kröger, B. Finkemeyer, and F. M. Wahl. A two-loop implicit force/position control structure, based on a simple linear model: Theory and experiment. In *Proc. of the IEEE International Conference on Robotics and Automation*, pages 2232-2237, Orlando, FL, USA, May 2006.

[199] W. S. Owen, E. A. Croft, and B. Benhabib. Minimally compliant trajectory resolution for robotic machining. In *Proc. of the IEEE International Conference on Advanced Robotics*, pages 702-707, Coimbra, Portugal, June 2003.

[200] W. S. Owen, E. A. Croft, and B. Benhabib. Real-time trajectory resolution for dual robot machining. In *Proc. of the IEEE/RSJ International Conference on Intelligent Robots and Systems*, pages 4332-4337, Sendai, Japan, September 2004.

[201] F. C. Park, J. E. Bobrow, and S. R. Ploen. A lie group formulation of robot dynamics. *The International Journal of Robotics Research*, 14(6):609-618, December 1995.

[202] F. C. Park and B. Ravani. Smooth invariant interpolation of rotations. *ACM Transactions on Graphics,*, 16(3):277-295, July 1997.

[203] R. P. C. Paul. Manipulator Cartesian path control. In M. Brady, J. M. Hollerbach, T. L. Johnson, T. Lozano-Pérez, and M. T. Mason, editors, *Robot Motion: Planning and Control*, chapter 4, pages 245-263. MIT Press, 1982.

[204] R. P. C. Paul. *Robot Manipulators*. MIT Press, fifth edition, 1983.

[205] R. P. C. Paul. *Robot Manipulators*, chapter 5, Motion Trajectories, pages 119-155. MIT Press, fifth edition, 1983.

[206] R. P. C. Paul. *Robot Manipulators*, chapter 7, Control, pages 197-215. MIT Press, fifth edition, 1983.

[207] F. Pertin and J.-M. Bonnet des Tuves. Real time robot controller abstraction layer. In *Proc. of the Int. Symposium on Robots*, Paris, France, March 2004.

[208] F. Pfeiffer and R. Johanni. A concept for manipulator trajectory planning. In *Proc. of the IEEE International Conference on Robotics and Automation*, volume 3, pages 1399-1405, San Francisco, CA, USA, April 1986.

[209] A. Piazzi and A. Visioli. Global minimum-time trajectory planning of mechanical manipulators using interval analysis. *International Journal of Control*, 71(4):631-652, 1998.

[210] A. Piazzi and A. Visioli. Global minimum-jerk trajectory planning of robot manipulators. *IEEE Trans. on Industrial Electronics*, 47(1):140-149, February 2000.

[211] L. Piegel. On NURBS: A survey. *IEEE Computer Graphics and Applications*, 11(1):55-71, January 1991.

[212] L. Piegel and W. Tiller. *The NURBS Book*. Springer, Heidelberg, Germany, second edition, 1997.

[213] F. Pierrot, P. Dauchez, and A. Fournier. HEXA: A fast six-DOF fully-parallel robot. In *Proc. of the IEEE International Conference on Advanced Robotics*, volume 2, pages 1158-1163, Pisa, Italy, June 1991.

[214] I. Pietsch. *Adaptive Steuerung und Regelung ebener Parallelroboter (in German)*. Vulkan Verlag, Essen, Germany, 2003.

[215] W. H. Press, S. A. Teukolski, W. T. Vetterling, and B. P. Flannery. *Numerical Receipes in C++*. Cambridge University Press, 2002.

[216] QNX Software Systems, 175 Terence Matthews Crescent, Ottawa, Ontario, Canada, K2M 1W8. Homepage. (accessed: Dec. 15, 2008). Internet, 2008.

[217] M. H. Raibert and J. J. Craig. Hybrid position/force control of manipulators. *ASME Journal of Dynamic Systems, Measurement and Control*, 102:126-133, June 1981.

[218] V. T. Rajan. Minimum time trajectory planning. In *Proc. of the IEEE International Conference on Robotics and Automation*, volume 3, pages 759-764, St. Louis, MO, USA, March 1985.

[219] Real-Time Innovations, 385 Moffett Park Drive, Sunnyvale, CA 94089, USA. Homepage. (accessed: Dec. 15, 2008). Internet, 2008.

[220] T. Reisinger. *Kontaktregelung von Parallelrobotern auf der Basis von Aktionsprimitiven (Interaction Control of Parallel Robots Based on Skill Primitives)*. PhD thesis, Institut für Regelungstechnik, Technische Universität Carolo-Wilhelmina zu Braunschweig, (accessed: Dec. 15, 2008), 2008.

[221] Rockwell Automation, Inc., Allen-Bradley and Rockwell Software Brands, 1201 South Second Street, Milwaukee, WI 53204-2496, USA. (accessed: Dec. 15, 2008). Internet, 2008.

[222] V. Rogozin, Y. Edan, and T. Flash. A real-time trajectory modification algorithm. *Robotica*, 19(4):395-405, July 2001.

[223] G. Sahar and J. M. Hollerbach. Planning of minimum-time trajectories for robot arms. In *Proc. of the IEEE International Conference on Robotics and Automation*, volume 2, pages 751-758, St. Louis, MO, USA, March 1985.

[224] M. Schlemmer and G. Gruebel. Real-time collision-free trajectory optimization of robot manipulators via semi-infinite parameter optimization. *The International Journal of Robotics Research*, 17(9):1013-1021, September 1998.

[225] D. C. Schmidt, D. L. Levine, and S. Mungee. The design of the TAO realtime object request broker. *Computer Communications*, 21(4):294-324, April 1998.

[226] J. De Schutter, T. De Laet, J. Rutgeerts, W. Decré, R. Smits, E. Aertbeliën, K. Claes, and H. Bruyninckx. Constraint-based task specification and estimation for sensor-based robot systems in the presence of geometric uncertainty. *The International Journal of Robotics Research*, 26(5):433-454, May 2007.

[227] J. De Schutter and J. van Brussel. Compliant robot motion I. A formalism for specifying compliant motion tasks. *The International Journal of Robotics Research*, 7(5):3-17, August 1988.

[228] J. De Schutter and J. van Brussel. Compliant robot motion II. A control approach based on external control loops. *The International Journal of Robotics Research*, 7(4):18-33, August 1988.

[229] L. Sciavicco and B. Siciliano. *Modelling and Control of Robot Manipulators*. Advanced Textbooks in Control and Signal Processing. Springer, second edition, 2000.

[230] A. I. Selverston, M. I. Rabinovich, R. Huerta, T. Novotny, R. Levi, Y. Axshavsky, A. Volkovskii, J. Ayers, and R. Pinto. Biomimetic central pattern generators for robotics and prosthetics. In *Proc. of the IEEE International Conference on Robotics and Biomimetics*, pages 885-888, Chenyang, China, August 2004.

[231] SERCOS International e.V., Küblerstrasse 1, D-73079 Süssen, Germany. (accessed: Dec. 15, 2008). Internet, 2008.

[232] L. E. Sergio, C. Hamel-Pâquet, and J. F. Kalaska. Motor cortex neural correlates of output kinematics and kinetics during isometric-force and armreaching tasks. *Journal of Neurophysiology*, 94:2353-2378, May 2005.

[233] SEW-EURODRIVE GmbH & Co KG, Ernst-Blickle-Straße 42, D-76646 Bruchsal, Germany. (accessed: Dec. 15, 2008). Internet, 2008.

[234] Z. Shiller. Time-energy optimal control of articulated systems with geometric path constraints. In *Proc. of the IEEE International Conference on Robotics and Automation*, volume 4, pages 2680-2685, San Diego, CA, USA, May 1994.

[235] Z. Shiller and S. Dubowski. Time optimal paths and acceleration lines of robotic manipulators. In *Proc. of the IEEE Conference on Decision and Control*, volume 26, pages 199–204, Los Angeles, CA, USA, December 1987.

[236] Z. Shiller and H.-H. Lu. Robust computation of path constrained time optimal motions. In *Proc. of the IEEE International Conference on Robotics and Automation*, volume 1, pages 144–149, Cincinnati, OH, USA, May 1990.

[237] Z. Shiller and H.-H. Lu. Computation of path constrained time optimal motions with dynamic singularities. *ASME Journal of Dynamic Systems, Measurement, and Control*, 114(1):34–40, March 1992.

[238] K. G. Shin and N. D. McKay. Minimum-time control of robotic manipulators with geometric path constraints. *IEEE Trans. on Automatic Control*, 30(5):531–541, June 1985.

[239] K. G. Shin and N. D. McKay. A dynamic programming approach to trajectory planning of robotic manipulators. *IEEE Trans. on Automatic Control*, 31(6):491–500, June 1986.

[240] B. Siciliano and O. Khatib. *Springer Handbook of Robotics*. Springer, first edition, 2008.

[241] B. Siciliano and L. Villani. *Robot Force Control*. Kluwer Academic Publishers, 1999.

[242] Siemens AG, Wittelsbacherplatz 2, D-80333 Munich, Germany. (accessed: Dec. 15, 2008). Internet, 2008.

[243] D. Simon and C. Isik. A trigonometric trajectory generator for robotic arms. *International Journal of Control*, 57(3):505–517, March 1993.

[244] J.-J. E. Slotine and H. S. Yang. Improving the efficiency of time-optimal pathfollowing algorithms. *IEEE Trans. on Robotics and Automation*, 5(1):118–124, February 1989.

[245] A. J. Sommese and C. W. Wampler. *The Numerical Solution of Systems of Polynomials*. World Scientific, Singapore, first edition, 2005.

[246] M. W. Spong, S. A. Hutchinson, and M. Vidyasagar. *Robot Modeling and Control*. John Wiley and Sons, 2006.

[247] Stäubli Faverges SCA, Place Robert Stäubli BP 70, 74210 Faverges (Annecy), France. *Documentation CS8 Low Level Interface (LLI) s5.3.2*, 2006. Version D24276405A.

[248] Stäubli Faverges SCA, Place Robert Stäubli BP 70, 74210 Faverges (Annecy), France. *Instruction Manual CS8C Controller*, 2008. D28062904A-01/2006.

[249] Stäubli Faverges SCA, Place Robert Stäubli BP 70, 74210 Faverges (Annecy), France. *VAL3 Reference Manual Version 5.3*, 2008. D28062804A-02/2006.

[250] Stäubli Faverges SCA, Place Robert Stäubli BP 70, 74210 Faverges (Annecy), France. (accessed: Dec. 15, 2008). Internet, 2008.

[251] J. Stoer and R. Bulrisch. *Introduction to Numerical Analysis*. Springer, New York, NY, USA, 2002.

[252] O. von Stryk and M. Schlemmer. Optimal control of the industrial robot manutec r3. In R. Burlish and D. Kraft, editors, *Computational Optimal Control, International Series of Numerical Mathematics*, volume 115, pages 367–382, Basel, 1994. Birkhäuser.

[253] S.-H. Suh, S.-K. Kang, D.-H. Chung, and I. Stroud. *Theory and Design of CNC Systems*. Springer Series in Advanced Manufacturing. Springer, London, UK, 2008.

[254] K. Takayama and H. Kano. A new approach to synthesizing free motions of robotic manipulators based on a concept of unit motions. In *Proc. of the IEEE/RSJ International Conference on Intellegent Robots and Systems, International Workshop on Intelligence for Mechanical Systems*, volume 3, pages 1406–1411, Osaka, Japan, November 1991.

[255] H. H. Tan and R. B. Potts. Minimum time trajectory planner for the discrete dynamic robotmodel with dynamic constraints. *IEEE Trans. on Robotics and Automation*, 4(2):174-184, April 1988.

[256] R. H. Taylor. Planning and execution of straight-line manipulator trajectories. In M. Brady, J. M. Hollerbach, T. L. Johnson, T. Lozano-Pérez, and M. T. Mason, editors, *Robot Motion: Planning and Control*, chapter 4, pages 265-286. MIT Press, 1982.

[257] The Numerical Algorithms Group, Ltd., Wilkinson House Jordan Hill Road, Oxford, OX2 8DR, UK. (accessed: Dec. 15, 2008). Internet, 2008.

[258] The University of Chicago. *The Chicago Manual of Style*. The University of Chicago Press, Chicago, IL, USA, 15th edition, 2003.

[259] U. Thomas. *Automatisierte Programmierung von Robotern für Montageaufgaben (in German)*. Shaker Verlag, Aachen, Germany, 2008.

[260] U. Thomas, B. Finkemeyer, T. Kröger, and F. M. Wahl. Error-tolerant execution of complex robot tasks based on skill primitives. In *Proc. of the IEEE International Conference on Robotics and Automation*, volume 3, pages 3069-3075, Taipei, Taiwan, September 2003.

[261] U. Thomas, F. M. Wahl, J. Maaß, and J. Hesselbach. Towards a new concept of robot programming in high speed assembly applications. In *Proc. of the IEEE/RSJ International Conference on Intelligent Robots and Systems*, pages 3827-3833, Edmonton, Canada, August 2005.

[262] G. J. Tortora and B. Derrickson. *Principles of Anatomy and Physiology*, chapter 13, pages 439-472. John Wiley and Sons, eleventh edition, 2006.

[263] G. J. Tortora and B. Derrickson. *Principles of Anatomy and Physiology*. John Wiley and Sons, eleventh edition, 2006.

[264] J. F. Traub. *Iterative Methods for the Solution of Equations*, chapter 1.2 and appendix C. Prentice-Hall, Englewood Cliffs, NJ, USA, first edition, 1964.

[265] I. R. van Aken and H. van Brussel. On-line robot trajectory control in joint coordinates by means of imposed acceleration profiles. *Robotica*, 6(3):185-195, 1988.

[266] J. Vannoy and J. Xiao. Real-time adaptive motion planning (RAMP) of mobile manipulators in dynamic environments with unforeseen changes. *IEEE Trans. on Robotics*, 24(5):1199-1212, October 2008.

[267] L. Villani, , and J. De Schutter. Force control. In B. Siciliano and O. Khatib, editors, *Springer Handbook of Robotics*, chapter 7, pages 161-185. Springer, Berlin, Heidelberg, Germany, first edition, 2008.

[268] M. Vukobratović and D. Šurdilović. Control of robotic systems in contact tasks: An overview. In *Proc. of the IEEE International Conference on Robotics and Automation*, pages 13-32, Atlanta, GA, USA, May 1993.

[269] M. Žefran, V. Kumar, and C. B. Croke. On the generation of smooth threedimensional rigid body motions. *IEEE Trans. on Robotics and Automation*, 14(4):576-589, August 1998.

[270] L. Žlajpah. On time optimal path control of manipulators with bounded joint velocities and torques. In *Proc. of the IEEE International Conference on Robotics and Automation*, volume 2, pages 1572-1577, Minneapolis, MN, USA, April 1996.

[271] F. M. Wahl. *Digital Image Signal Processing*. Artech House, Boston, MA, USA, first edition, 1987.

[272] W. Wang, S. S. Chan, D. A. Heldman, and D. W. Moran. Motor cortical representation of position and velocity during reaching. *Journal of Neurophysiology*, 97:4258-4270, March 2007.

[273] L. E. Weiss, A. C. Sanderson, and C.P. Neuman. Dynamic sensor-based control of robots with visual feedback. *IEEE Journal of Robotics and Automation*, 3(5):404-417, 1987.

[274] D. E. Whitney. Resolved motion rate control of manipulators and human prostheses. *IEEE Trans. on Man Machine Systems*, 10(2):47-53, June 1969.

[275] D. E. Whitney. Force feedback control of manipulator fine motion. *ASME Journal of Dynamic Systems, Measurment and Control*, 98:91-97, 1977.

[276] D. E. Whitney and J. L. Nevins. What is the remote center compliance (RCC) and what can it do? In *Proc. of the ninth International Symposium on Industrial Robots*, pages 135-152, Washington, D.C., USA, March 1979.

[277] M. A. Wicks, P. Peleties, and R. A. DeCarlo. Construction of piecewise Lyapunov functions for stabilizing switched systems. In *Proc. of the IEEE Conference on Decision and Control*, volume 4, pages 3492-3497, Lake Buena Vista, FL, USA, December 1994.

[278] C. C. De Wit, B. Siciliano, and G. Bastin. *Theory of Robot Control*. Springer, 1996.

[279] X. Xu and G. Zhai. Practical stability and stabilization of hybrid and switched systems. *IEEE Trans. on Automatic Control*, 50(11):1897-1903, November 2005.

[280] Y. Yang and O. Brock. Elastic roadmaps: Globally task-consistent motion for autonomous mobile manipulation in dynamic environments. In *Proc. of Robotics: Science and Systems*, Philadelphia, PA, USA, August 2006.

[281] YASKAWA Electric Corporation, 2-1 Kurosaki-Shiroishi, Yahatanishi-Ku, Kitakyushu, Fukuoka 806-0004, Japan. (accessed: Dec. 15, 2008). Internet, 2008.

[282] R. Zaier and S. Kanda. Piecewise-linear pattern generator and reflex system for humanoid robots. In *Proc. of the IEEE International Conference on Robotics and Automation*, pages 2188-2195, Roma, Italy, April 2007.

[283] R. Zaier and F. Nagashima. Motion pattern generator and reflex system for humanoid robots. In *Proc. of the IEEE/RSJ International Conference on Intelligent Robots and Systems*, pages 840-845, Beijing, China, October 2006.

图字：01–2021–6606 号

First published in English under the title
On-Line Trajectory Generation in Robotic Systems: Basic Concepts for Instantaneous
Reactions to Unforeseen (Sensor) Events
by Torsten Kröger
Copyright © Springer-Verlag Berlin Heidelberg, 2010
This edition has been translated and published under licence from
Springer-Verlag GmbH, part of Springer Nature.

图书在版编目（CIP）数据

机器人系统中的在线轨迹规划：对不可预见（传感器）事件瞬时反应的基本概念 /（德）托尔斯滕·克罗格（Torsten Kroger）著；段晋军等译 . ── 北京：高等教育出版社，2024.2
书名原文：On-Line Trajectory Generation in Robotic Systems: Basic Concepts for Instantaneous Reactions to Unforeseen（Sensor）Events
ISBN 978–7–04–061417–6

Ⅰ.①机… Ⅱ.①托…②段… Ⅲ.①机器人控制 – 研究 Ⅳ.① TP24

中国国家版本馆 CIP 数据核字（2023）第 233521 号

策划编辑 刘占伟	责任编辑 张 冉	封面设计 杨立新		版式设计 李彩丽
责任绘图 黄云燕	责任校对 王 雨	责任印制 田 甜		

出版发行	高等教育出版社	网　　址	http://www.hep.edu.cn
社　　址	北京市西城区德外大街4号		http://www.hep.com.cn
邮政编码	100120	网上订购	http://www.hepmall.com.cn
印　　刷	北京市白帆印务有限公司		http://www.hepmall.com
开　　本	787mm×1092mm 1/16		http://www.hepmall.cn
印　　张	13.25		
字　　数	270 千字	版　　次	2024 年 2 月第 1 版
购书热线	010-58581118	印　　次	2024 年 2 月第 1 次印刷
咨询电话	400-810-0598	定　　价	99.00 元

本书如有缺页、倒页、脱页等质量问题，请到所购图书销售部门联系调换
版权所有　侵权必究
物 料 号　61417–00

机器人科学与技术丛书